U0171802

水生态环境保护与绿色发展国家智库丛书

环境DNA生物监测理论与方法

张效伟 等 著

科学出版社

北京

内 容 简 介

如何应对工业化活动带来的环境污染和生态退化问题，是 21 世纪人类社会可持续发展共同面临的挑战。建立科学的水生生物多样性监测和生态健康评价方法体系，对保护水生态系统的生物完整性和生态服务功能有重要意义和价值。没有监测，一切无从谈起。利用环境 DNA（eDNA）监测生物多样性及其活动是 21 世纪生态环境领域中最重要的技术进步之一。本书系统地介绍了近年来南京大学生态毒理与健康风险研究团队在环境DNA 生物监测与水生态健康评估方面的研究成果。本书共 12 章，分别从生物监测基础理论、环境 DNA 生物监测技术、环境 DNA 生物评价等方面进行系统介绍。

本书可作为环境科学、资源与环境等专业高年级本科生及研究生的教学参考书，也可供从事生态环境监测与风险管理的专业人士以及从事相关领域研究的科研人员、工程技术人员参考。

图书在版编目（CIP）数据

环境 DNA 生物监测理论与方法/张效伟等著. —北京：科学出版社，2023.3
（水生态环境保护与绿色发展国家智库丛书）
ISBN 978-7-03-074732-7

Ⅰ.①环… Ⅱ.①张… Ⅲ.①生物多样性–监测–研究 Ⅳ.①Q16

中国国家版本馆 CIP 数据核字（2023）第 004968 号

责任编辑：黄　梅/责任校对：赫甜甜
责任印制：吴兆东/封面设计：许　瑞

科 学 出 版 社 出版
北京东黄城根北街 16 号
邮政编码：100717
http://www.sciencep.com
北京建宏印刷有限公司印刷
科学出版社发行　各地新华书店经销
*
2023 年 3 月第 一 版　　开本：787×1092　1/16
2024 年 5 月第三次印刷　　印张：17 1/4
字数：398 000

定价：199.00 元
（如有印装质量问题，我社负责调换）

《环境 DNA 生物监测理论与方法》
主要作者名单

张效伟　张　颜　张丽娟　李飞龙　杨江华

丛 书 序

水是生命之源、生产之要、生态之基。水生态环境安全是国家生态环境安全的核心。水生态环境安全和生态功能提升，是水生态环境保护和生态文明建设国家目标的重要保障。当前，在推动绿色发展、实现人与自然和谐共生现代化的总体任务要求下，协同推进降碳、减污、扩绿、增长，是新时期水生态环境保护的总要求。习近平总书记指出："十四五"时期，我国生态文明建设进入了以降碳为重点战略方向、推动减污降碳协同增效、促进经济社会发展全面绿色转型、实现生态环境质量改善由量变到质变的关键时期。在《中华人民共和国国民经济和社会发展第十四个五年规划和 2035 年远景目标纲要》中也对水生态环境做了具体的战略部署，新时期对水生态环境安全提出了更高要求——推动绿色发展，促进人与自然和谐共生：推进精准、科学、依法、系统治污，协同推进减污降碳，持续改善水环境质量，提升水生态系统质量和稳定性；加强水源涵养区保护修复，加大重点河湖保护和综合治理力度，恢复水清岸绿的水生态体系。因此，加强我国高水平的水生态环境保护和系统治理，是关乎国家绿色发展全局，实现中国式现代化的基础支撑和关键保障。

现阶段虽然我国水生态环境治理取得了显著成效，但水生态环境保护面临的结构性、根源性、趋势性压力尚未根本缓解，水环境风险不容忽视。与国际情况对比，我国在水生态环境保护与治理方面的差距明显，已经成为建设美丽中国的突出短板。当前，我国部分地区水生态系统受损严重，水资源被过度开发。人们用水量的持续增加，以及人们对水生态系统日益升级的开发利用，导致水生态系统平衡失调。由于综合国力的迅速增长，城市化进程快速提高，水体富营养化、饮用水源地污染、地下水与近海海域污染、新污染物涌现、生态用水短缺等，危及水生态和饮用水安全。水生态系统是一个依赖水生存的多样群体，对维持全球物质循环和水分循环起着重要作用。保持、恢复良好的水生态环境已成为保护水资源、实现经济可持续发展的关键，修复受损的水生态环境是恢复水生态环境健康的有效途径。我国水生态环境面临着江河湖泊整体性污染尚未得到根本解决、治理技术缺乏创新、治理理念有待更新、区域经济发展和区域环境容量不相适应、污染控制与水质目标脱节等问题，缺乏水生态统筹的系统性技术思路和协同治理的整体性技术模式，亟需通过理念创新、模式创新和技术体系创新来提升水生态环境保护与治理的系统成效。

近年来，我国各级政府和民众越来越重视生态环境安全问题。习近平总书记强调"要像保护眼睛一样保护生态环境，像对待生命一样对待生态环境"，绿色发展已成为新时代发展的主流，其中水生态环境的保护与治理是绿色发展的重要组成部分。2015 年 4 月，国务院发布《水污染防治行动计划》（"水十条"），围绕水生态环境的保护与治理，由科技部、生态环境部、水利部、科学院等多部委统筹和部署，我国已经开展了多项科学研究（水体污染控制与治理国家科技重大专项、国家重点基础研究发展计划、国家重点研发计划和国家自然科学基金项目等），取得了一批重要的科研成果，产出了一批核心关键技术，并在实践过程中得以推广应用，取得了良好的效应。

这些基础性的监测数据、监测方法和治理经验，无疑为下一阶段的水生态环境保护、治理和修复提供借鉴，"水生态环境保护与绿色发展国家智库丛书"构想应运而生，成果可望为相关行业、部门和研究者，特别是水环境质量提升、水生态监测和评价、水生态修复及治理等工作提供最新的、系统的数据支撑，旨在为新时代、新背景下的水生态环境保护和绿色发展提供可靠、系统、规范的科学数据和决策依据，为后续从事相关基础研究的人员提供一套具系统性和指导性的理论和实践参考用书。

丛书将聚焦水生态环境保护和绿色发展主题，聚集领域内最权威的研究成果，内容涵盖水生态环境治理的基础理论、工程技术、应用实践和管理制度等4方面，主要内容包括但不限于机制基础研究，理论技术应用创新，多介质、协同控制与系统修复理论，前瞻、颠覆、实用、经济的低碳绿色技术、工程示范、试点与推广应用等。

水生态环境保护因其自身的复杂性，是一项长期、艰巨和系统的工程，尚有很多科学问题需要研究，这将是政府和科学工作者今后很长一段时间的共同任务。我们期望更多的科学家参与，期望更多更好的相关研究成果出版问世。

中国工程院院士

吴丰昌

2023 年 3 月 20 日

前　言

"人与自然和谐共生"是国际社会，也是中国政府积极倡导的时代主题。近代以来，河流和湖泊等水生生态系统受到人类活动和气候变化带来的多重压力的影响，生物多样性普遍下降，群落结构变化显著，导致生态系统所提供的服务与功能减少，人类社会的可持续性发展遭受前所未有的威胁。2022年在《生物多样性公约》第十五次缔约方大会上达成了一项历史性协议（即"昆明-蒙特利尔全球生物多样性框架"），成为指导2020年之后全球生物多样性保护的最新纲领性文件。其中环境污染被认为是导致生物多样性急剧下降的主要因素之一。"减少各种来源的污染，使其降低到对生物多样性、生态系统功能和人类健康无害的水平"成为2030行动计划的重要内容。人类社会从未如此迫切地需要提高监测和评估生物多样性变化的能力，以管理和修复自然生态系统。

环境DNA（eDNA）技术是20世纪以来生态环境领域最重要的革命性技术之一，可以高通量地检测和量化生物多样性及其变化。这也为评估环境污染对生态系统构成的风险提供了更有效的方法。自2003年DNA条形码概念提出以来，环境DNA技术在近20年间迅速发展。2008年水样DNA首次被用于监测受到美国牛蛙入侵的水域，自此开启了环境DNA技术在水环境监测中研究与应用的先河。随着环境DNA技术研究的不断发展和深化，初步实现从单一化的靶向物种监测到非靶向多元化生物群落调查；在欧美等发达国家，基于环境DNA技术的物种和群落监测已有广泛研究和应用。在我国，环境DNA被发展作为新型的分子指纹用于诊断环境污染物、开展水生态健康评价及推导污染物环境基准等。当前，环境DNA技术与机器学习、遥感等技术结合来评价水生态系统健康已成为生态学的研究热点之一。同时，环境DNA技术的标准化研究在国内外也不断推进。

相比于欧美等发达国家，中国开展环境DNA研究相对较晚，但通过近10年来环境科学和生态学领域科研工作者的共同努力，取得了显著的发展。当前，我国正逐渐成为全球环境DNA生物监测技术研发的主力军。南京大学污染控制与资源化研究国家重点实验室生态毒理与健康风险研究团队作为国内最早进行环境DNA研究的团队之一，积累了丰富的研究经验和论文成果。很高兴能通过科学出版社将这些学术成果汇编成册，供本领域的科研工作者、工程师或师生参考。

本书共12章，分别从生物监测基础理论、环境DNA生物监测技术、环境DNA生物评价等方面，全面介绍了南京大学生态毒理与健康风险研究团队在环境DNA生物监测与水生态健康评估等方面的研究成果，是课题组老师及研究生共同劳动的结晶。张效伟教授负责全书的组织策划、整体内容编排和技术审定。本书第1、2、3、9、10章由张颜执笔；第4、7、11章由杨江华执笔；第5、6、8章分别由张丽娟、金柯和张靖雯执笔；第12章由李飞龙执笔；孙晶莹、高旭和钟文军参与了第4章和第7章的编写工作。张颜负责全书统稿。

衷心感谢"水生态环境保护与绿色发展国家智库丛书"主编吴丰昌在本书撰写过程中给予的指导、鼓励和支持。感谢科学出版社编辑耐心细致的工作。谨此,向所有参与研究工作的学者、学生表示感谢,同时向一直以来关注、指导和支持我们工作的相关单位的领导、同事表示衷心的感谢。

本书主题属学科交叉前沿领域,涉及的学科方向较多,受限于作者研究基础,加之编撰时间较紧,书中疏漏与不足之处在所难免,敬请广大读者在使用时发现问题及时告知,提出宝贵的意见,不足之处作者期待在再版中补充完善。

张效伟

2022 年 10 月于南京

目　　录

第1章 绪 论

1.1 生态环境变化与生物多样性危机

地球最独特的特征是生命的存在，生命最美妙的特征是它的多样性。据保守估计，地球上大约栖息着（500±300）万种植物、动物、原生生物、真菌等生物，其中，仅约170万种生物被人类所命名（Costello et al., 2013）。尽管淡水生态系统面积不到地球表面积的 1%，其淡水量不到世界水资源的 0.01%，但为超过 10%的人类所认知生物提供了栖息环境（Altermatt et al., 2020）。特别是，地球上约 40%的鱼类生活在淡水生态系统中。然而，相比于山林、陆地、海洋等其他生态系统，淡水生态系统的生物多样性丧失最为严重，已成为地球上退化最严重的生态系统（Vorosmarty et al., 2010; Cardinale, 2011; Cardinale et al., 2012）。因此，对淡水生态系统的管理与保护将直接与维持高水平的生物多样性和避免物种的大灭绝息息相关，关乎生态环境的可持续发展，符合生态文明建设的发展理念。

生物多样性为人类提供产品和服务，也是社会可持续发展的物质基础（Cardinale et al., 2012）。然而，由于密集的人类活动和全球性环境变化，自然生态系统中的许多生物面临着很高的灭绝风险。通常认为，影响淡水生物多样性的因素主要分为 5 类：水污染、水文水量变化、栖息地破坏、过度开发和外来物种入侵（Dudgeon et al., 2006; Best, 2018; Grill et al., 2019）。在全球尺度上发生的环境变化，如气候变暖、降水模式变化以及氮沉降等，也会在这些胁迫因素基础上产生一定的叠加效应。虽然世界上许多国家在生活、生产等点源水污染控制方面取得了很大进展，但对水体富营养化和新型有机污染物排放关注较少，而其正成为威胁水生生物多样性的主导因素。此外，人类修建的水库和水坝的流量调节对栖息在自然流态的水生物种非常不利，加上全球性气候变化引发的频繁性洪水和干旱事件造成的栖息地改变，进一步减少了种群迁移和基因交换等生态过程。最近研究发现，全球接近 50%的河流受到不同程度的连通性减弱影响（Grill et al., 2019）。由人类活动引发的栖息地破碎化及水文水量的改变正成为世界河流管理最棘手的问题。

1.2 生物监测的需求与现有技术瓶颈

当前全球淡水生态系统正面临生物多样性丧失的危机。首先，人类对全球生态系统的支配使物种灭绝的速度是人类出现之前的几十倍甚至上百倍，被称为"第六次物种大灭绝"（Ceballos et al., 2015）。2019 年生物多样性和生态系统服务政府间科学政策平台（Intergovernmental Science-Policy Platform on Biodiversity and Ecosystem Services，IPBES）发布的《全球生物多样性和生态系统服务全球评估报告》（后称《IPBES 全球评估报告》）

指出全球超过一百万种物种面临灭绝，其中，84%的淡水脊椎动物、超过 40%的两栖类物种受到威胁（Díaz et al., 2018）。其次，由于农业、园艺和交通介导的物种入侵，物种杂交水平大幅度提高，物种形成速度大大加快。尽管生物史上的大规模灭绝通常伴随着物种分化率的增加，但相比于灭绝率，人们对当今人类世物种分化率的变化趋势认识不足（Jackson, 2008）。最后，人类活动造成全球生物分布的均质化（Poff et al., 2007; Monchamp et al., 2018）。人类活动改变了原始的生态系统分布格局，导致局域生物多样性、水生态功能受损。

人类对地球的影响持续增加，因此亟须加大对生物多样性监测的规模和频率。贸易全球化和新技术的不断诞生，使人员和货物的流动速度加快，造成广泛、不可逆转的环境退化。生态系统监测和评估所面临的艰巨挑战要求对监测技术体系进行革新，实现对生态系统结构和功能更迅速、准确和及时的观测。由于我们的目标是在社会经济发展和生态系统可持续性之间达成平衡，世界范围内已经建立了在环境限制下实现工业可持续发展的监管框架。此类监管体系已被纳入各种国家和国际指令中，尤其是针对水生生态系统的指令，例如，《欧盟水框架指令》（*Water Framework Directive*，WFD，法规编号：2000/60/EC）、《欧盟海洋战略框架指令》（*Marine Strategy Framework Directive*，MSFD，法规编号：2008/56/EC）、美国环境保护局《清洁水法案》、《联合国海洋法公约》等。生态系统的生物要素监测是此类监测项目的重要组成部分，并作为生态系统"健康"或"完整性"的衡量标准。法规中实施的大多数监测策略依赖于生物指示原则，即特定物种丰度与一系列环境变量之间的显著相关性。

环境保护是我国的一项基本国策。生物多样性关系人类福祉，是人类赖以生存和发展的重要基础。一直以来，我国实行"污染防治与生态保护并重，生态保护与生态建设并举"的方针，把生态建设作为环保工作的重中之重，积极开展生物多样性的保护和持续利用行动，制定了一系列保护和持续利用生物多样性的政策、法律、法规、计划和措施。中国于 20 世纪 90 年代完成了《中国生物多样性保护行动计划》和《中国生物多样性国情研究报告》，确定了我国生物多样性保护的重点工作领域、工作计划和未来发展目标。针对不同的生态系统，我国还制定了《中国海洋生物多样性保护行动计划》《中国湿地保护行动计划》等。2015 年国务院印发《水污染防治行动计划》（简称"水十条"），明确要求"制定实施重点流域水生生物多样性保护方案"。2018 年，生态环境部、农业农村部、水利部三部门联合制定并印发《重点流域水生生物多样性保护方案》，把流域水生生物多样性保护放在突出位置。2021 年，我国首次提出将生物多样性指标纳入我国生态质量综合评价指标体系。

传统的生物监测技术严重限制了生物评价在生态环境管理中所发挥的作用。基于形态学的监测方法费时费力、价格昂贵，且需要熟练的操作人员，特别是浮游植物、浮游底栖动物和底栖无脊椎动物的识别和计数。因此迫切需要简化已有的监测方法，降低成本，加快监测速度；同时需要保障监测的质量、稳定性和可比性。传统基于形态学的监测方法需要每次收集和鉴定数百至数千个样本，这是一个缓慢、劳动密集的过程。这严重限制了生物监测的通量和物种的覆盖范围，无法满足日益增长的环境监测项目需求（Deiner et al., 2017; Taberlet et al., 2018）。传统方法的局限性还包括：①它只关注形态学上可识别的生物多样性，忽略了具有重要功能和指示意义的小型动物和微生物类群；②未关注大量形态学相似但对干扰的耐受性不同的隐蔽种多样性；③部分类群的分类检索系统尚不完善，甚至不同来源的分类资料存在分歧，且严重依赖于鉴定人的专业知识和经验，导致物种鉴定的准确率低。总的来说，需要更快、更客观、更有力和成本效益更高的工具和策略来进行更有效的生态系统监测，进而提升生态评估的科学性和应用价值。

1.3　环境基因组学的发展

物种遗传特征（扩增子测序，即宏条形码）和其代谢功能（宏基因组学和宏转录组学）等环境基因组学技术的发展，正在塑造生物多样性监测的新模式（Zhang, 2019）。国际上一些跨学科团队和组织发起了大规模的环境基因组学项目，如国际生命条形码（Barcode of Life）、地球微生物组群项目（the Earth Microbiome Project）和塔拉海洋项目（the TARA Oceans Project），旨在利用环境基因组学在全球范围内收集生物多样性数据，以解决基本的生态问题。这些项目逐渐揭开了全球生物多样性的神秘面纱。

在不同时空尺度上精准调查生物多样性的潜力是环境基因组学在生物监测领域应用的主要优势。测序成本的大幅下降显著降低了基于环境基因组学的生物监测成本。这使得其在资源与环境领域中的常规应用成为可能。另外，随着实验室操作步骤和生物信息学分析流程的不断发展和优化，现在大规模样本采集、组学测试、统计分析和结果解释等所有步骤都可以在几天或几周内完成。目前也已开发形成便携自动化的原位环境核酸采样器。因此，经济高效、自动化的分子监测技术可实现跨时间和空间尺度的大规模生物调查和比对，被应用于广泛和持续的生态系统监测方案中。

环境基因组学在生物监测领域具有很大的应用潜力。已有的实践表明，基于基因组学的方法可以满足当前对水生生态系统生物监测计划的大部分要求（Deiner et al., 2017; Zhang, 2019）。通过收集和分析环境介质中不同分类群（如鱼类、大型无脊椎动物、原生生物、细菌）的生物多样性数据，环境基因组学技术已经广泛应用于监测生态系统的变化。在生态系统监测巨大机遇的鼓舞下，欧洲多个跨学科的研究人员组织起来，建立了 DNAqua-Net 平台（http://dnaqua.net），旨在建立和发展基因组工具和新型的生态基因组指数，用于常规的生物多样性监测和评估，从而用于欧洲水体的生物监测。国际上其他大型合作项目还包括加拿大的 STREAM 项目（https://stream-dna.com/）、新西兰的 380 Lakes 项目（https://lakes380.com/）、法国的 NGB 项目（http://next-genbiomonitoring.org/）和中国的国家"水体污染控制与治理科技重大专项"。

环境基因组学在常规生物监测中的应用将带来一个生态环境监测与评估范式的转变。尽管形态学鉴定的方法尚不能被完全替代，新技术的突破将克服现有形态分类学方法的局限性，以满足不断变化世界中日益迫切的监测需求。毫无疑问，基于环境基因组学的方法将为更具成本效益、更快、可重复和半自动化的生态系统监测框架铺平道路。

1.4　环境 DNA 开辟生态毒理学研究新时代

新化学物质的加速生产及其在全球范围内的环境释放引起了对其长期危害效应和自然生态系统可持续性的关注。环境污染物（如内分泌干扰化学物质，EDCs）可对野生动物个体、种群和生物多样性产生不利影响，进而影响生态系统所提供的服务。同时，全球水生生态系统也受到来自非化学压力因素的胁迫，例如栖息地退化、流量改变、富营养化、入侵物种、新型病原体和气候变化等。生态毒理学的一个主要挑战是如何区分导致生态系统退化的化学和非化学压力因素。这主要是由于缺乏有效和高效的工具来评估化学污染物对野外动植物个体、种群、群落以及生态系统功能的影响（Zhang, 2019）。

首先，对野生动植物监测的忽视一直被认为是当前生态毒理学研究的关键弱点。传统毒理学研究的重点是少数物种甚至是亚个体水平的响应，然后用于预测生态系统层面的反应。例如，为了保护当地的鱼类，各国鼓励使用当地的鱼类，如美国黑头呆鱼（*Pimephales promelas*）、日本青鳉（*Oryzias latipes*）和中国稀有鮈鲫（*Gobiocypris rarus*），进行生态毒理学试验。鲜有研究通过监测野外鱼类群落的个体和种群来评估化学物质的影响。虽然加拿大和许多欧洲国家已经开始将硅藻和大型底栖无脊椎动物（包括节肢动物、环节动物和软体动物等）的野外监测纳入常规应用，但在许多国家，特别是在发展中国家，通过传统的基于形态学的方法监测野外水生生物群落仍然是昂贵和不切实际的。

其次，化学物质对生物多样性和群落结构的影响也是目前生态风险评估所缺失的关键信息。污染物暴露会导致生物多样性的减少和群落结构的变化，进而导致生态系统服务与功能的退化。在过去的半个世纪中，基于经验选择藻类（初级生产者）、甲壳类动物（初级消费者）和鱼类（初级或次级消费者）作为化学物质毒性试验的关键目标（受体），已成功应用于保护水生生物群落中。部分模式生物已广泛用于毒性测试、生态风险评估和环境标准推导的工作中。然而，这种简化方法忽视了本土生物多样性和物种间敏感性差异。此外，已有研究证明化学污染物存在"间接"影响机制，如物种间相互作用、物种入侵和行为干扰等，可能会改变化学物质对生态系统的有害结局。因此，如果没有充分考虑环境污染物对生态系统生物多样性和群落结构的影响，很难从区域尺度评估单个化学物质对复杂生态系统的影响。

最后，化学物质对控制生态功能的基本生态过程的影响在之前的生态风险评估中被忽略。科学家和监管机构越来越一致地认为，化学物质的生态风险评估应基于对生态系统服务的影响程度，但是仍存在重大挑战。生态系统服务指支撑人类生活的生态特征和过程，而生态系统功能则特指基本的生态过程，如初级和次级生产力、生物地球化学循环和有机质分解。大多数生态系统功能评估方法是基于物理、化学和生物属性的一次性测量，仅提供生态系统状态的快照。迄今为止，寻找能够衡量实际功能或服务的有效方法仍然是生态风险评估的难点之一。

污染物对生态系统功能的不利影响可以通过模拟的实验系统来评估，例如沉积物和溪流微宇宙或中宇宙。该方法除了可以评估化学物质对个体的直接毒性作用外，还可以评估其对种群、群落结构和功能（如生物量）的间接影响。另外，群落生态模型（如食物网建模)也已被证明在评估水生生态系统中显著的生态不利影响方面发挥了重要作用，但该方法在当前化学物质的生态风险评估中并不常见。生态毒理学面临的一个主要挑战仍然是我们对暴露的动植物知之甚少时，如何定义最大无效应浓度（NOEC）来保护所有的生物多样性免受有毒化学物质的侵害。

1.4.1　评估化学物质生态安全的环境 DNA 技术策略

利用环境 DNA 监测和量化生物多样性是近年来生态学中最重要的技术进步之一。环境 DNA 指环境介质（水、土壤、沉积物、生物膜、空气等）或混合生物组织中存在的生物遗传物质（DNA），现在通常被用作监测物种和群落的非侵入性手段。环境 DNA技术为评估环境压力因素对生态系统中不同生物组织水平的不利影响提供了全方位的信息（图 1-1）。物种特异性的环境 DNA 方法通过使用聚合酶链反应（PCR）检测特定 DNA片段来鉴定特定物种。虽然目前仍然存在 PCR 引物偏好性和受环境条件影响的 DNA 降解等一些技术问题，但是正在进行的有关环境 DNA 时空建模的研究和方法标准化的结果，无疑会减少这些问题的影响。

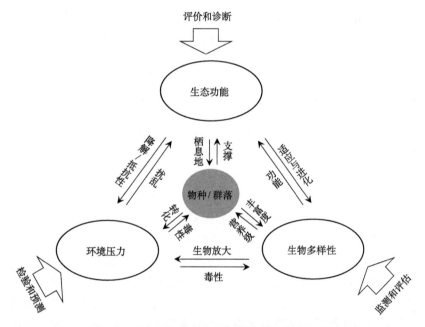

图 1-1　有毒化学物质的生态效应过程与研究策略

基于群落（或半定向）的环境 DNA 方法在评估生态系统的分类学特征和功能方面发挥重要的作用（图 1-2）。目前 DNA 宏条形码技术已经成为识别环境中从微生物到大型生物的全生物群落的一种分子工具。DNA 宏条形码技术利用高通量扩增子测序获取环境 DNA 的特定序列片段，根据物种间 DNA 序列差异识别物种，并获取群落的物种组成信息。尽管将这种方法开发为定量方法仍需要大量工作，但全球研究人员正致力于开发一套可靠的生物监测流程，用于群落特别是生态状况的评估。

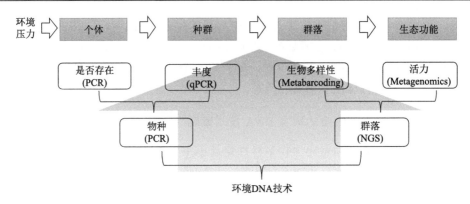

图 1-2 从不同生物组织水平评估化学物质对生态系统影响的环境 DNA 技术策略

PCR, polymerase chain reaction；NGS, next generation sequencing

自然生物群落中物种的功能和代谢多样性可以通过来自环境 DNA（或环境 RNA）的宏基因组学或宏转录组学来描述。微生物群落的功能可以通过测定多个标记基因的子集或通过测定宏转录组来预测。通过使用从参考基因组数据库中筛选的标记基因来预测宏基因组的功能组成的计算方法也已被开发。此外，宏转录组可以更直接地评估生态系统功能，通常定义为在水生生态系统中发生的基本生态过程（例如氮循环）。

1.4.2 环境 DNA 技术在生态毒理学研究和风险评估中的应用前景

1. 污染物暴露下野生动物个体和种群的环境 DNA 监测

环境 DNA 技术在快速有效地检测野生动物种群的有无方面已展现出巨大的作用与价值。目前环境 DNA 已被证明可以高效检测自然生态系统中的哺乳动物、鱼类、两栖动物、大型底栖无脊椎动物和浮游动物等。然而，环境 DNA 在水生生态系统中的持久性受到生物和非生物条件的影响。环境 DNA 在环境中的衰变速率可以使用简单的一级衰变模型来模拟，并且可以通过经降解率和运输量校正的环境 DNA 含量来估计河网中目标物种的分布和丰度。

现在，传统生态毒性测试中的受试物种可通过环境 DNA 技术进行监测（图 1-3）。目前用于生态风险评估的毒性数据都是基于实验室模拟的结果，但此类数据是否能代表真实环境中野外物种的响应是值得怀疑的。定量有害结局通路（qAOP）框架的最新发展预期通过结合体外测试和计算模型提供对野生动物种群的定量预测。除了物种特定的计量统计学分析，时空变化（如季节变化的河流流量和温度、捕捞压力和种间竞争）也可以纳入生态毒理学模型，以预测河网中受化学污染物影响的种群。通过与环境 DNA 生物监测相结合，这些前瞻性风险评估模型可以显著提高对污染物暴露的有害生态后果的认知。

2. 评估污染物对生物多样性和群落结构的影响

环境 DNA 技术可以在实验室条件和基于野外的中宇宙实验中为有毒物质在群落水平的效应提供直接证据（图 1-3）。通过使用环境 DNA 技术来描述化学胁迫源群落效应，包括系统发育多样性、群落结构和功能的概念框架已经形成（图 1-4）。首先，可以通过

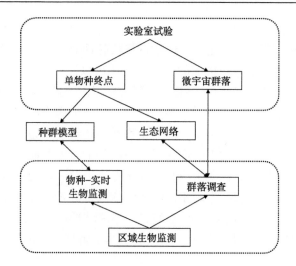

图 1-3 在生态毒理学研究中建立环境 DNA 方法实验室试验与野外生物监测的联系

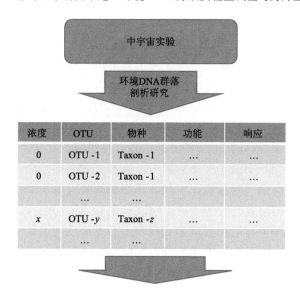

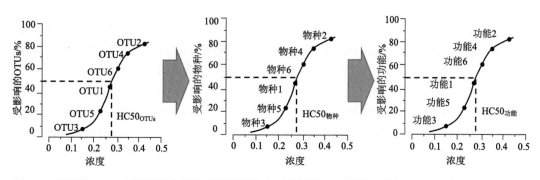

图 1-4 用环境 DNA 方法描述化学胁迫源群落效应（系统发育多样性、群落结构和功能）的概念框架

环境 DNA 技术来分析污染物暴露下生物多样性和群落组成的状况和趋势,包括细菌、原生动物、藻类、真菌和后生动物等。通过剂量依赖性对每个分类群的相对丰度进行建模不仅可以在众多生物中筛选更敏感的分类群,还可以计算半数效应浓度 EC50(相对丰度变化)。通过物种敏感性分布(SSD)模型可以得出保护生物多样性(例如 HC50)免受污染物影响的生态阈值(图 1-4)。最后,使用宏条形码方法监测到的新型指示生物可用于研究改变生态系统功能(例如,藻类生物量、初级生产力)的生态毒理学机制。

污染物造成的有害生态结局不仅取决于对单物种的毒性效应,还取决于生态系统的环境特征,包括生物多样性、群落组成和功能多样性。整合理论和实地调查研究,可以更加全面剖析污染物暴露下影响生态系统脆弱性的关键因素。环境 DNA 的物种敏感性分布(SSD)方法基于运算分类单元(OTUs)来推导氨氮等化学污染物的水质标准(WQC),比传统毒理学方法更加灵敏,这证明了基于野外生物群落进行分析的优势。

3. 评估污染物对生态功能的影响

宏基因组学可以直接评估由微生物介导的基本生态过程。通过计算污染物影响下群落中功能基因和代谢途径的相对丰度,宏基因组提供了一种直接分析中宇宙或野外生态系统功能的方法。目前,宏基因组学多用于微生物群落,很少有研究使用这种方法来描述大型生物的功能。大型生物群落功能数据的缺失使得对其进行功能量化的任务十分艰巨。然而,宏观生物物种特征数据库与宏条形码技术的分类学鉴定相结合将使半自动化的功能分析成为可能。

通过生态学理论建模,可以利用生物多样性和群落组成的变化来预测生态系统功能。生物多样性-生态系统功能(BEF)关系框架可以模拟生物多样性介导的生态系统功能变化。除物种丰富度外,群落营养结构、物种内和物种间响应特征的差异也是预测生态系统功能变化的关键。根据最近开发的"群落组成和生态系统功能(CAFE)"方法,可以使用 Price 方程通过物种丰富度和群落组成预测生态系统功能的变化。这些理论模型为通过环境 DNA 技术(如宏条形码技术)获取群落特征来预测有毒物质对生态系统功能的影响提供了有前景的工具。

1.4.3　挑战与机遇

环境 DNA 技术在污染物生态风险评估的应用中仍存在挑战。首先,应建立环境 DNA 生物监测技术标准。许多政府机构赞助的环境 DNA 研究计划目前正在优化实验条件(如采样力度、过滤器类型和孔径等),以达到目标物种或群落组成的理想检测概率。其次,现有生物多样性遗传数据库的完整性和可靠性是决定环境 DNA 生物监测可靠性的关键因素。本土物种条形码数据库的开发可以显著提高宏条形码技术对野外采集物种的识别。最后,生物多样性分布受到生态系统结构(如河网)的影响,如何使用环境 DNA 捕捉具有不同形态的生态系统的生物多样性仍有待研究。未来的研究将进一步利用环境 DNA 技术解析生物多样性及其生态功能,这可能彻底改变我们对人为污染导致的生态有害结局的理解。

通过使用环境 DNA 对群落进行可靠的监测,无论是对特定物种进行条形码监测还是对多个分类单元进行宏条形码监测，生物多样性-生态系统功能模型-生态有害结局通路（ecological adverse outcome pathway, eAOP）的概念框架，都可以将当前的化学 AOP 概念扩展到群落和生态系统（图 1-5）。这个框架还可以指导有关解析毒性作用机制以及辅助因子和非化学应激物的评估。对有害结局的 eAOP 的理解可以从化学监管终点（如死亡率、发育和繁殖）扩展到对土地和水的生物多样性和生态系统功能管理至关重要的作用终点。在未来，生物多样性和基于物种特征的监测与基于效应的方法和化学分析相结合，可以促进野外环境影响的评估和诊断。此外，未来的生态毒理学研究将促进基于野外的微宇宙体系和环境 DNA 方法的结合，这些方法可以评估在实验室中无法培养或测试的本地物种的响应，并使在群落和生态系统水平的有害结局的评估更具环境意义。

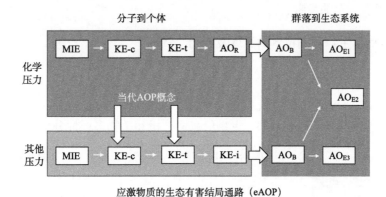

图 1-5　生态有害结局通路（eAOP）将当前的化学 AOP 概念扩展到其他环境压力源以及群落和生态系统

1.5　环境 DNA 监测水生态系统变化与健康状况

人类活动引起的水体污染、栖息地破坏、资源过度开发、外来生物入侵等环境压力，造成生物多样性锐减，引发水生态功能严重退化并影响人类健康。据 2016 年《地球生命力报告》统计，1970～2012 年，淡水生物数量整体下降了 81%。而且，在全球气候变化的大背景下，人类活动对水生态系统的扰动越来越大，环境压力愈加普遍和强烈。面对日益恶化的水生态状况，环境管理者、科学家及社会环保组织在进行水环境保护时面临巨大挑战。实际上，水生态环境保护措施的有效性在于对生态系统变化快速可靠的识别。然而，传统形态学生物监测存在费时费力、物种分辨度低、成本高等诸多缺陷，一直以来饱受诟病，无法在流域尺度开展大规模、高频率的生态监测。因此，迫切需要更加便捷且准确的水生态监测技术，用于生物多样性及水生态系统的保护（李飞龙等，2018）。

环境 DNA 技术可同时实现对自然生态系统中多生物群落的监测，被认为是一种快速且有效的监测技术。在欧美等发达国家，基于环境 DNA 技术的底栖动物、鱼类、两栖动物、外来入侵物种和濒危稀有物种监测已有广泛研究。此外，环境 DNA 技术与机器学习、遥感等技术结合来评价水生态系统健康也已成为生态学的研究热点。但相比于欧美等发达国家，我国开展的环境 DNA 研究相对较少，仅被用于鱼类和入侵小龙虾的监测。尽管已有文献对环境 DNA 的研究进行了总结，但其更偏重讨论该技术在特定物种的有无或丰富度监测和生物多样性评估等方面的应用。作为对文献综述的补充，本书将从生态环境监测及跨学科联用的角度思考环境 DNA 的应用前景，希望为我国开展相关研究提供一些启示和思路。

本书重点分析以下几个方面：①简要总结环境 DNA 技术在生物监测方面多元化的应用；②着重讨论环境 DNA 技术与机器学习、遥感等技术跨学科协调合作进行水生态监测的潜在机遇；③探讨作为水生态环境保护的主体，社会公民（特别是"公民科学团体"）在未来环境监测中可发挥的作用及潜力，这将对我国开展基于环境 DNA 技术的流域生态监测提供一定的参考。

1.5.1 环境 DNA 生物监测技术的原理及应用

1. 环境 DNA 技术的原理及发展

环境 DNA 技术的基本操作流程主要包括：环境样品采集、DNA 提取、PCR 扩增、DNA 文库构建、DNA 高通量测序、生物信息学分析和生物多样性分析等环节（图 1-6）。

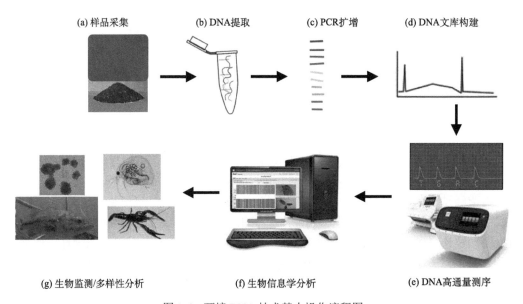

图 1-6 环境 DNA 技术基本操作流程图

早在 20 世纪 80 年代，环境 DNA 技术就已被提出用于微生物研究，通过获取的 DNA 序列推断微生物的分类及其赋有的生化意义，从而实现对不可培养微生物的认识。自 2003 年 DNA 条形码概念提出以来，环境 DNA 技术在短短的十多年间发展迅速。生命条形码联盟（The Consortium for the Barcode of Life, CBOL）将 DNA 条形码定义为：生物基因组中普遍存在的一段能够高效鉴定物种的 DNA 标准区域。其建立在两个前提之下：一是每个物种应有唯一的 DNA 条形码序列；二是物种间的基因遗传变异应大于物种内的基因遗传变异。DNA 条形码最初的目的是进行生物种分类鉴定及数据的储存，以期快速准确地鉴定物种，并发掘新种及隐匿种，现已在动植物和微生物等其他各类生物中得到广泛的应用。受益于 DNA 条形码的研究，2008 年 Ficetola 等提出利用特异性的DNA 片段检测水域内美国牛蛙的入侵，自此开启了环境 DNA 技术在水环境监测中研究与应用的先河（Ficetola et al., 2008）。近年来，对环境 DNA 的研究在不断发展和深化，已从单一化的靶向物种（外来物种入侵、珍稀及濒危物种）监测到非靶向多元化生物群落调查，再到作为新型的高通量分子指纹用于环境污染物的诊断、水环境健康评价及污染物生态阈值推导等（表 1-1）。

表 1-1　环境 DNA 技术在生态监测领域主要研究

学科领域	主题范畴	研究的问题
应用生态学	生物多样性评估	利用不同引物对热带海洋、淡水湖泊等生态系统生物多样性进行评估
	多样性与生态功能	长期污染物暴露下微生物群落结构和多样性改变对生态碳、氮、磷等代谢功能的影响
	环境污染物诊断	利用微生物对沉积物中营养盐、重金属、有机污染物等复合污染胁迫因子进行诊断
	生态健康评价	尝试构建新型的分子指数，并对海洋、河流等生态系统健康状况进行评价
	污染物阈值推导	利用新型分子指标进行太湖流域浮游动物氨氮生态阈值推导
保护生物学	濒危/珍稀物种	采集水环境 DNA 进行野生娃娃鱼的监测
入侵生物学	外来入侵生物	采集水环境 DNA 进行亚洲鲤鱼、克氏原螯虾、美国牛蛙和贻贝等外来入侵生物监测
	入侵传播/路径	利用湖泊沉积柱或高原冻土中古 DNA 对生物的迁移/传播途径进行解析
	潜在生态影响	外来生物入侵对农业、食物网的影响
生物监测	鱼类	物种丰富度、生物量评估和环境条件改变对环境 DNA 脱落及降解速率影响
	底栖动物	物种丰富度、生物量评估和环境条件改变对环境 DNA 脱落及降解速率影响
	浮游动物	物种丰富度和生物量评估
	藻类	物种丰富度和生物量评估
	微生物	物种丰富度评估和新型分子指数构建

此外，环境 DNA 技术较高的成本效益也是促进其发展与应用的重要因素之一。据研究发现，相比于传统生物监测技术，仅单个监测位点环境 DNA 技术就可以节省超过40%的成本投入。随着监测位点数量的增加，成本效益的优势会更加凸显。而且随着大数据、云服务和人工智能领域的快速发展，环境 DNA 技术在多学科、跨领域间的交流与合作也值得期待。

2. 物种丰富度和相对丰度评估

对物种丰富度和相对丰度评估是探索、认识物种和保护生物多样性的基础。传统基于物理、声学或（和）视觉观察的生物监测是当前评估物种多样性的主要方式，但它们存在很大的局限性。即使是高水平的物种鉴定专家，对某些生物类群的错误识别也很常见。而且，传统监测方法对环境和生物群落会造成破坏。对于许多两栖动物和爬行动物，传统方法可能需要专门的设备或特定的观察时间，从而使物种多样性评估难以进行。环境 DNA 技术可同时监测多生物群落且具有较高的物种辨识度,很好地弥补了传统监测方法的不足。已有研究发现环境 DNA 对两栖动物的监测要优于传统方法。此外,通过对食血水蛭体内宿主血液的收集,可实现对濒危和隐匿的脊椎动物的有效监测。对植物的研究也发现,相比于视觉方法,分离空气中的 DNA 可以对花粉进行更好的分类辨识。

环境 DNA 技术还可以用于物种的相对丰度评估。大量的研究发现,通过使用特异性引物或定量 PCR(qPCR)技术,可以实现单物种相对丰度的测量。虽然这些研究都需要进行大量的控制实验,以确定在 qPCR 中所观察到的物种相对丰度与基因拷贝数之间的关系,但至少可以证明环境 DNA 包含了物种相对丰度的信息。目前,虽然利用环境 DNA 度量生物群落丰度仍缺乏结论性证据,但已有研究认为,DNA 序列的相对丰度与传统方法评估的物种丰度存在明显正相关。例如,在中宇宙模拟实验中发现,鱼类和两栖动物的个体数与相对丰度均与 DNA 序列数存在相关性。类似的结果也出现在自然湖泊中,传统刺网的渔获量与同时开展的环境 DNA 监测结果存在正相关。对海洋的研究也指出,将 DNA 序列在科级水平进行统计时与传统拖网捕获的鱼类相对丰度及生物量有相关性。

3. 靶向与非靶向的生物监测

环境 DNA 技术最初被用于法国池塘中北美牛蛙的监测,随即引起了研究人员和环境监管部门的极大兴趣,目前已被成功用于亚洲鲤鱼、克氏原螯虾、娃娃鱼等入侵生物的监测。以上这些研究均以物种特异性引物为基础,目的是为入侵生物监测提供新证据。这种靶向的方法在入侵生物学领域被称为"主动"监测。尤其在自然资源管理中,为避免未来引进和减少外来入侵生物的传播,这种"主动"监测至关重要。但是,环境 DNA 技术还存在一个重要挑战,即入侵物种检测的假阳性和假阴性,这两种情况都会引起生物监测结果的不确定性,为入侵生物的根除和控制带来巨大负担。因此,仍需要继续开展研究减少或了解产生假阳性和假阴性的原因,提高环境 DNA 对外来入侵生物监测的准确性。

与"主动"监测相对应的,环境 DNA 技术还能同时利用不同引物进行多生物群落的监测,从而快速了解环境中生物群落的组成,这种被广泛应用的非靶向方法被称为"被动"监测。在分析环境变化对水生态系统的影响时,除了进行靶向的生物监测,我们仍然需要在多生物群落和不同营养水平上进行生物多样性的研究,分析并预测生物多样性改变对生态功能的影响。环境 DNA 具有促进生物多样性和生态系统功能研究的潜力,提高我们对捕食者/被捕食者关系的认识,如植物与传粉者的相互作用,以及在高度多样化的系统中小型隐匿物种组成的食物网。这些研究可以揭示物种的共生作用和相互作用,将进一步促进我们对复合生态系统的理解,并提供用于指导大生态系统尺度的管理决策。环境 DNA 技术还可以为评估人为污染的影响提供一个强有力的工具,例如在"河北精神号"溢油事件发生 7 年后,环境 DNA 被用于表征表层沉积物微观和宏观生物群落结构的变化。该研究结果表明原油泄漏污染对微生物群落和后生动物群落产生了长期的影响,这些影响体现在生物多样性、优势物种的相对丰度和结构变化上。

4. 古生态学领域的应用

研究生态系统演替规律和污染物的生态群落效应时,传统毒性实验、微/中宇宙模拟和全流域的生态调查都存在监测周期短的缺陷。虽然依据考古或古湖沼学知识可以克服上述的问题,但仍然存在效率低和缺乏历史资料等因素的限制。近年来,从湖泊沉积柱或冰芯中获得的DNA(常被视为"古DNA")可记录几十年至上万年的生物信息。对湖泊沉积柱中动植物的研究发现,早在1.26万年前的陆地生物和水生生物可以被监测,而从冰芯中获取的DNA已经成功地用于2000年前生物群落的重建。此外,从冰川径流中提取的环境DNA,也可用来监测生活在冰川和冰下动物和植物的多样性。由于气候变暖,这些栖息地正经历着巨大的变化。与之类似,垂直运输到海洋中的沉积物也会保存大量的DNA,因为这些DNA被直接吸附到泥沙颗粒上,可以避免核苷酸被氧化和水解等过程降解,有助于在大时空尺度上保存遗传信号,该研究还发现,海洋沉积物DNA的浓度是海水中DNA的1000倍,海洋沉积柱也积累着大量的近海和远洋生物群落遗传信息。因此,我们认为沉积柱中的DNA是研究长时期动植物群落演替的有力工具,同时也提供了重建过去营养级关系的机会。例如,在食草动物中发现的小颗粒的环境DNA已经被用于古动植物的鉴定,利用粪便化石中的微生物和植物DNA痕迹可重建稀有和已灭绝的古鸟类饮食关系。

沉积柱或冰芯不仅可以反映长时期生物群落演替动向,还能通过追踪污染物的沉积历史,提供长期暴露于污染物下的群落生态效应信息。因此,将环境DNA和古生态学/湖沼学有机结合起来,对理解长期人类活动及其产生的生态系统影响具有重要价值。

5. 存在的问题及解决的建议

虽然环境DNA技术在生物监测中应用越来越多,但该技术仍存在一些不足。例如,在分析河流生物群落的空间分布时,尽管环境DNA技术可以检出更高的物种丰富度,但DNA会沿着水流向下游迁移,导致识别的物种并非全部来自本地。还有研究指出,环境中物种基因拷贝数受DNA来源、状态和传输速率等因素影响,使环境DNA反映的物种丰度与真实的物种丰度存在差异。此外,引物偏好性已经被证明会错误评估样品中DNA序列的相对丰度,而且在样品处理过程中,过多的子样本数量可以导致稀有的DNA序列丢失。这些因素的结合可能会进一步放大任何已知物种DNA序列的偏差,并将完全抑制稀有物种的监测。

实际上,当一个物种的监测结果被怀疑时,qPCR可以被用来验证结果的真实性,因为单物种特异性的qPCR不会存在引物偏好性的问题。此外,增加重复样品数量和去除低丰度数据可以在一定程度上克服假阳性问题。为确保样品的完整性,实验室阴阳对照样本的设置极为重要。使用阳性对照样本可以帮助评估环境DNA的测序效率和错误率;而在实验室操作过程每个阶段(如样品过滤、DNA提取、PCR和测序)设置的阴性对照可通过统计模型等方法检测高通量多通道测序过程中产生的错误,以排除假阳性检测。最后,由于数据处理过程也会影响研究的结果和结论,生物信息学工具的选择和参数设置也必须要慎重。

1.5.2 跨学科合作潜在机遇

1. 机器学习——智能化的生态监测

大数据和云服务时代的到来，对数据的探索、分析和预测提出了更高的要求。作为探索和分析数据的基础理论和工具，机器学习及数据挖掘成为当前热门的技术。机器学习的核心是通过数据统计和逻辑推理让计算机将海量信息转化为可行的情报使其做出正确反应的科学。这种方法在社会科学和分子/遗传学科已得到了广泛的应用，但直到最近才被应用到生态学领域。对于生态监测数据，研究人员通常使用统计模型（如回归模型）来研究生物群落繁殖、迁移和捕食等作用关系。但是，机器学习可以根据数据运算和逻辑推理完成数据集中相互作用的生态网络关系重建。只要方法合适，机器学习能快速地从生态监测数据中重建生态网络，显著提高了建立生态作用网络的效率。

当前，高通量测序一次可完成 10～100 G 的测序数据。这一优势使得环境 DNA 生态监测成为名副其实的大数据监测，传统的数据分析方法显然无法适应高通量数据分析。如果将环境 DNA 技术与机器学习、云服务进行耦合，可以构建一个系统性、全球化、网络化的快速生态监测体系。但是这种基于逻辑推理从高通量测序数据中重新构建生态网络的研究仍需进一步完善。有研究指出，对高通量测序数据使用统计推理方法构建的微生物网络在精确度和灵敏度上存在很大的差异，而且这种生态网络与现有的知识存在矛盾。但是一项关于浮游生物的研究发现，利用机器学习可以很好地从高通量测序数据中重构生物网络关系。因此，这些研究结果的差异也说明基于机器学习的高通量测序数据分析还存在很大的提升空间。

环境 DNA 生物监测也是一把"双刃剑"，虽然我们可以获得传统形态学监测无法获取的群落大数据信息，但同样面临如何理解这些数据的困境。由于全球范围内 DNA 参考数据库的不完善，测序产生的大量 DNA 运算分类单元（operational taxonomic units, OTUs）无法完成序列注释，特别是宏基因组的测序，有时 85%以上的序列是未知的。在进行数据分析时如果丢弃这些未知的 OTUs，将会造成海量信息的遗失。机器学习正成为克服这一困境的有效工具。最近有研究提出，使用监督式机器学习可以完成非注释性 OTUs 的生物指数计算，而且这些新型的分子生物指数具有很好的水生态健康评价潜力。在细菌和硅藻研究中，这种方法也被用于污染水平的预测和生态风险评价。

2. 遥感——实现全球化的监测网络

遥感技术是指从远距离感知目标反射或自身辐射的电磁波、可见光、红外线等，完成对目标探测和识别的技术。该技术具有获取全球性数据的优势，而且遥感数据具备在时空尺度上标准化和可重复性。尽管遥感最初的开发和部署成本很高，但稳定的卫星传感器将持续提供最具成本效益的长期监测能力。最近，传感器技术的发展为水生态系统监测开辟了新思路。通过地球观测平台可获得越来越高的空间和光谱分辨率数据，这些数据可以用来度量生物指标的变化，例如水生植被覆盖面积和叶绿素 a 浓度。目前，卫星遥感技术已被应用于湖泊中生物多样性的监测，例如，Diversity II（www.diversity2.info）

和 Globolakes（www.globolakes.ac.uk）等监测项目已经分别覆盖了全球 340 个和 971 个湖泊。此外，新型的高光谱技术，通过分析数百个狭窄的光谱带可提供水体中藻青素、叶绿素 a、悬浮物、浮游植物功能类型和底栖生物组成等更多的信息。还有，在无人机等小型机载设备上搭载轻型高光谱相机，可弥补卫星无法监测的河流源头信息。利用历史航空图像和地图的存储库，遥感也可用来评估过去的环境压力，例如，历史航拍照片被用来量化大坝建设和人类用水对河道的影响。

遥感技术与环境 DNA 的结合将为未来环境监测提供更多可能性。例如，将历史卫星图像与古环境 DNA 结合，可以重建过去生物群落对环境压力的响应，评估生物多样性随着时间的变化趋势。此外，通过卫星光谱图像解译的水生植被覆盖面积、叶绿素 a 浓度等信息，与环境 DNA 的高通量监测信息结合，用于富营养型湖泊藻华暴发的预测将会有很好的前景。监测数据的丰富性和连续性是分析生物多样性和生态系统变化的一个关键因素，特别是在当前人类活动产生的多元化环境压力下，这主要由于对生物多样性威胁的环境压力范围广泛，而且往往会跨越很长一段时间。

3. 公民科学团体参与

环境 DNA 技术的便捷和可操作性，使其为推广全民参与的生态环境保护监测项目创造了新途径。特别是环境 DNA 分析试剂盒商业化（如 NatureMetrics、Spygen、QIAGEN 等）推动了公民科学项目的发展。公民科学团体是收集或处理数据的志愿者，通常是在科学项目的支持下进行的。涉及公民科学的研究项目正随着公众对生态环境的保护兴趣日益增加而增长。因此，公民科学团体正越来越多地扩大对不同时空范围的水环境监测。例如，基于公民科学的全球湖泊生态观测网（GLEON，http://gleon.org/）已建立了一个全球范围内的数据采集网络，收集不同湖泊的数据以记录对不同的环境压力的响应，包括水温、溶解氧和浮游植物叶绿素荧光等。与此类似的，国际河流组织（www.internationalrivers.org/worldsrivers）开展了全球范围内 50 个主要河流的健康状况评价，尽管大部分指标都与环境驱动因素有关（如水坝数量和入侵鱼类的百分比），但也包括一些生物指标，如关注哺乳动物和鸟类。在英国，由公民科学家组成的 Riverfly Partnership（http://www.riverflies.org/）开展英国河流的健康评价，其成员都接受了简单的无脊椎动物监测技术培训。在南非，miniSASS（http://www.minisass.org/）采用了类似的方法进行水环境保护。重要的是，这些团体组织和他们的在线数据存储库都在不断扩大。如果这样的项目/计划扩展到其他国家，并将这些数据在全球数据库中分享，将会使全球河流健康状况得到改善。

在我国，人们对水环境质量的理解正在不断深入。单纯的水化学污染控制显然不能满足新时期水生态环境保护的需求。对应于我国尚不完善的生物监测体系，基于公民科学的全民水环境保护计划也处于发展的新阶段。为了吸引更多的公民参与其中，环境管理者和科研人员相继做出了很多的努力。例如，由中华人民共和国生态环境部与住房和城乡建设部共同发起的城市黑臭水体整治环境保护专项行动（http://www.hcstzz.com/），会定期发布《全国城市黑臭水体整治公众监督及回复情况周报》，目的是加强社会公众对水污染治理的监督和参与度。此外，鼓励公众参与的河流生态地图（http://nju.

erivermap.com/water/）项目日益得到社会群众的关注，该项目旨在利用环境 DNA 技术对全国各地的水体进行生态监测，提供河流、水库、湖泊等生态系统的生物多样性分布地图，建立水生态健康评估报告，完成全国水环境健康状况的评价。这些项目的实施将会逐步增加公众对水环境保护的兴趣和热情，进而推进公民科学在我国的发展。

　　水生态系统变化的早期识别和对人类活动压力的诊断可有效地保护水生态环境。同样，对水生态环境治理与修复措施的评估也需要精确监测生态系统质量的变化。对生态系统中物种多样性、结构及组成的观测，可以用于研究这些物种塑造生态系统的过程。迄今为止，大多数研究都集中在较小时空尺度上，而许多与大尺度和长时间跨度有关的问题都没有得到解答，但是这种在时空尺度上的研究限制正在被改变。基于高通量测序的环境 DNA 技术与遥感、机器学习、云服务等技术耦合，产生的监测大数据将会为未来几十年生态学研究带来巨大的机遇。这些新技术除了提供新颖的数据获取方法外，还可以提供从局部到全球范围以及多层次（如单一群落到生态作用网络等）的生态系统动态信息，进而改变我们对生态系统变化的理解，还可以更准确地预测环境变化造成的生态后果。此外，作为水生态环境保护的主体，社会公民应该被鼓励加入进来。这一便捷和可标准操作化的环境 DNA 技术，将会为推广全民参与的水环境保护行动创造新途径。

1.6　环境 DNA 揭示流域空间网络中完全的生物多样性结构

　　掌握生态系统固有的生物多样性特征，认识其对生态系统过程的影响，是生态学最核心的研究问题之一。研究自然生态系统中生物的存在和多样性模式，有助于发现物种-区域关系等基本生态规律，具有普遍的科学意义。当前全球变化事件频发，这增加了认识生态系统过程中生物多样性变化规律的紧迫性。目前我们可以超前地、高分辨地获得关于流域地理生境和环境理化指标的时空尺度上变化的信息，但其最基本的变量——生物多样性本身——仍然经常从局部位点、部分指示物种的角度进行研究，无法获得更广泛的物种分类广度和更高的时空覆盖率。这限制了生态学在生态环境管理中发挥更大的作用。为更好地理解生态系统的涌现特征（如生态系统功能），完全的生物多样性评估应该包括跨空间和跨时间上对群落不同物种分类和功能多样性的评估。河流生态系统是世界上生物多样性最丰富的生态系统之一，受到多重环境胁迫的影响也最严重。河流网络中固有的空间结构需要采用多尺度视角，而以往在河网生物多样性-生态系统功能研究中通常忽略了空间自相关结构（Altermatt et al., 2020）。环境 DNA 最新技术进展不仅可用于揭示更广泛的生物多样性，而且对研究生态系统过程提供大量新的线索，这可能使生态学和生物多样性科学发生革命性的变化。在此我们勾勒出一幅路线图，利用环境 DNA 技术提供一种更完整和全面的生物多样性评估方式，在时空尺度上更深刻地识别生物多样性和相应的生态系统过程，为景观生态学研究者和生态环境管理者提供帮助。

1.6.1　为什么要改进生物多样性数据？

　　当前的全球变化压力不断增加，如气候变化、入侵物种、环境污染或栖息地丧失等，因此，认识生物多样性分布特征及其在生态系统过程中功能作用的需求日益紧迫。许多关于生态系统生境特征和非生物环境条件的信息数据，如温度、生产力、生物量或植被类型，已经越来越容易获取。然而，生物多样性本身仍然没有得到充分的研究，而且在分类和功能的广度上、时间和空间的覆盖率方面往往无法在相似的分辨率上获得。这严重限制了生态学作为一门科学的能力和影响。

生态学和生物地理学领域的发展要求在描述一个生态系统状态的同时，也要认识到系统内部的复杂动力学。这将需要更完全和更精确的生物多样性数据。首先，在不同的维度上（图 1-7），以更高的分辨率或多个维度同时进行测量，相比于在一个维度或低分辨率进行的测量，可以获得对生态系统特性根本不同的认识。只看其中的一些方面，我们可能会搞错或错过重要的部分：只有看多个物种（而不是看单个物种），我们才能研究物种之间的相互作用；只有研究多个斑块，我们才能了解一个系统是否受到超种群动力学驱动；只有包含多个时间点，才能求解系统的时间轨迹、瞬态动力学或稳定性组分（如生态系统功能的变异性）。其次，有些方面只能通过这 3 个维度上的高分辨率数据来理解，例如，生物多样性在空间和时间尺度上的变化，以及在这种尺度上分类群和营养级的变化。在全球变化的背景下这一点尤其需要，因为在全球变化中，迫切需要更加系统地了解生物多样性丧失的时空动态。最后，更多测量值可以提供更充分的证据来改进因果关系的推断，例如在对猎物-捕食者动力学的理解或对未来做出预测。总之，这就需要对生物多样性进行更全面的评估和了解，在全球变化和生态不确定性日益增加的时代，这一点越来越紧迫。

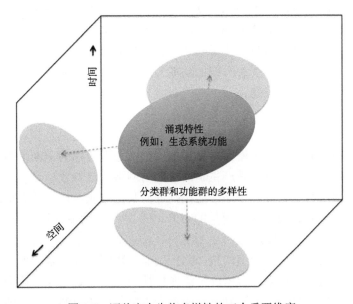

图 1-7 评估完全生物多样性的三个重要维度

包括物种和功能多样性、空间、时间（它们相应的依赖性由虚线投影）。我们建议，只有充分考虑这三个维度，才能连贯地认识生态系统在多维空间中的涌现特征，例如生态系统功能

了解生物多样性、生物多样性的丧失以及其与生态系统功能的过程、机制和影响因素，对于全球所有生态系统都是至关重要的。这在淡水河流生态系统中尤其紧迫。淡水

生态系统是世界上生物多样性最丰富的生态系统之一，支持着超过 10%的已知物种，对人类具有重大的经济和社会意义。然而，它们也是受全球变化压力威胁最大的系统之一，表现为严重的生物多样性和相关生态系统功能的丧失。此外，淡水河流系统生物多样性的信息在分类、空间和时间上都是分散的。与其他生态系统相比，淡水生物保护的紧迫问题仍然没有得到充分认识。尽管遥感技术的最新进展改善了对森林或草原生态系统中生物多样性变化的研究，但对淡水系统，特别是河流系统（由于生物通常存在于水下，其有特定的空间网络结构和水的定向输送）需要新的技术。

河流生态系统中的生物监测研究通常只对部分目标群体进行测量，如鱼类、硅藻或大型无脊椎动物，而且在这些不同的类群中，生物多样性模式是否可以比较和如何进行比较在很大程度上是未知的。即使在一些最常用的指示类群（如大型无脊椎动物）中，某个分类群的变化趋势并不能直接类推到其他类群。由于所观察到的多样性模式并不一定在物种分类/功能群中具有普遍性，而且可能取决于环境状态。例如，河流生态系统中的本地物种丰富度（α 多样性）对于某些分类群（如鱼类或大型无脊椎动物）从上游到下游不断增加，而对于其他分类群（如细菌或两栖动物）则是完全相反的模式。最新的实验和理论研究工作将这些看似矛盾的模式与环境干扰的数量联系起来。对少数分类群的限制性监测也妨碍了对生物多样性及其在生态系统过程中作用的全面了解，如初级生产、养分和碳的转换或分解。因此，有必要更好地了解生物多样性在主要生态系统（如河流系统）中的分布和变化。

本节制定了一幅路线图，说明如何使用环境 DNA 宏条形码技术从更具包容性（就包含的分类群范围而言）、更高时空分辨率的角度评估河流流域的生物多样性。我们将这种对分类学、空间和时间包容性的考虑称为"完全生物多样性"（图 1-7），它更好地支撑对生态系统涌现特征（例如生态系统的功能）的研究，并说明这如何回答和解决河流系统及相关领域研究的主要问题。

1.6.2　河流网络

河流网络是由一般的水文和侵蚀力形成的一个特定但普遍的空间结构。因此，河流网络通常是以几何分形模式分支并产生空间填充的网络。这导致栖息地斑块的空间分布格局，每个斑块通过网络上的一条路径连接到任何其他斑块，栖息地斑块的大小分布不同，主要是从小河流到大河流（总河长的 70%以上是小型河流或溪流），形成沿水流的物质单向传输。

近几十年里，我们对河流网络结构如何控制非生物和生物因素的理解不断丰富。经典的"河流连续体概念"框架综合考虑河流多样性和生态系统功能，认为陆地输入和光可用性的相对重要性构筑了从上游到下游的不同生境条件和资源类型，塑造了不同群落的分布格局，完成不同的生态系统功能。尽管这一简化框架忽略了河流生态的几个重要方面，但将河流视为一个连续体是有价值的。该框架的一个关键原则是，资源向下游流动，并由沿途的生物群落进行处理。然而这并不是河网塑造其生物群落和过程的唯一方式，许多生物的分布不受流向的阻碍。河流网络结构对食物网络结构、能量流及其相互关系也有重要的影响。例如，在源头或主干河段，物种的迁移会导致食物网的变化，引起新的类群占主导地位。上游的生产力较低，因此，与下游相比，上游生物对食物的吸收和排泄对局部能量流动和物质循环的影响更大。最近，越来越多的研究开始关注空间网络结构和扩散限制所能够产生和维持生物多样性模式的方式，即使网络结构并不引起环境异质性，生物多样性模式也会发生变化，并对复合群落动力学产生直接影响。

生态学家很早就认识到了空间在确定生物多样性模式中的重要性。在所有类型的生态系统中，通常会假设非生物条件在相互靠近的斑块中比在相距很远的斑块中更为相似。环境条件是决定群落组成的一个重要因素，这意味着群落在近斑块上比远斑块上更相似。此外，绝大多数生物在一定距离内的扩散是有限的，通过这种机制，群落的差异性应该随着距离的增加而增大。当我们试图理解跨尺度的完全生物多样性时，必须在不同的空间尺度上进行，并且必须充分考虑空间效应和相关性。大多数经典的统计方法假设样本的独立性，但是当这种独立性的假设被违背时，特定的空间统计方法已经发展到将空间自相关纳入模型中。

在河流网络中，空间位置与生物多样性之间的关系非常明显，甚至比许多其他生态系统中的关系更为明显，因为生境和扩散路线往往都局限在水道中。因此，在笛卡儿空间中，沿网格状二维景观的空间自相关不能捕捉生物的空间依赖性，应考虑拓扑距离和相互的空间自相关性。因此，假设河流生物多样性在整个网络中均匀或随机分布在空间中，在大多数情况下会导致错误的结论和预测。

1.6.3 完全生物多样性

对河网多样性格局和生态系统特征的研究有着悠久的传统，但对生态理论的贡献不大。至少有两个可能的原因：①与其他生态系统相比，河流生态系统中的生态过程可能遵循不同的规则；②河流生态系统中的模式和过程的研究尺度过于具体化，从而阻碍了推广。对于后者，我们认为对模式和过程的研究不仅可以更好地理解河流生态系统，而且还可以对一般生态动力学有所启示。

那么河流系统中完全的生物多样性是什么样的？为了更好地理解河流生态系统的功能，我们认为应该包括在时间和空间尺度上的物种和功能多样性（图1-7）。随着分子方法和计算技术的不断进展，人们对生物多样性状况及其生态系统功能的认识不断提高，如今，我们能够对生物多样性进行更加全面的评估。新技术的整合应用将有助于更好地规划淡水生物监测，更好地回答一般性的生物多样性研究问题，在不同领域之间架起桥梁，提高对淡水生态系统的认识，并将改进对全球变化下淡水生物多样性变化的预测。

1. 分类和功能多样性的包容性

河流生态系统的特点是生物多样性非常高，跨越从细菌到水生植物、无脊椎动物和脊椎动物的众多分类群。这些群落在生态系统功能中都发挥着关键作用。例如，细菌和其他微生物是河流生物膜的关键成分，它们推动关键的生态系统过程，如有机物循环、生态系统呼吸甚至初级生产，并将陆地生物量输入与水生食物网联系起来。最近的测序技术可以得到在分类上高分辨率的群落数据，并揭示了它们在全球生物地球化学循环中的关键作用。类似地，水生无脊椎动物种类繁多，包括水生关键类群，如软体动物、昆虫或甲壳类动物。这些生物在食物网中起着重要作用，因为它们将陆地生物量输入和水生初级生产（通常在生物膜中）与更高的营养水平联系在一起：水生无脊椎动物可以过滤、食用和刮取资源，并且它们本身是鱼或两栖动物等更高营养级的最重要的食物资源。最后，脊椎动物经常处于水生食物链的顶端，对群落施加自上而下的控制和营养级联系。淡水系统不仅多样性很高，而且空间结构也很强，但正在受到严重威胁。

传统河流生物多样性监测方法的一个主要缺点是一般侧重于几种指示群落（如硅藻、大型底栖无脊椎动物和鱼类），这些指示群落从生态学的角度得到了很好的研究，并且已知它们会对环境变化的特定驱动因素作出反应，但与其他类群的相关性和代表性仍不确定。然而，任何对生物多样性的"完全"评估都应该超越这些经典的指标类群，以一致的方式将不同物种类群的多样性联系起来，并允许对生态动力学进行推断。在这种情况下，从硅藻到无脊椎动物再到鱼类，每种针对各自重点群体进行特定的取样和评估方法的差异性可能会妨碍多样性数据的统一。例如，水生生物膜中的微生物群落的采集是从岩石上刮取一小部分生物膜，而水生无脊椎动物则通过网具取样收集，鱼类群落的采集是电捕法。由于不同方法的抽样误差率不同，不同类群间的比较尤其受到限制：要使"苹果和橘子具有可比性"，就需要商定共同的标准、共同的措施和标准化的方法。具体来说，生物多样性评估方法之间比较的前提是假定不同方法之间的取样强度是相当的，这可以通过计算物种积累曲线（随着取样强度的增加）来实现。但这种体系很少被建立起来，因此一般各种采样方法不具有可比性。对生物多样性的全面衡量必须既涵盖所有与生态有关的群体，又对所有分类群体的多样性做出总体概述。重要的是，我们提出的更全面评估的方向还应辅之以对同一类群的生态学或个体生态学进行更深入的研究：新的遗传工具将洞察迄今为止被广泛忽视的类群多样性，但真正的价值只有在得到相关生态环境的充分信息后才会呈现。

2. 空间包容性

在一个维度上的生物多样性格局可以由多个维度上的生态过程所形成。在河流网络中，下游斑块的非生物参数和群落结构直观地受到上游斑块的影响。此外，从一个空间尺度得出的关于生物多样性的结论不一定适用于其他空间尺度。建立跨尺度生物多样性监测的统一方法是识别出跨尺度生物多样性变化模式及其潜在关键驱动力。在河流生态系统中，由于高分辨率和空间分布明确的环境变量信息已经具备，将局地尺度动力学与网络联系起来的空间显式方法变得越来越可行。

跨尺度生物多样性监测也是认识生物多样性变化导致的生态系统功能变化的关键。生物多样性与生态系统功能的研究一直是生态学研究的一个重要课题，它极大地促进了我们对生物多样性丧失影响的认识。这些研究大多是在局地尺度上进行的，目前尚不清楚这些小尺度研究的结论是否可以外推到由不同土地利用活动形成的景观尺度上，以及在何种尺度上最理想地进行管理。最近的研究通过发展新的理论和分析覆盖大空间尺度的数据集来填补这一空白。这些数据集代表的空间尺度远大于实地实验，并且以与实验非常不同的方式（例如遥感）收集数据。因此，建立一种跨尺度监测生物多样性和生态系统功能的统一方法至关重要，可以在实际情况下提高对生物多样性和生态系统功能之间联系的认识。

3. 时间包容性

包括河流生态系统在内的许多生态系统的研究都是由一种平衡概念或生态系统处于高潮状态的假设推动的。然而，特别是在全球变化的背景下，生态系统都处于不断变化之中，包括物种更替和生态变量的定向变化。在淡水生态系统中，群落在时间尺度上的变化速度和幅度是巨大的。

因此，要客观评估水生生态系统状况，必须获得充分反映时间动态的监测数据。然而，绝大多数关于河流生态系统生态格局和生物多样性的研究仍停留在单一的时间点上，或停留在时间短、频度不足的时间序列上。最重要的方面是涵盖生态适宜的时间尺度和频率。必须考虑到不同类群物种的时间动态是显著不同的。例如，微生物的动态发生在数小时到数天的时间尺度上，而寿命较长的脊椎动物的动态发生在数月到数年的时间尺度上。如果要监测森林中的树木多样性和基于种群的群落组成，无论采取每小时取样或每几千年间隔取样的采样频率都是不可行的，但类似的采样策略却在河流系统监测中经常应用：关键的短寿命生物，如微生物（蓝藻和硅藻）或无脊椎动物的产生时间从几天到几个月不等。而在许多资金充足的大型生物监测计划中，每几年才进行一次观察，这相当于几十到几百代的间隔。尽管采用这样的采样方案可能比没有任何时间复制的采样更好，但远远不及充分覆盖不同生物类群时间动态变化的理想采样方案。一种可能的改进方法是将多个时间采样频率叠加，以便同时考虑短期和长期动态。

1.6.4　环境 DNA 评估生物多样性

环境 DNA 被认为是一项有前景的技术，它将彻底改变生态学和生物多样性科学。环境 DNA 可能来源于整个生物体（对于微生物，如藻类或轮虫），也可能由游离 DNA 或碎片 DNA 组成。因此，该方法是非侵入性的，可以收集到非常多的样本，并且随着样本数量的增加，每个样本的分析成本大大降低。尽管环境 DNA 在生态学研究中的应用是最近才开始的，但已经取得了很大的发展。环境 DNA 宏条形码技术适合用于衡量河流或其他水生生态系统的完全生物多样性，其特点包括：①DNA 在水中的存在时间相对较短，可实现生物群落的实时监测；②易于取样；③环境 DNA 可向下游运输，从而实现生物多样性信息的空间整合。然而尽管该方法有许多优势，也面临着很多挑战。

环境 DNA 的应用最初侧重于调查个别目标物种、某些群落（浮游动物、硅藻）或研究个别地点的全生物多样性，但在很大程度上尚未解决基本的生态问题。在快速的技术进步和应用的同时，过去几年发表了大量的综述和评论文章，描述了这项技术在革新生物多样性和地方规模的保护研究方面的潜力。然而，大多数研究往往是从保护的角度出发和/或着眼于局部范围，并没有与生物多样性科学和空间生态学领域的最新进展联系起来。

1. 分类和功能多样性的包容性

通过与传统采样方法（如电捕或网具采样）的比较发现，环境 DNA 监测具有相当的效果或能够捕获更多的生物多样性。这些研究的重点常常局限于真核生物的监测，或者更具体地说，局限于鱼类或两栖类的监测。由于高通量测序产生的序列数和生物量之间关系的可变性，评估通常仅在存在/不存在的数据下进行。然而，环境 DNA 具有一次采集更广泛生物多样性的能力，有可能彻底改变生物多样性评估方法。最近的研究表明，使用多个条形码可能是有效检测广泛性物种多样性的关键。一些分类群（真菌、细菌）的条形码区域定义良好，而另一些分类群（如真核生物或植物）的条形码区域仍在争论中，因为这些条形码区域通常跨越一个大的系统发育分支，并不总是对所有涉及的分类亚群都有同样好的表现。最好的例子可能是细胞色素氧化酶 I（COI）区域，这是一个用于真核生物多样性的常见条形码区域。然而，由于该区域的保守性较差，常常存在引物的偏差，对物种水平的鉴定仅限于一些主要的分类类群。这些方面阻碍了相同样本中所有目标分类群的平等扩增和检测。因此，一个必要的条件是为所有分类群提供足够的条形码区域，以确保从相对较少的水样中获得平等的生物多样性覆盖率。目前，不同类群物种条形码参考数据库尚不完整和充分，分类群物种条形码鉴定的任务大多受到限制。因此，未来重要方向包括：①设计或优化引物（它们的特异性和通用性）；②补充和填充各自的数据库；③考虑基于环境 DNA 样本的全线粒体测序，以便结合来自同一生物体的多个标记的数据。这三个领域都在进行研究，正在取得重大进展。因此，我们可以期望这些障碍在今后几年内逐步被克服。

同时，基于环境 DNA 的多样性评估方法不一定是对现有经典方法的 1:1 替代，而是应该作为超越当前限制的补充。与其把重点放在现有方法处理得好而新方法有缺陷的方面上，不如把重点放在现有方法处理得不完善而新方法有优势上。这样，整个方法工具箱使我们更接近于衡量完全的生物多样性。环境 DNA 目前面临的挑战已经成为研究的焦点，比如推断物种丰度，或者在空间和时间上定位和推断环境 DNA 信号。

2. 空间包容性

河流系统是生物信息的"传送带"。与传统的定点采样（即网具取样）或短距离采样（即电捕或大型植物调查）相比，从集水区采集环境 DNA 样本提供了在更大的空间尺度上监测生物多样性的机会。已有的研究估计了单个物种在河流中的迁移距离，大约为 0.25~12 km。目前还不清楚除了水流以外，还有什么因素（如沉积或降解）驱动着环境 DNA 在系统中的运输。尽管河流中环境 DNA 的起源、状态、持久性和在环境中的迁移还没有完全清晰，不过水文模型在如何对环境 DNA 的产生和运输进行概率预测方面已经取得了进展。

与其他采样方法相比，使用环境 DNA 采样的一个特殊优点是其简单性。快速和容易采集环境 DNA，尤其对于水、沉积物或土壤等介质样本，而且采样只需要很少的培训。这将使生物监测策略能够增加样本数量，使数据收集更加密集，从而得到更全面的生物多样性空间格局。

3. 时间包容性

利用环境 DNA 可以追踪长期时间动态变化，尤其体现在过去群落（几十年到几百

年）的重建中，例如沉积柱环境 DNA 分析。但在水体中，环境 DNA 的持续时间相对
较短，最多为 1～2 周，这确保了群落监测的时效性。尽管许多研究已经证明了环境 DNA
的高敏感性，或检测到更多的分类群，但对不同的目标分类群而言可能有很大的差异。
这种差异不仅可以发生在分类群内，也可以发生在季节性变化中（有些物种的 DNA 量
仅在蜕皮或繁殖季节增加）。

1.6.5 河流独特的空间网络结构需要特定的工具

从对特定位点的监测和评估提升到对网络水平上来，为更好地理解河流生物多样性
向前迈出一大步。为了解释河网的独特结构，新的统计框架已经被提出。这些框架既可
以解释空间自相关，从而更准确地确定生物多样性或生态系统功能的关系，也可以明确
衡量空间关系在其中的贡献。空间流网络模型（spatial stream network model, SSNM）等
方法包含了对河流网络有意义的空间协方差结构，并允许欧几里得矩阵和网络距离矩阵
的合并，还包含了水流的方向性，这种方法类似系统发育比较方法。这些新方法首先有
助于识别和描述数据集中的空间格局，无论响应变量是温度等非生物条件、单一物种或
完全的生物多样性测量，还是生态系统功能。这些方法也可用于空间回归分析，以产生
预测变量和响应变量之间关系的参数估计，也可以解释空间协方差。最后，它们可用于
将生物多样性和生态系统功能等指标的方差划分为可归因于预测变量（通常是环境变量，
或是生物多样性）或其他空间方面的方差。目前利用这些统计技术已经对水化学、细菌
污染、非生物条件与物种栖息地之间的关系以及通过网络的物种丰富度的控制产生了重
要的新发现。这些方法还提供了一种将高分辨率环境数据与仅可获得本地数据的生物响
应相匹配的方法，并将它们结合起来进行流域和河段尺度的预测。可以预见，将空间流
网络模型用于对多生物类群的测量分析，对于认识河流生物多样性将向前迈出一大步。

大多数生物多样性和生态系统功能的研究都是在局地范围内进行的（例如草地），而
将景观或大陆范围的生物多样性与功能联系起来才刚刚起步。因此，在确定生物多样性、
生态系统功能或两者之间的关系时，在很大程度上忽视了空间关系的重要性。纵观生态
学，如果想真正理解生物多样性和生态系统功能，我们需要在考虑生物多样性和生态系
统功能的同时，研究跨尺度的关系。河流网络是一个逻辑起点，因为局部采样点之间的
空间连接是直观的。通过分两步计算空间，我们可以更好地理解河网中的完全生物多样
性及其与生态系统过程的关系。首先，应针对网络位置优化采样设计，以便测定空间结
构并研究重要特征（如汇流）的影响（图 1-8）。选择错误的采样设计——将点放得太近、
太远、间距相等，或者不考虑自然和人为因素，如汇流和大坝，可能会导致增加不必要
的采样工作，或者无法测到有意义的环境变化。最后，采样完成后，数据应在一个框架
中进行分析，该框架应考虑对河流网络空间的特定依赖性。

1.6.6 未来的挑战和路线图

传统监测方法没有涉及河流等空间网络的生物多样性评估。因此，发展新方法来填
补这一认识空白至关重要。在此我们提出了环境 DNA 监测工具在河流生态系统中的潜
在应用，包括跨类群、空间和时间尺度上的生物多样性评估（图 1-9），以更好地理解生

态系统的涌现特征，如生态系统功能。这些方法同时涵盖遗传组成和物种特征，具有很
高的应用前景。

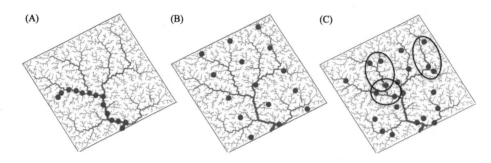

图 1-8　河网中水生生物多样性监测和水生生态研究的各种取样方案

（A）沿着河流连续体概念的方法，在河网中表示及覆盖线性纵断面的抽样方案。这种方法可以跟踪纵向环境变化，但不能
充分表示网络。（B）具有整个网络随机位置的网格状网络。这种方法充分覆盖了不同的河流和河流大小类别，但无法从空
间上充分地捕捉到固有的网络结构。（C）抽样方案的设计，充分反映了网络结构并捕捉汇流和各自的水源贡献。这种方案
通过捕获单个贡献流和随后的下游汇流，从而掌握层次结构，并支持多样性的空间重建

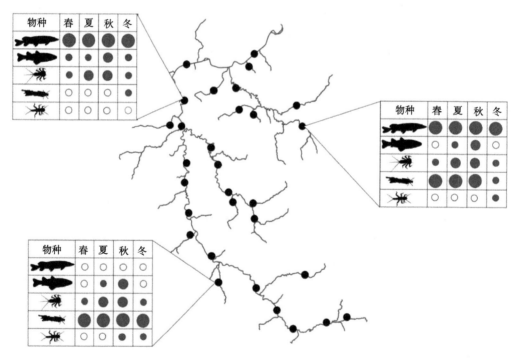

图 1-9　环境 DNA 采样可集成跨时间、空间和物种类群信息

大圆圈：高序列数；中等圆圈：中序列数；小圆圈：低序列数；空圆圈：不存在该物种

　　环境 DNA 方法的研究主要集中在方法的开发和在广泛生境中的应用。要进一步发
展这种方法监测和评估完全生物多样性，必须解决一些不确定性问题。第一，空间网络
的性质决定了信息的传播。应用于河流系统环境中的环境 DNA，这意味着信息正在向下
游传输。当我们使用一种比以前具有更大空间尺度的信息来确定生物多样性热点时，还

必须更详细地了解影响信息可用性（如物种检测）的过程（流动动力学），如使用水文示踪剂可以确定流量、流速和稀释度对运输和 DNA 检测的影响。第二，与大多数已建立的生物多样性监测方法一样，丰度对于量化评估生态群落至关重要。相对于丰度值，对存在/不存在的检测经常被认为是环境 DNA 宏条形码技术的优势。丰度值信息的使用通常仅限于使用单一目标物种和环境 DNA qPCR 或 ddPCR 方法。高通量测序获得环境 DNA 的序列数已被证明与生物群落丰度排序具有相关性，目前环境 DNA 可能无法提供丰度或生物量的准确数字，但丰度排序或位点占有率模型提供了一种替代方法。第三，需要更好地解决物种相互作用的评估问题，或确定其局限性。环境 DNA 可以告诉我们那里有哪些物种，但从这些数据中推断它们如何相互作用还远未被实现。特别是，如何从环境 DNA 构建一个食物网络一直是研究的焦点。第四，利用环境 DNA 来认识生态系统的功能需要最大程度的发展，可以更深入地了解生物多样性和河流生态系统过程，这也是环境 DNA 最有希望的方面。

　　总之，环境 DNA 方法在解决自然生态系统特别是在空间高度结构化的系统（如河流网络）中生物多样性的状态、变化和功能方面具有很大前景。将这些工具集成应用到广泛的生物类群、空间和时间尺度，包括对不同的生态系统功能的测量，对于更好地认识水生生态系统至关重要。

参 考 文 献

李飞龙, 杨江华, 杨雅楠等. 2018. 环境 DNA 宏条形码监测水生态系统变化与健康状态. 中国环境监测, 34(6): 37-46.

Altermatt F, Little C J, Mächler E, et al. 2020. Uncovering the complete biodiversity structure in spatial networks: the example of riverine systems. Oikos, 129: 607-618.

Best J. 2018. Anthropogenic stresses on the world's big rivers. Nature Geoscience, 12(1): 7-21.

Cardinale B J. 2011. Biodiversity improves water quality through niche partitioning. Nature, 472(7341): 86-89.

Cardinale B J, Duffy J E, Gonzalez A, et al. 2012. Biodiversity loss and its impact on humanity. Nature, 486(7401): 59-67.

Ceballos G, Ehrlich P R, Barnosky A D, et al. 2015. Accelerated modern human–induced species losses: Entering the sixth mass extinction. Science Advances, 1(5): e1400253.

Costello M J, May R M, Stork N E. 2013. Can we name earth's species before they go extinct? Science, 339(6118): 413-416.

Deiner K, Bik H M, Machler E, M. et al. 2017. Environmental DNA metabarcoding: Transforming how we survey animal and plant communities. Mol. Ecol., 26(21): 5872-5895.

Díaz S, Settele J, Brondízio E, et al. 2018. The global assessment report on BIODIVERSITY AND ECOSYSTEM SERVICES, IPBES.

Dudgeon D, Arthington A H, Gessner M O, et al. 2006. Freshwater biodiversity: importance, threats, status and conservation challenges. Biological Reviews, 81(2): 163-182.

Ficetola G F, Miaud C, Pompanon F, et al. 2008. Species detection using environmental DNA from water samples. Biology Letters, 4(4): 423-425.

Grill G, Lehner B, Thieme M, et al. 2019. Mapping the world's free-flowing rivers. Nature, 569(7755): 215-221.

Jackson J B C. 2008. Ecological extinction and evolution in the brave new ocean. Proceedings of the National Academy of Sciences, 105(Supplement 1): 11458-11465.

Monchamp M E, Spaak P, Domaizon I, et al. 2018. Homogenization of lake cyanobacterial communities over a century of climate change and eutrophication. Nature Ecology & Evolution, 2(2): 317-324.

Poff N L, Olden J D, Merritt D M, et al. 2007. Homogenization of regional river dynamics by dams and global biodiversity implications. Proceedings of the National Academy of Sciences, 104(14): 5732-5737.

Taberlet P, Bonin A, Zinger L, et al. 2018. Environmental DNA: For Biodiversity Research and Monitoring. Oxford: Oxford University Press.

Vorosmarty C J, Mcintyre P B, Gessner M O, et al. 2010. Global threats to human water security and river biodiversity. Nature, 467(7315): 555-561.

Zhang X. 2019. Environmental DNA shaping a new era of ecotoxicological research. Environ. Sci. Technol., 53(10): 5605-5613.

第 2 章 水生态系统生物监测基础理论

2.1 水生态系统与生物多样性

2.1.1 水生态系统

河流、湖泊等湿地和海洋都是水生态系统的重要组成部分，是地球动态过程的关键要素，对人类经济和健康至关重要。河流、湖泊是重要的交通、娱乐和野生动物中心。虽然河流、湖泊等淡水生态系统仅覆盖了地球陆地的 1%，但它们对于生物多样性和生态系统服务（如饮用水和能源生产）来说是无价的。湿地连接着土地生态系统和水生态系统，不仅是自然过滤器，可以减少污染、控制洪水，还是许多水生物种的栖息地（Altermatt et al., 2020）。海洋约占地球表面的71%，包含地球上约97%的水，是地球上最大的生态系统。海洋生态系统由远海、河口、珊瑚礁和沿海生态系统组成。尽管海洋初级生产者的生物量仅为陆地的 1%，但是海洋初级生产力约占全球的 32%，吸收人类释放 50%的二氧化碳，并排放地球上 50%的氧气（Azam and Malfatti, 2007）。据估计，人类释放的约 90%的二氧化碳被海洋吸收，海洋将多余的二氧化碳输送到深海沉积物中，有助于缓解全球变暖。然而，全球变化、工业化和旅游业发展以及水资源的不可持续开发等人为活动正在严重影响水生生态系统（Vorosmarty et al., 2010）。

水生态系统是地球生物的重要栖息地，在地球生物生产力中占有很大的比例。水资源及水生生物多样性相互关联，提供了人类社会赖以生存的多种服务功能。淡水和海洋环境中的水生生物多样性由于过度开发物种资源，引进外来动植物，城市、工业和农业区的污染源，生态位的丧失和变化而不断下降。保护水生生物多样性，不仅需要设置生物保护点和生物保护区，更需要通过全球监测的形式对其进行保护和管理。

2.1.2 水生生物多样性

联合国 1992 年签署的《生物多样性公约》将生物多样性（biodiversity）定义为："存在于且包括生存在陆地、海洋及其他生态系统中的所有生命有机体以及它们所处的生态复合体之间的全部变异和生态系统过程，包含种内以及种间和生态系统的多样性。"广义上说，生物多样性是地球上所有生命的总和。狭义上说，生物多样性是指生物的物种多样化和变异性以及物种生境的生态复杂性，它包括植物、动物和微生物的所有种及其组成的群落和生态系统，是一个复杂的、多学科综合的并且内涵极其丰富的概念群。通常包括遗传多样性、物种多样性、生态系统多样性和景观多样性。物种多样性是生物多样性的核心，是最主要的结构和功能单位。生物多样性对生态系统的功能和服务是至关重要的。生态系统的服务和功能依赖于物种多样性、关键物种属性（元素循环、胁迫耐受等）和群落的结构（均匀度）。

　　水生生态系统是地球上生物多样性最丰富的区域。海洋是生命的诞生和孕育之地，它不但占了地球表面积的 71%，生物栖息地体积的 99%，同时更在人类文明的演进中扮演着重要的角色。海洋拥有比陆地更加多样化的生物资源，在目前发现的 34 个门的生物中海洋有 33 个门，且其中 15 个门的生物只能生活在海洋中（Díaz et al., 2018）。尽管淡水仅仅覆盖了地球不到 1%的面积，却包含了超过 126 000 种动物，大约占动物种类的 10%和已知脊椎动物种类的 1/3。每年有超过 200 种新鱼类被发现。淡水物种的灭绝风险比陆生物种和海洋物种更高（Díaz et al., 2018），而且面临最高生存风险的物种全都是淡水物种，大部分是淡水软体动物（69%存在风险或者灭绝）、小龙虾（51%）、石蝇（43%）、淡水鱼类（37%）和两栖动物（36%）。相比于脊椎动物（如鱼类、两栖和爬行动物），无脊椎动物（如昆虫、甲壳类动物）、藻类、真菌等微生物群系占据地球生物体的绝大多数。然而，它们超过 90%的物种是未知的。这些体型微小但异常多样化的群落，不仅通过生态网络共同调控生命网的物质、能量与信息传递过程，而且可以敏感地指示生态系统的变化（Yang et al., 2018）。

2.1.3　水生态系统服务与功能

　　水生态系统提供人类社会赖以生存的生态系统服务。生态系统服务（ecosystem service）是指生态系统提供并满足人类需求的所有惠益（Grizzetti et al., 2016a）。联合国千年生态系统评估（The Millennium Ecosystem Assessment）项目引起了社会广泛的关注，从 4 个方面解读了人类社会对生态系统的依赖。首先是供应服务（provision services），提供了直接利用的产品，如食物、淡水、木材和纤维等；其次是调节服务（regulation services），提供了人类适宜生存的生境；再次是文化服务（cultural services），提供了人类愿意居住的生境；最后是支持服务（supporting services），创造了人类生存依赖的环境和过程的基础。表 2-1 是国际上被广泛认可的水生生态系统的服务。生态系统功能通常描述的是生态系统中发生的基础生态过程（Grizzetti et al., 2016b）。通常而言，功能与服务没有明显的界定，目前评价方法总是既包含功能评价又包含服务评估。因为功能与服务通常随着时间而变化，所以他们的评价方法需要重复测量来量化过程的影响。除此之外，多数的服务与功能评价方法仅是综合了某一时刻人文、物理、生物的因素，提供一个关于生态环境状况的快速评价方法，用于推断生态系统功能与服务的程度和能力。所有的这些生态系统服务功能都是通过复杂的化学、物理和生物循环来提供的，太阳能驱动这些循环过程。自然生态系统为人类提供了一系列服务功能，从产品和木材到土壤恢复和个人灵感。这些生态系统服务功能支撑和满足了人类生存和生活的需要。尽管人类通过技术革命，能够用一些技术和工程手段来替代部分生态系统功能（如水净化、防洪等），但是无法替代所有的功能，也达不到生态系统功能产生利益的规模，因此，生态系统是人类社会的核心价值之一，理应得到其他核心价值的最低限度的关注。然而，人们对生态系统核心价值的认识程度低，几乎不进行监控，生态系统的很多方面还出现了不同程度的退化和消逝。

表 2-1　水生生态系统服务

供应服务	调节服务	文化服务	支持服务
淡水饮用水存储和保留	水质净化和再生水受纳	精神象征和文化意义	沉积物保留和有机物积累
水产品	水量调控和地下水补充	娱乐和旅游资源	营养循环
遗传物质	侵蚀调控，土壤和沉积物保留	美学价值	渔业维护
能源	自然灾害调控（防洪和暴雨）	教育资源	
	授粉（传粉者的栖所）		
	温室气体的源和汇		

　　量化评估河流、湖泊等水生生态系统的生态服务功能是一个正快速发展的研究领域。现有的评价方法存在调查范围的局限性，不能全面反映生态系统内部的动态过程。生物群落演替、水文状况改变、土壤特征变化等导致生态系统存在时间和空间异质性。许多评价方法依赖生物群落特征作为评价的指标，例如将植物、两栖动物、鱼类、鸟类作为指示生物。尽管这些指标可以在很大范围内取得成功，但是，实际上对于不同水生态系统并没有单一的物种可以代替整个生态系统的群落结构，从而推翻了用指示物种来评价整个生态系统的假设。而且，很多在生态系统中发挥关键作用的群落（例如微生物群落）很难用传统的方法进行评估。水生态功能评价方法的改进取决于我们对生态系统中物质流通、食物网复杂性/多样性、生物地球化学过程评价手段的发展。这些工具应该支持一般程序和可重复的方式，能够很容易地合并到常规方法中，并且具有相对简单、低成本、方便应用等优势。另外，它们应该使分类学和系统发育更完整，能够对现有的分类单元进行延伸。

2.1.4　环境压力和生物多样性丢失

　　生物多样性是生态系统提供服务的基础，与人类福祉密切相关。随着地球上人类活动的增加，这个基础正在变得岌岌可危（Cardinale et al., 2012）。研究表明，当前物种灭绝的速率要高于过去几万年化石记录的物种灭绝速率。人类对地球自然资源的侵占不仅导致生物多样性丧失，而且导致生物多样性分布、组成和丰度的大幅改变。在全球范围内，水生生物多样性正在以比陆地系统更快的速度下降。北美洲淡水动物的灭绝率高达每年 0.4%，是陆地系统物种损失的 5 倍；相比而言，研究较少的地区和动物群的灭绝率可能同样高或更高。水生生物多样性减少加剧的基本因素包括水资源和生物资源的过度开发、水污染、生境破坏和退化（包括改变自然流动方式和外来物种入侵），这些都与人类活动有关。气候变化也是威胁水生态系统的重要因素之一。未来气候变化可能将对水环境生物地球化学过程、初级和次级生产力、食物网结构、种群动态和物种相互作用、物种范围和水生生物多样性的大规模格局造成重大改变（图 2-1）。

　　环境压力不仅会对人类的健康造成威胁，也会影响生态系统中的生物群落，引起物种组成和多样性的改变（Díaz et al., 2018）。大量的研究表明淡水生态系统蕴含了跟其面积不成比例的物种多样性。淡水中特有种的比例也非常的高，尤其是在一些古老的、地理隔离的生态系统中。高比例的特有种也增加了物种灭绝的风险。关于水生生物多样性的研究还有待深入，即使是对于我们目前了解相对较多的脊椎动物。

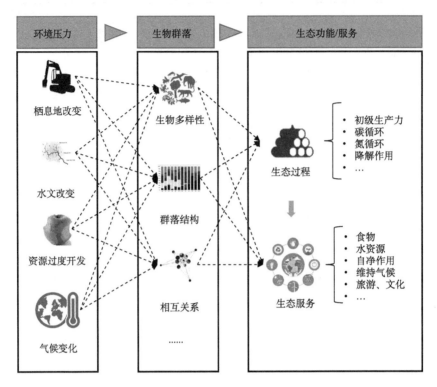

图 2-1　环境压力通过改变生物群落导致生态功能与服务受损

人类活动造成物种灭绝的速率远远大于自然条件下物种的灭绝速率（Bernardo-Madrid et al., 2019）。淡水动物的灭绝速率是陆生野生动物的 5 倍。淡水生物灭绝的速率已经达到了正常背景值的 1000 倍。据统计，北美有 123 种淡水物种已经灭绝，其中有大约 60 种为软体动物。全球范围内的物种灭绝很难去精确统计，至少有 95～290 种淡水鱼类已经灭绝。物种的灭绝往往是由多个相关种群消失造成的。然而，淡水物种种群消失的速度还并不清楚。根据历史数据进行推测，墨西哥河流中本土物种以每 10 年 10%～30%的速率消失、非本土物种以每 10 年 10%～20%的速率在增加，而且大量的研究证实了这一趋势在各个地区的生态系统都有发生。这是"生物均质化"的典型例子，大量物种由于人类活动而衰退，从而被一小部分耐受物种所取代。后果就是不同地区的生物群落变得越来越相似。物种组成的更替能够改变整个生态进程，包括栖息地结构的改变、物种捕食和物种竞争关系的改变等。有大量的研究是关于物种丢失对生态系统的影响的，例如，热带鱼类的迁徙会降低下游有机碳的转移并增加初级生产力和呼吸作用；鱼类群落对营养循环速率和氮磷比非常敏感,消费者类群对营养物质的改变将会对自养生物类群的物种组成产生显著影响；在湖泊中的顶级掠食者的变化会对初级生产力、生态系统的呼吸作用、CO_2 交换的方向和幅度及沉积物的沉积速率造成不利的影响。

2.2　生物多样性形成的理论

对生物多样性形成理论的认识可以指导生物多样性数据的收集和使用。为了更好地学习和研究环境 DNA 生物监测技术及其在生态环境管理中的应用，本书对几种主要的理论进行简单介绍，包括生态位理论、中性理论、复合群落理论、复合生态系统理论（图 2-2）。

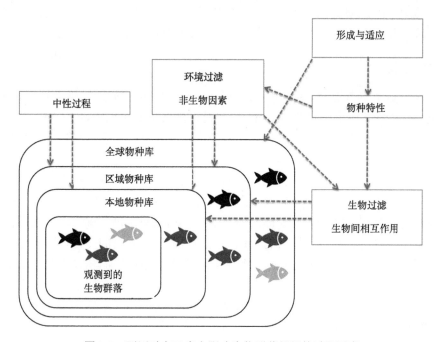

图 2-2　不同时空尺度上影响生物群落组织的过程要素

2.2.1　生态位理论

生态位是指特定物种所占据的生态空间的单位。生态位不仅要体现物种对环境的需求，还要体现物种在群落中的功能和对环境变化的响应。除了自然资源和环境因素外，时间和空间也会导致群落物种的生态位分化（niche differentiation）。群落组装规则（community assembly rules）被定义为在给定的生境中物种发生或增加的潜在规则。基于生态位的群落组装规则，即生态位理论，认为群落组装是一个物种选择（species selection）的过程，环境条件和生物相互作用被看作一系列嵌套的筛网，将区域物种库中的物种过滤到一个局部（local）群落中。因此，局部群落的组成不仅取决于环境因素（如水质、气候、地形和其他干扰等），而且取决于群落中物种之间的相互作用（Ovaskainen et al., 2017）。根据局部环境进行物种筛分的过程可能导致相似功能的物种进入同一生态位，并使每个物种具有收敛的特性。相反，群落内物种间的相互作用使得相似的物种具有竞争排斥，物种间的相似性受到限制，这导致了特定群落中物种性状（traits）的分化。因此，环境过滤和物种间的相互作用共同构成了群落组装的两个根本驱动力（Kraft et al.,

2015)。然而，生态位理论在解释一些稳定的群落结构时，既没有太多的限制资源，也没有明显的生态位分化，遇到了巨大的挑战。越来越多的生态学家发现，在用于检验随机过程（stochastic process）是否影响群落分布的群落组装零假设模型（null hypothesis model）时，实际物种分布与随机过程引起的群落分布没有显著差异。这意味着随机过程可能是群落组装的决定因素。在自然群落中，基于生态位理论的确定因素无法有效预测群落结构，而且随机过程对群落聚集的影响又不容忽视，这使得生态学家不得不开始考虑群落组装中不确定因素（即随机过程）的影响。因此，提出了中性理论，认为不确定因素对群落组装的影响亦是非常重要的（Chave, 2004; Stegen et al., 2012）。

2.2.2 中性理论

中性理论基于生态等价（ecological equivalence）与零和博弈（zero-sum game）两个基本假设，认为随机性和扩散性（dispersal）是群落聚集的主导因素（Chave, 2004）。所谓生态等价，是指处于同一营养水平的所有个体，其迁移、出生、物种形成和死亡的概率与物种的丰富度成正比。零和博弈是指群落在每一时刻都处于饱和状态，即当某个个体死亡时，另一个个体会立即占领死亡个体的生态位，从而使群落规模保持不变。中性模型的动态过程主要体现在两个方面：物种形成与灭绝之间的区域（regional）群落动态平衡和物种迁移与灭绝之间的局部群落动态平衡（Etienne et al., 2007）。中性理论可以对形成生态群落的多种过程进行极大的简化，准确预测物种丰度的变化，因此亦受到生态学家的广泛接受。尽管中性理论在揭示物种丰富度模式、物种-面积关系时与现实几乎完全一致，但该理论也引发了许多争论。特别是，生态等价是最受质疑的，人们认为这一假设与实际不相符。大量的研究表明：①物种构建群落的功能特性并不完全等价；②物种对环境变化的响应不完全相同；③群落结构与物种属性密切相关。此外，零和博弈的假设也受到研究者的质疑。由于没有零和博弈假设的中性模型也可以预测相似的物种丰度分布格局，所以零和博弈假设不是中性理论的必要条件。目前，越来越多的生态学家认为生态位理论和中性理论并不是对立的，两者的结合将更有助于理解群落组装机制（Etienne et al., 2007）。

2.2.3 复合群落理论

复合群落（metacommunity）是指具有潜在相互作用的物种通过扩散而连接在一起的局域群落（集）（Altermatt, 2013）。复合群落生态学的出现为整合生态位理论和中性理论提供了一个很好的理论框架，主要集成了 4 个不同的观点（Altermatt and Fronhofer, 2018）：①物种筛分；②中性过程；③斑块动力学；④质量效应（mass effects）。其中，物种筛分强调生态位过程，即非生物环境条件和生物相互作用过滤的物种来构建生物群落，前提是有足够的扩散性，以便物种能够跟踪样点间环境条件的变化；中性过程认为群落结构是由空间过程决定的（如随机物种形成、灭绝、迁移等），环境因素没有显著影响；在斑块动力学中，群落结构取决于假定相同的斑块之间物种的定殖竞争权衡，在孤立或最近受到干扰的群落中，易于定居的物种占主导地位；质量效应，认为扩散和环境异质性对生物群落组装都有显著的影响，但是环境对群落的影响被高的扩散率所掩盖，这使得物种能够出现在次优级的生境中。对于河流生态系统来说,复合群落理论框架在解释流域内生物群落时空格局的形成机制方面日益受到生态学家和研究者的接受和认可(Altermatt and Fronhofer, 2018)。

2.2.4 复合生态系统理论

流域结构的独特性在于所属空间上河流的树状网络结构(图 2-3)(Altermatt, 2013)。在树状网络中,各种大小的河流汇合并逐渐形成更大的河流。低级别河流通常位于流域的边缘,高级别的大河通常位于流域的中心。通常来说,复合群落被认为是一组相当离散的局部群落,它们之间只能通过扩散联系。然而,这一概念并不完全适用于具有层次树状网络结构的河流生态系统。一方面,除了物种扩散之外,由于局部群落也由河流分支连接,这些分支在树突状河网中充当栖息地。另一方面,河网中支流(边缘)和交汇点(节点)的空间连通性和层次结构影响物种扩散行为。更重要的是,河网在空间上也高度不对称,而且河流的物质和能量是单向运动,包括生物的扩散。流域生态系统的这些特征为研究复合群落组装提供了机遇和挑战。尽管河流的树状网络结构是普遍存在的,但河流生态系统往往是从局部或线性的角度来研究的,树状网络结构长期被忽视。从局部视角来看,河流中水生生物群落结构主要是由栖息地及当地环境因素驱动,而没有考虑到空间。河流连续体概念(river continuum concept, RCC)是线性视角的典型代表,其描述了流域内生物群落的纵向分布特性,假设非生物因子的逐渐变化和从源头到中下游的扩散过程是群落聚集的主要驱动力。然而,在流域的河网体系中,复杂的层次分支增加了局部群落之间的空间连通性,从而影响群落结构甚至生态系统功能。分支和节点(即支流和交汇点)是河流树状网络中水生生物的栖息地,在树状网络中,所有局部群落通过河流网络相连。大多数水生生物在河流中的扩散是沿着水道进行的,如鱼类,只能通过河流走廊移动,甚至一些水生昆虫,大多也沿着河网扩散。因此,网络的结构性质

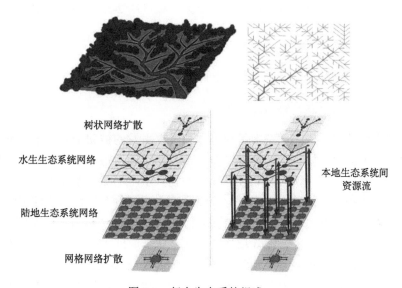

图 2-3 复合生态系统组成

对河流生态系统中水生生物的复合群落结构有重要影响。而且，不同物种对树状网络结构的敏感性不同。许多研究表明，树状网络中的扩散本身可导致特异的群落结构和多样性模式，这进一步证明以河网视角分析流域尺度上群落组装的合理性。

河流网络镶嵌在陆地景观中，具有树突状层次结构特征，其体系中的物质、能量和信息主要通过网络向下游移动（Altermatt et al., 2013; Tonkin et al., 2018）。生物所在网络中的位置，以及样点之间的连通性影响着生物体的扩散，最终影响到复合群落动力学和生物多样性模式。复合群落生态学的研究，考虑了局部和区域过程在群落组装中的联合作用，极大地促进了我们对群落空间变异因素的理解。河流系统的分支组织可以强有力地控制复合种群和复合群落动态，最终形成生物多样性的模式，特别是通过调节河网内的扩散范围和速度。与其他生态系统相比，在更精细的空间尺度下，河网中可能会发生隔离，特别是当局部支流没有通过河网高度连接时，例如，河流源头对散布在网络内的新来物种个体的开放程度较低，因此比下游位置更为孤立。许多河网生物多样性在源头得到供给，原因是不同地点之间的物种更替更大，进化差异可能更大，尽管局部物种的丰富度低于下游河段。网络中的中心和外围位置也可能表现出分化的动力学特征。最近的研究强调，与包括源头和中心节点在内的网络中的其他位置相比，网络中连接到源头的节点具有最大的种群密度。实际上，河网结构的许多方面都会影响生物多样性的空间布局，例如连通性、中心性和排水密度，这些物理控制可以延伸到生态系统过程和疾病传播。生物受到河流分支结构的限制，这决定了它们的扩散方式。无脊椎动物、鱼类、大多数水生昆虫和植物使用河流廊道进行扩散，不会穿越陆地。但许多风散型植物、小龙虾、两栖动物，以及一些水生昆虫在成虫阶段反而能够在陆地上分散。与分散在陆地上的物种相比，分散在河流廊道内的物种可能更容易受到网络结构的影响。因此，河网中斑块之间的距离应表示为网络拓扑距离（topology，即样品间的河道距离），欧氏距离（Euclidean，即样品点的直线距离）通常不反映实际的扩散路径。河网中随机选择的两个站点之间的拓扑距离可以比欧氏距离大一个数量级（图 2-3）。因此，欧氏距离实际上高估了河流的实际连通性。

2.3 生物多样性与生态系统功能

2.3.1 生物多样性与生态系统功能关系

生物多样性被视为生态系统中所有机遇和过程引发的被动结局。自 19 世纪开始，探险家和博物学家就已开始记录地球生物多样性。在早期，关于全球生物多样性格局的概念大多起源于野外观测，例如从北极到热带的物种丰富度随纬度减小而增加。生物多样性的增加与从两极到赤道的生产力增加相吻合，表明生物多样性与全球范围内的生产力之间存在着积极的相互关系。因此，生物多样性无疑在某种程度上与生产力的提高有关，这正是从北极向热带地区能源输入增加的结果。随着时间推移，一些理论被提出，利用生态系统的特性作为物种数量的预测变量（Hurlbert and Stegen, 2014）。因此，生态学家试图将局部生物多样性与资源总量、可利用资源的比率、斑块大小、生产力、干扰区域和物种相互作用的类型联系起来（Pimm and Lawton, 1977）。在局部尺度上，资源竞争和资源限制被认为是生物多样性的主要驱动力。在低生产力系统中，资源限制预计会降低物种丰富度，而高资源竞争会导致少数优势物种出现，预计会降低高生产力系统中的物种丰富度水平（Adler et al., 2011）。

在《物种起源》一书中，达尔文提出了一个问题："如果生物多样性的变化会导致生态位的空缺，那么它将对一个生态系统产生什么样的后果。"他在 Woburn Abbey 的花园里进行了一次试验，试验中种植了不同种类的草本植物，发现："如果一块土地上种植同一种草，而另一块类似的土地上种植了几种不同种类的草，则后者可以获得更多的植物和产量。"他将这种产量的增加归因于物种间的生态位分化，使得更多样的生物能够利用更多的资源（Hector and Hooper, 2002）。因此，他提出关于生物多样性对生态系统功能产生积极影响的机制的最早解释之一。20 世纪上半叶，Odum 和 Elton 对群落和生态学的发展产生了重大影响（Odum and Barrett, 1971; Elton, 1972）。他们将重点放在生物多样性的另一个方面，即生物多样性对生态系统功能稳定性的影响。近些年来，在陆地和水生生态系统中进行了数百项理论、实验和观察研究，这些研究证明了生物多样性以不同的方式影响着生态系统功能及生态系统稳定性（Naeem, 1998）。

生物多样性和生态系统功能的相互作用关系是多样的（图 2-4）（Tilman et al., 2006）。当任一种新物种的加入能够增强生态系统功能时，生态系统功能和物种多样性呈现线性相关关系，而当多种物种对生态功能的贡献相同时，则为冗余关系。对于后者而言，如果新添加物种具有一种在该群落中尚未发现的属性时，该物种的新增对生态系统功能的增强可产生正效应。该正效应的累积程度随着物种多样性增加而逐渐降低。物种在增强生态系统功能能力方面的差异，以及可增强（如促进生长）或抑制（如竞争）功能的生物间互作可形成多样性和功能间的异质关系。当群落中存在一种对功能和群落结构具有极不平衡的正或负效应的物种（关键物种），且该物种对功能的重要程度大于多样性自身时，将形成本例中的异质模型。

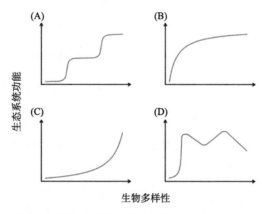

图 2-4 生物多样性与生态系统功能关系示例图

（A）铆钉假说；（B）功能冗余假说；（C）关键种假说；（D）不确定假说

2.3.2　生物多样性影响生态系统功能

生物多样性对生态系统功能的影响可分为两种效应：互补效应（complementary effect）和选择效应（selection effect）（图 2-5）（Loreau et al., 2001）。物种互补已被广泛接受为生物多样性影响生态系统功能的一种机制。在草地或农田生态系统中，当植物的生态位不同时（如喜光或喜阴），种间竞争而非种内竞争减少（Vandermeer, 1992）。因此，物种互补性降低了个体所经历的竞争强度，从而增加了系统能够维持的个体数量和/或生物量。在物种互补性增强的推动下，更加多样化的地块通过利用大部分可用资源可以维持更多的个体。促进性互动对生态系统功能也有类似的影响。促进性交互作用是指通过直接的正交互作用（如花授粉者交互作用）增加其他物种的数量或功能，而生态位分化通过避免负的竞争性交互作用增加生态系统功能。然而，由于生态位分化和促进作用具有相似的效应，它们对物种功能变化的相对贡献在实验中往往难以辨别。因此，二者通常被归为互补效应这一术语（Loreau and Hector, 2001）。

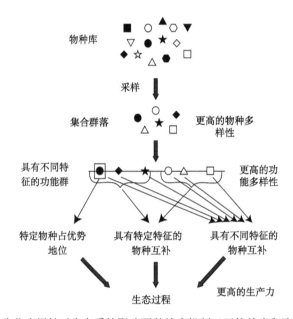

图 2-5　生物多样性对生态系统影响两种效应机制（互补效应和选择效应）

相比之下，选择效应的有效性却遭到了很多的质疑（Huston, 1997）。选择效应是指通过具有特定特性的物种的高功能贡献来驱动生态系统功能的竞争过程。当生态系统功能主要由具有特定特征的物种驱动时，生物多样性也可能由于具有这些特征的物种取样概率的增加而增加。然而，如果这些物种随后在系统中占据主导地位，以至于其他物种消失，那么选择效应将仅仅反映初始生物多样性的效应，而不是真正的生物多样性效应。这种初始多样性的影响，增加了包含优势种的机会，因此可以作为一种被称为抽样效应（sampling effect）的实验设计中的隐藏处理。此外，抽样效应不仅影响选择效应，而且可以通过增加包含互补种或促进相互作用的机会来影响互补效应。因此，进一步理解生物多样性和生态系统功能的关系需要量化选择和互补效应的相对贡献（Loreau, 1998）。

2.3.3　生物多样性影响生态系统稳定性

地球生态系统的生物成分（如物种多样性）和非生物环境（如水、气温等）正在发生重大变化。当前关键任务是了解这些变化如何改变生态系统的功能及稳定性。近些年，人们越来越关注对生物多样性与生态系统稳定性之间关系的研究，并取得了重大进展（Ives and Hughes, 2002）。最近研究的一个普遍共识是，更高的生物多样性可以增强生态系统特性（如生物量、生产力等）在时间尺度上的稳定性，尽管其对种群稳定性的影响仍然存在争议。这些发现为理解局部生物多样性丧失对生态系统稳定性的影响提供了重要的见解。此外，生物多样性不仅在局部生态系统中下降，而且在整个空间中也变得越来越同质化。这种由群落组成的空间相似性所捕获的生物同质化，可能会在更大的尺度上影响生态系统的稳定性。在种群水平上，环境中的空间相关性可以使种群动态同步，从而降低大规模种群动态的稳定性。最近的研究表明，群落组成的空间相似性同样可能增加生态系统动力学的空间同步性，并损害区域生态系统的稳定性（Wilcox et al., 2017）。

除了生物群落的同质化之外，由于土地改造、全球变暖等大规模人类扰动，非生物环境本身也正在经历更大程度的同质（Finderup et al., 2019）。这些大尺度扰动倾向于减少空间异质性，增加环境波动的空间相关性。这种变化可以通过增加环境中的空间相关性直接影响生态系统的稳定性，也可以通过它们对生物多样性的影响来间接影响生态系统的稳定性，进而改变多样性与稳定性的关系（Hooper et al., 2005）。然而，目前尚不清楚环境同质化如何在更大尺度规模上（如区域或全球尺度）影响多样性和稳定性的关系。

最近的理论工作提出了一个分层次框架，可以帮助整合从局部到景观或复合群落尺度影响稳定性的过程（Wilcox et al., 2017）。在任何给定规模下，生态系统的稳定性取决于其组成部分的稳定性（如群落层面的种群或物种、复合群落层面的群落）和组成部分随时间的同步程度。而且 α 多样性降低了局部生态系统的变异性，但 β 多样性通常有助于增加局部生态系统之间的空间异步性。因此，α 和 β 多样性分别通过局部和空间保险效应为区域生态系统提供稳定效应。而且他们认为，在区域尺度上，生物多样性的稳定效应随着空间环境相关性的增强而增强。生态系统的时间稳定性提高了生态系统服务的可预测性和可靠性，而了解跨空间尺度的稳定性驱动因素对于土地管理和政策决策具有重要意义。

2.4　生物多样性测度

2.4.1　目标物种监测

指示种（indicator species）指对某一环境特征具有指示特性的生物，它可分为敏感性指示生物和耐受性指示生物。利用指示种的生物学或生态学特性（如出现与缺失、丰度、密度、传布和繁殖成功率）可表征群落或生态系统水平的变化。理想指示种的特性依靠具体的监测目标而定，通常包括：监测的可操作性、对环境"压力"的敏感性、常见的、世代短、在群落功能中起关键作用。评价和监测某个生态系统及其组成时，利用指示种非常有效，但不应作为唯一的方法而单独使用。指示种方法有其不足之处：生态系统过程非常复杂，仅依靠一个敏感种表达系统变化不可能展现出清楚的因果关系图；确定一个种缺少时，将对系统产生什么样的重要影响是一个相当复杂的过程；一般假定，在指示种和大的种组之间具有种群趋势的相关性，但这个假定常常是不正确的。

优势种（dominant species）是指群落中占优势的种类，群落中的优势种数量多、生物量高、体积较大、生活能力较强、占有竞争优势、对生境影响大，并能通过竞争来取得资源。

基石种（keystone species），又称为关键物种，是指在一个群落中与其他种相互影响、并决定其他许多种生存的物种。基石物种分成 5 大类：

（1）掠食者基石物种，如在潮间带环境中海星存在与否影响到贻贝类的种类与数量。

（2）被掠食者基石物种，如在北美洲雪鞋兔（snowshoe hare）存在数量多寡会直接影响共域的猞猁（lynx）族群数量以及猎食另一种兔子（极地兔，arctic hare）的程度。

（3）植物基石物种（plant keystone species），有些植物种类会在食物缺乏期开花结果，以供给动物当作度过艰困时期的食物来源。

（4）相连性基石物种（link keystone species），某些植物物种亦要靠某类动物帮助其传花授粉，否则无法结果繁衍。

（5）变更者基石物种（modifer keystone species），如河狸（beaver）因为构筑巢穴，阻断了河川流水量而影响了当地水域生物的生存繁衍，这一种基石物种与上述几种不同，因为并不牵涉谁吃谁的营养层次食物链相关性，而是借由改变环境的结构来影响其他物种。

伞护种（umbrella species），由 Wilcox 于 1984 年提出，是指选择一个合适的目标物种，这个目标物种的生存环境需求能涵盖其他物种的生境需求，从而对该物种的保护，同时也为其他物种提供了保护伞。例如，鲸鱼的生存环境涵盖了许许多多的鱼类以及水生动物的生存环境，保护鲸鱼的生存环境也就为其他鱼类和水生动物提供了保护伞；大熊猫就是一个典型的伞护种，保护了大熊猫，不仅是保护这一个物种，而且保护了大熊猫栖息地内许许多多的其他物种。

旗舰种（flagship species）是保护生物学中的一个概念，指能够吸引公众关注的物种。旗舰种的选择并不完全基于生态学意义上的重要性，而是注重它的公众号召力与吸引力。例如大熊猫能引起公共关注，宣传保护大熊猫就是提倡保护大熊猫的生态系统。目前比较知名的旗舰种有大熊猫、孟加拉虎、金狮面狨、非洲象、亚洲象、雪豹等。

2.4.2　物种丰富度

物种丰富度是指群落中物种数目的多少，其主要有两种表示方法：数量物种的丰富度（species richness），即一个群落或生境中物种数目的多少；物种密度（species density），即每个特定调查面积或单位内的物种数。

2.4.3 多样性指数

多样性指数是一种以数学公式描述或表征群落中物种组成的方法。物种多样性指数是反映物种丰富度和物种均匀度（species evenness）的综合性度量。物种均匀度，是指一个群落或生境中总物种个体数目分配的均匀程度。常用的物种多样性指数包括：丰富度指数、均匀度指数、辛普森多样性指数、香农-维纳多样性指数。一般而言，组成群落的物种种类越多，其多样性的数值越大。

常用的物种多样性指数及计算公式如下。

（1）物种数（S）：

物种数是最简单，也是最基本的一个物种多样性概念，一直被用于衡量监测样品中生物类群整体特征的参数。一般情况下，数值越大，生物多样性就越高。

（2）香农-维纳多样性指数（H）：

$$H = -\sum_{i=1}^{S} P_i \ln P_i \qquad (2\text{-}1A)$$

$$P_i = n_i / N \qquad (2\text{-}1B)$$

式中，S 为物种数；n_i 为第 i 物种的个体数；P_i 为第 i 个物种个体数占总物种个体数 N 的比例。H 越大，多样性越高。但是该指数忽略了样品（观测单元）中总物种个体数 N 对多样性的贡献。从生态学角度看，样品间总个体数 N 的差异对整体生物群落的差异分析结论影响很大，忽略样品中总物种个体数 N 显然不合理，至少对群落组成信息的利用不充分。因此，后期学者对该指数进行了改进，公式为

$$H' = -\ln N \sum_{i=1}^{S} P_i \ln P_i \qquad (2\text{-}2)$$

式中，S、N、P_i 参数的物理意义同前，但该指数考虑了样品中总物种个体数对多样性指数的贡献。

（3）辛普森多样性指数（D）：

$$D = 1 - \sum_{i=1}^{S} P_i^2 \qquad (2\text{-}3)$$

式中，S、P_i 的物理意义同前。该指数最低值为 0，最高值为（$1-1/S$），其综合度量了物种数和均匀度，主要用于评价样品中物种的同质性。

（4）均匀度指数（J）：

$$J = -\sum_{i=0}^{S} P_i \ln P_i / \ln S \qquad (2\text{-}4)$$

式中，P_i 为物种 i 的相对丰度；S 为总物种数。

（5）Margalef 丰富度指数（d_M）：

$$d_M = (S-1) / \ln N \qquad (2\text{-}5)$$

式中，S、N 的物理意义同前，该指数用于评价一个区域物种丰富程度，可较好地区别群

落差异的能力。

2.4.4　系统发育与功能多样性

从遗传与进化角度来看，每个物种是不一样的，它们之间存在系统发育关系，而且并非每个物种都具有进化上的独立性。虽然使用多样性指数（如物种丰富度）来评估生态系统变化已建立了一套方便有效的评估方法，但是如果不考虑物种之间的进化历史，对区域内群落组成、起源与演化的理解及生物多样性分布模式的认识可能是片面的（Chao et al., 2014）。系统发育多样性（phylogenetic diversity，PD）是生物多样性的重要组成部分。基于系统发育关系（即物种或谱系的进化历史）对某一特定时空尺度内生物类群的独特性或多样性进行评估，有助于识别具有丰富进化历史的优先保护区域，进而优化生物多样性保护策略。随着分子生物学技术和计算机科学的进步，Faith 于 1992 年提出了用 PD 作为多样性指数（Faith, 1992）。PD 是指群落中物种的系统发育树中所有分枝长度之和。PD 的大小基本取决于样本中物种共同祖先的多寡，即系统发育树节点的数量。

功能多样性是对物种若干性状的测量（Chao et al., 2014）。物种性状（species trait）是指易于观测或者可以度量的物种自身的结构特征，是与形态、生理和物候有关的特性（ecophysiological trait）。物种性状可以敏感地响应外界环境的变化。物种性状是其在长期进化中适应环境的结果，能够客观地表达生物对外部环境的适应性。功能多样性指数将物种的多度和性状分布结合在一起。与离散的功能群或分类变量不同，功能多样性以连续的多度和性状代替了离散化之后的分类变量或划分的功能组。与基于物种分类的多样性指标相比，功能多样性具备更大的优势：功能多样性可以更好地揭示群落聚合的过程，并能够用以指示群落所受到的扰动大小，或群落的环境梯度。功能多样性有 3 个方面（Cadotte et al., 2015）：功能丰富度（functional richness）、功能均匀度（functional evenness）以及功能分异度（functional divergence）。这 3 个指标都涉及"性状空间"（trait space）的概念：即将研究涉及的 N 个性状（通常是在标准化之后）视为一个 N 维的性状空间，而每个物种都会在该空间内占据一个点。功能丰富度是指能够包含这些点的最小外凸体（convex hull）的体积。例如在一维空间（单个性状）下，功能丰富度就是该性状的极差（最大值–最小值），二维（三维）空间中则分别对应这些点（物种）围成的外凸面积和体积。功能均匀度则是先将性状空间内的各个物种（点）生成总长度最小的路径图，之后再计算各物种（点）多度在此路径图上分布的均匀程度。功能分异度是先将各物种的多度视为"质量"，求出这些物种（点）的"质心"后求得各点与质心距离均值的偏差。若多度较大的物种具有比较极端的性状值，则该群落功能分异度高；而若这些多度较高的物种其性状处于中间位置，则功能分异度较低。这 3 个指标通常适用于连续性状，但也可以测量二元等分类的离散性状。

2.4.5　生态相互作用网络

在自然环境中，生物并不是以分离的个体形式存在，而是通过直接或间接的相互作用形成复杂的共发生网络。生物之间的相互作用包括互利共生、共栖、寄生、捕食、偏害共栖和竞争等类型，相互作用会对参与者产生正向、负向和中性 3 种影响（Zhang et al.，2020）。同样的环境要素影响着群落的组成，生物-环境要素之间也存在着密切的交互作用。这种"关联网络"（association network）可以在很多领域中见到（Beman et al.，2011），在微生物领域，关联网络分析为微生物生态学的发展提供了强有力的研究手段，并为探索环境中复杂的微生物-微生物、微生物-环境等相互作用提供了有力的参考依据。近年来，网络分析被广泛应用在多种生态系统中，例如海洋、河流、湖泊、森林、农田、草地、活性污泥和人体，来研究微生物的共发生模式。网络分析能够揭示菌群中非随机的物种共发生模式，使物种间的直接互作或生态位共享特征得到较好的重现，对于我们理解微生物群落的组建机制、生态系统的功能以及识别群落中的关键物种至关重要。

当两个物种同相同的环境因素存在较强的相关性，意味着这两个物种具有一定程度的生态位重叠。同时，微生物共发生网络一般可以被划分成多个模块，模块是网络中高度连接的区域。模块可能反映了栖息地的异质性、系统发育上亲缘关系较近物种的聚集、生态位的重叠和物种的共进化，被认为是系统发育、进化或功能上独立的单元。除了分析群落物种的共发生模式，网络分析还可以提供微生物群落构建方面的依据。微生物共发生网络的度符合幂律分布，即大部分物种具有少量的连接数，极个别的物种具有非常多的连接数，是典型的无标度网络，说明微生物群落构建方式是非随机的。共发生（正关联）可能反映出生态位的重叠，而共排斥（负关联）可能由生态位分化所引起。根据这一观点，我们可以推断非生物的环境选择作用或者生物之间的竞争作用在微生物群落构建中的重要性。当系统发育上亲缘关系相近的物种在观测网络中倾向于共发生，亲缘关系较远的物种倾向于共排斥时，意味着确定性过程在微生物群落构建中占主要地位。反之，当亲缘关系较近的物种倾向于共排斥，而亲缘关系较远的物种倾向于共发生时，意味着竞争作用占主要地位。

在微生物网络中，有一些节点处于枢纽位置，这些核心节点的缺失可能会引起模块和网络的分解，因此它们在维持网络结构的稳定性中发挥重要作用。这些核心节点常被解读为关键种，在维持微生物群落结构稳定性上可能起重要作用。有 3 种方法常被用来鉴定这些核心节点。第一种是选择网络中连接数最高的一些节点；第二种是选择那些处于网络中心地位的，也就是中介中心性最高的一些节点；第三种更为复杂，根据节点的模块内连接度（Zi）和模块间连接度（Pi）将网络中所有节点归为 4 类：外围节点（peripherals）、连接节点（connectors）、模块中心点（module hubs）和网络中心点（network hubs），通常将连接节点、模块中心点和网络中心点这 3 类节点归为假定的关键种。

无论生物-生物互作关系，还是生物-环境因子、生物-功能基因等的相互关系，均是根据数学的方法去推断的。在这方面，研究者们开发出了多种工具来构建共发生网络，常见的如分子生态网络分析（molecular ecological network analysis，MENA）、局部相似性分析（local similarity analysis，LSA）、成分数据的稀疏关联分析（sparse correlations for compositional data，SparCC）、CoNet 分析等；在常用的开源语言 R、Python 中，也有很多被开发用于构建网络的程序包或模块，如 Igraph。Igraph 是一个经典的网络分析 R 包，它包含一系列数据类型和函数，可以（相对）直接地实现图的算法或者进行算法模型的快速开发，还能够对大型网络进行快速的处理。Cytoscape 是一个多平台的网络分析与可视化工具，使用 Java 编写，多用于生物网络。Cytoscape 是目前最常用的网络分析工具之一，它实现了不少布局算法，并提供复杂的互动绘图方式，开发十分活跃。Cytoscape 提供了很多实用的插件，我们既可使用 Cytoscape 构建网络图（CoNet），也可作统计运算以及可视化处理等。除了使用自己的程序构建网络图外，Cytoscape 同样支持通过文本文件从外部导入数据表格，在网络图有很多属性时非常方便处理。Gephi 也是一个多平台的网络分析与可视化工具，使用 Java 编写，有复杂的互动编辑功能，和 Cytoscape 一样为目前最常用的网络分析工具之一。Gephi 同样提供了很多实用的插件，我们可以非常方便地对网络图执行统计运算以及可视化处理等。

2.5　水生生物监测方法

对水生生物进行监测的目的包括水体生态质量和生物资源的监测评估。典型的水体生态质量评估体系，包括美国 RBP、欧盟 WFD 和 MSFD，都需要对以下生物类群进行调查，一般包括浮游植物、底栖硅藻、大型水生植物、大型底栖无脊椎动物、鱼类和两栖动物。水环境包含丰富的生物资源，通常用于监测生物资源的类群包括鱼类、两栖动物、水生哺乳动物以及其他特有珍稀物种。本节将系统介绍主要的水生生物类群的传统监测方法，以及这些方法遇到的问题。

2.5.1　水生生物类群

1. 固着藻类

作为单细胞藻类，固着藻类具有分布广、物种多样性高、生态位广、分类特征明显，以及对环境变化敏感等特点。因此，固着藻类被广泛用于水生态系统质量评价当中（Apotheloz-Perret-Gentil et al., 2017）。固着藻类通常以生物膜的形式存在于水底的石块、原木、沉积物等介质上。其监测方法通常是通过刮取生物膜获得固着藻类，再通过形态学进行物种鉴定。硅藻指数是水生态质量评价的主要指标之一。硅藻指数发源于欧洲，已被多个国家用于监测不同的环境问题（Wood et al., 2019）。常见的硅藻指数包括戴斯指数（Descy index，DESCY）、特异污染敏感指数（specific pollution sensitivity index，IPS）、瑞士硅藻指数（Swiss diatom index，DI-CH）、硅藻属指数（generic diatom index，IDG）、硅藻生物指数（biological diatom index，IBD）和富营养化硅藻指数（trophic diatom index，TDI）等（黎征武等，2017）。

2. 浮游生物

浮游生物（包括浮游植物和浮游动物）是水生生态系统的重要组成部分。浮游植物是进行光合作用、大多数为单细胞浮游植物的总称。浮游植物种类繁多，全球范围内至少有 20 000 种（Righetti et al., 2019）。浮游动物种类多样，生活史差异大，繁殖快，形态各异，生理构造的多样性使得其在整个食物网和生物地球化学循环中发挥着重要的作用（孙晶莹等，2018）。浮游动物类群根据体型大小可以简单地分为两类：微型浮游动物（microzooplankton）和大型浮游动物（mesozooplankton）。微型浮游动物通常体长<200 μm，主要由原生动物和小型轮虫组成。大型浮游动物体长在 0.2～20 mm 之间，主要由少数大型轮虫、枝角类和桡足类组成。

传统浮游动植物的分类方法主要依据形态学特征，如细胞的大小，细胞核和色素体的形态、颜色，是否有鞭毛，藻丝的形态，以及行为学分析等，并辅之以比较解剖学特性。这种分类方法在形态特征显著的脊椎动物、高等植物以及昆虫等生物类群中应用效果较好，研究也比较深入，但是，对形态差异较小的微小生物则常常差强人意。不仅如此，许多生物的形态特征容易受环境的影响，同一类群的生物可能由于生境条件的差异或者对同一生境的反应和适应能力不同而呈现显著的形态学特征差异，影响正确的鉴定分类。而浮游植物个体大小差异大，例如超微型浮游植物（0.8～5 μm）体积微小且许多种类缺乏明显的形态学特点，利用传统的观察法难以鉴别区分（Yang et al., 2017）。

3. 大型水生植物

大型水生植物或称水生维管植物，是指一年内至少数月生活在水中或漂浮于水面的维管植物。根据生活型的不同，通常分为挺水植物、浮水植物和沉水植物。我国 2016 年发布的《生物多样性观测技术导则　水生维管植物》（HJ 710.12—2016）规定水生维管植物的生物多样性观测主要为野外观测，即根据挺水、浮水和沉水生物群落的特点设置调查样方和样线，通过高清数码相机记录群落外貌、生境、植物全株、关键识别特征和花果期形体特征等，并采取植物标本进行后续鉴定。在野外可以利用手持放大镜观察水生植物的形态特征，进行鉴定；特殊的水生植物可采集后带回实验室，利用光学显微镜、解剖镜、解剖器材以及植物志、植物图鉴等工具书，根据形态学方法进行鉴定。

4. 大型底栖动物

大型底栖动物（又称"大型底栖无脊椎动物"）是指那些不能通过 500 μm 孔径筛网的底栖动物类群，它们大部分生命周期生活于水体底部，在河流生态系统的生物链中处于重要环节，具有重要的生态学作用（Zizka et al., 2020）。除此之外，底栖动物也参与并决定着河流生态系统的物质循环和能量流动进程。底栖动物不仅种类较多，广泛分布于不同的河流水体中，且其均有迁徙能力弱和生活史相对较长的特点，能够响应所在区域内长期的生态条件变化。我国 2015 年实施的《生物多样性观测技术导则　淡水底栖大型无脊椎动物》（HJ 710.8—2014）中详细列出了大型底栖动物的定量和定性监测方法。首先根据水域特点使用抓斗式采泥器、彼得森采泥器、Kajak 柱状采泥器、网夹泥器或 D 型踢网等工具采集沉积物样品；然后进行样品的人工筛选和分拣，最后根据形态学特征对采集到的大型底栖动物进行鉴定。由于大型底栖动物门类复杂，一些幼体或近缘种难以进行物种鉴别，该导则提出对于难以鉴别的标本可借助 DNA 条形码技术进行辅助分类鉴别。

5. 鱼类

2015 年实施的《生物多样性观测技术导则　内陆水域鱼类》（HJ 710.7—2014）规定

鱼类多样性监测方法包括渔获物统计、走访调查、自行采集、声呐水声学调查和标记重捕法调查 5 种方法。其中，除声呐水声学调查之外，其他 4 种依赖于形态学鉴定，渔获物统计和走访调查具有不确定性，尤其对难以到达的水域难以开展；而自行采集和标记重捕法易对鱼类群落造成破坏。声呐水声学是一种新型的监测技术，可观测鱼类的数量和分布，但不能对鱼类进行很好的分类和物种鉴定；而且，声呐监测设备在部分水域不适用，如溪流。

6. 两栖动物

2015 年实施的《生物多样性观测技术导则 两栖动物》（HJ 710.6—2014）规定两栖动物的监测方法包括样线法、样方法、栅栏陷阱法、人工覆盖物法、人工庇护所法和标记重捕法。样线法和样方法根据地理特征和动物习性在观测样地内设置合适的观测范围直接观测；栅栏陷阱法、人工覆盖物法和人工庇护所法通过捕获两栖动物再进行鉴定；而标记重捕法是对首次捕获的两栖动物进行标识，放回观测地后进行重捕。这些监测方法依赖于形态学鉴定，监测时尽量避免动物的捕捉或对动物种群大小、个体生存及生理功能造成大的影响。

2.5.2　生物监测技术

传统的物种分类主要依据生物的形态学特征，在光学显微镜下结合解剖学知识，与现有的生物标本、影像图片、形体素描等档案进行比较，确定物种的分类信息。通常情况，每个新物种的发现，需要经过多个富有经验的分类鉴定专家核实后才能命名。该方法具有过程复杂、专业技能要求高、费时费力等诸多局限性（Cristescu and Hebert, 2018）。尽管基于形态特征的物种鉴定在脊椎动物和植物等高等生物以及水生昆虫研究中已有很久的历史，档案资料也比较多，但是对形态近似种或隐匿种的鉴定往往较为困难。较小型的无脊椎动物和藻类、原生动物等微型生物不仅占据地球生命体的绝大多数，而且在生态系统过程（物质代谢、能量传递）中发挥重要的作用，但传统形态学鉴定方法几乎无法识别这些生物。基于生物质量元素（如鱼类、水生昆虫、硅藻和有孔虫类等）的生物指数已广泛应用到世界各国的水生态质量评价中（Hering et al., 2018）。考虑到人类活动下瞬息万变的生态系统，开展快速、高效、高频率的生物监测将有助于人们揭示生态系统的变化规律及未来走向，但是传统生物监测方法的瓶颈壁垒愈发凸显。环境 DNA 宏条形码技术为在大尺度下进行从细菌到哺乳动物的全生物多样性监测提供了新的技术和方案。近年来，环境 DNA 宏条形码技术使用不同的 DNA 条形码区域，实现了细菌（16S）、真菌（18S）、硅藻（18S, $rbcL$）、大型无脊椎动物（COI）、鱼类（12S）、鸟类（12S, 18S）和哺乳动物（12S, 16S）的群落监测。尽管不同的引物区域对生物类群有偏好性，使用一对引物难以进行多类群的生物多样性监测，但使用多种引物区域的基于生命树（tree-of-life）的宏条形码技术已被证明可以用于获取全生物类群的多样性信息。

2.6　水生生物评价

受一个多世纪以来人类活动的影响，自然的河流组成与结构呈现出不同程度的破坏，迫使人类面临着生物多样性危机以及诸多生态功能丧失（Cardinale et al., 2012）。自 20 世纪 70～80 年代以来，人们对水环境的关注逐步由单纯的流域水体化学污染控制转变为对水生态环境质量的保护，评价内容也开始由单一的水化指标转向对生态环境质量的评价。世界各国针对生态环境质量和流域水生生物多样性的保护，提出多种评价方法，并将评价水生态环境质量状况的工作视为环境管理的重要目标。美国、欧盟、澳大利亚、英国和南非等国家和地区都已经建立了各自的评价体系和技术方法体系，将水生态环境质量评价工作及流域管理的理念深入到其法令法规以及国家范围的监测计划中（Plafkin, 1989; Karr, 2006; Hering et al., 2010）。评价要素主要由生态要素、生物要素、水体理化要素等组成。由于各国对水生态环境保护的目标不同，这些评价体系表现出不同的特点和适用特性。

目前，我国对流域生态质量评价主要是从水生态系统完整性的角度出发，重点关注流域内水生生物状况以及支撑水生生物生存生长的栖息地质量指标和水质理化指标。但是，我国对流域水环境质量评价的工作处于起步阶段，相比于西方国家基础仍十分薄弱，不仅尚无法律约束意义的水生态质量评价指南/协议等文件，而且生态监测体系并不完善。目前，我国水生态环境质量评价体系和评价标准的建立仍处在探索阶段。

2.6.1　国内外水环境质量监测发展历程

目前，较为成熟的水生态环境质量监测和评价体系包括：①基于生物完整性指数（index of biological integrity，IBI）的美国快速生物评价方案（rapid bio-assessment protocols，RBP 1990）；②欧盟水框架指令（WFD 2000）；③澳大利亚、英国预测模型体系（Australian river assessment system，AUSRIVAS 模型；river invertebrate prediction and classification system，RIVPACS 模型）。

美国 RBP 主要基于 IBI 评价体系，核心是保护水生生物的健康状况（Plafkin, 1989）。该体系主要由物理、化学和生物 3 个要素构成（图 2-6）。其中，物理要素更关注与水生生物生境或栖息环境直接相关的物理生境参数，如底质类型、栖境复杂性、河岸稳定性等；生物要素主要包含鱼类、底栖生物和着生藻类 3 个类群。RBP 的核心是评价生物的完整性，以生物的完整性表征水生态的完整性。物理生境要素和水质理化要素不参与水生态环境质量的评价，主要是用于维持和改善水体生物完整性，提供其生存环境质量的信息和影响分析数据，分析该区域生存环境的质量是否对完整性造成影响和破坏。目前 IBI 体系被广泛研究与借鉴，该体系可以从各级生物群落构成变化、污染耐受性的变化以及丰度的变化等方面提供生物完整性变化的全面信息。

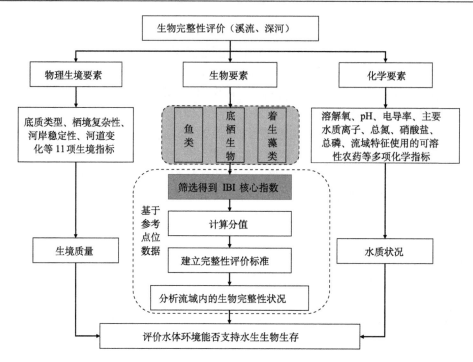

图 2-6　用于水生态质量评价的美国快速生物评价方案框架

自 2000 年 WFD 的提出以来，欧盟逐步建立了健全的生态质量监测与评级体系（Hering et al., 2010）。WFD 的核心目的在于实现水资源可持续利用，要求流域水文、生物及化学 3 个要素的质量要同时达到良好状态，才能实现其流域生态质量的良好状态（图 2-7）。由于 WFD 对水生态环境保护的管理目标、评价标准和数据需求的要求太高，该体系在开始实施阶段，部分欧洲国家无法严格采纳 WFD 方法开展水生态环境质量评价，多数水体的评价结果也还达不到欧盟要求的目标。较为类似地，现阶段我国也无法完全吸纳 WFD 的评价模式，但 WFD 流域环境管理方面的很多经验和教训很值得我国管理者参考和借鉴。

我国河流生态质量的监测与评价工作起步较晚，近些年受水体污染控制与治理科技重大专项（简称"水专项"）资助，陆续开展从生态完整性角度进行流域生态系统生态质量状况评价的研究，主要在流域生态质量基础理论、生态质量评价体系的建立及评价方法的应用 3 个方面开展了工作。这些研究集中于对评价方法在具体研究区域的实践应用的探索。基于"十二五"水专项"流域水生态环境质量监测与评价研究"课题的实施，初步构建了一套流域水生态环境监测和评价方法，包括水生态环境监测指标体系、监测技术方法体系、综合性评价方法体系。借助于该方法体系的建立，我国陆续在辽河、松花江、淮河等诸多流域开展了现场生物群落调查，涉及 IBI 指数、RIVPACS 预测模型、生境质量指数（habitat quality index，HQI）和多指标综合评价等多种评价方法的应用，探讨了不同方法对我国河流生态质量监测的适用性。但总体而言，我国流域水环境系统的生态完整性监测体系刚开始建立，基础较为薄弱，监测技术体系的建立、监测网络的构建、数据管理平台的建立、人员梯队等保障体系建设等诸多方面仍有待探索和强化。

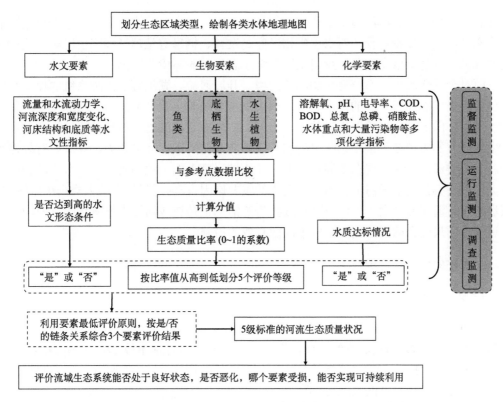

图 2-7　欧盟水框架指令（WFD）中生态质量监测与评价框架

2.6.2　生物监测与生态环境质量评价

对水生态系统中物理、化学和生物等要素的监测可综合反映生态环境质量状况。其中，物理、化学要素可从环境压力角度来反映水环境状况；而生物监测则是指利用生物个体、种群或群落对环境质量及其变化所产生的反应和影响来阐明环境污染的性质、程度和范围，从生物学角度评价环境质量状况的过程。因此，生物监测是流域水环境监测一个非常重要的领域。自 1972 年美国《清洁水法案》明确提出河流保护的目标是维持和恢复河流生态系统的生物完整性的概念以来，世界各国相继构建了一系列基于生境特征、化学要素及生物要素的生态学指标用于完整性指数，利用生物类群构建的多参数评价方法正得到广泛的应用。当前，欧美等发达国家和地区均已建立了较完备的水环境生物监测体系。

开展水生态环境质量评价的主要目的之一是识别影响生态系统的环境胁迫因子。了解环境胁迫因子对水生态系统的影响程度，可为水环境保护制定相应的保护目标和措施。例如，当环境污染物进入水生态系统后，可干扰生态系统中的物质循环和能量传递，影响生态系统的组分、结构和功能，导致生态负效应。这些环境污染物可在生态系统不同层次（如生物个体、种群、群落和生态系统结构与功能）上产生影响，进而导致群落结构改变，种群密度下降或上升，种群的性别比例、年龄结构和遗传结构发生明显变化。在宏观尺度上，流域土地景观格局变化对水生态系统也有不同影响，其中河滨带土地利用方式的改变，会引起河道基质和河床形态的变化，与水质、水文条件的改变协同影响生物栖息环境和生物过程，对水生生物产卵、发育、栖息等生理过程产生影响。因此，通过水生生物群落信息变化可反向识别影响生态系统的环境胁迫因子。

面对全球性水生态系统退化加剧的困境，开展河流、湖泊等水生态系统的保护与修复已成为当前水环境管理的热点之一。利用生态系统的自我调节能力，发挥生物群落的功能作用，因地制宜地采取适当的人为措施，使生态系统朝着自然和健康的方向发展。水生态修复的关键在于识别影响水生态系统功能退化的主要环境要素，并采取有效控制措施。人类活动干扰表现在不同尺度上，在流域尺度上的土地利用开发、水资源利用以及大坝建设等都是造成河流生态系统退化的重要原因；在河道尺度上的人类污染物排放、堰坝建设、河岸带开发、挖沙以及过度捕捞等活动也是造成河流生境变化的重要因子。对这些不同尺度上的因子需要采取不同而有效的措施。

2.6.3 传统的生物评价指数

1. 单一性指数

自 20 世纪中期以来，水质评价一直采用物种数 S、多样性、均匀度、丰富度等简单的生物指数。例如：香农-维纳多样性指数 H、辛普森多样性指数 D、均匀度指数 J 和 Margalef 丰富度指数 d_M。这些指数是基于监测样品中物种个体的简单计数或不同类群之间的相对比例，计算方法见 2.4.3 节。

在用于水质生物评价时，这类指数自身存在一定的缺陷：①只可准确区分水质差异较大的水体，在不同区域水质差异性小时，分辨较低；②将各物种在种群中的地位平等赋值，忽视了不同物种对污染的耐受性和敏感性，造成很多情况下不能真实反映出水质的实际状况。

2. 完整性指数

生物完整性指数是指使用多个群落属性和指标的组合（通常包含的指标：丰富度/多样性、敏感性/耐受性、组成/结构和功能等），对每个单一指标赋予权重后，得出综合性的生物指数。应用生物完整性评价水生态环境状况，突破以往以单一水化指标或单一的生物指数来评价水环境质量状况的局限性，能从生态系统的角度更好地反映水体生态环境状况，已成为水环境管理的重要方法（Niu et al., 2018）。这一概念由 Karr 等于 1981 年首次提出，构建的鱼类生物完整性指数被推广用于美国河流的生态状况评价。在此基础上，世界各国陆续构建了基于底栖无脊椎动物、水生植物、硅藻等群落的生物完整性指数，用于评价本国河流、湖泊、水库等水体的生态状况。通过综合各生物群落参数构建生物完整性指数可以更加准确和完全地反映生态系统健康状况和受干扰的强度。

生物完整性指数的构建是基于参考点与受损点筛选基础上进行的。然后在评价水生态状况时，往往根据生物群落结构特征、数据可获得情况，选择指示物种来构建生物完整性指数。例如，最为广泛应用的鱼类完整性指数（fish-index of biological integrity, F-IBI）、底栖无脊椎动物完整性指数（benthos-index of biological integrity, B-IBI）和着生藻类完整性指数（periphyton-index of biological integrity，P-IBI）。这些指数方法构建的主要步骤包括：

（1）确定候选的生物参数指标。其中，种类数指标的结果在 5 以上；百分比指标在各采样点之间差异大于 10%，且 90% 的采样点该指标不为 0；参数尽量涵盖所有生物指标类型。

（2）研究区域参考点和受损点的选择。其中，参考点是指未受到人为活动干扰或轻度人为活动干扰的样点；受损点是指具有明显人为活动干扰的样点。

（3）确定候选的生物参数指标值以及参考点和受损点对应的生物完整性指数计算。

（4）生物完整性指数的评分标准划定。标准的划定是生物完整性指数评价中的关键，但是当前还没有统一的划定标准。其中，大多数研究以参考点位 25% 分位数的 IBI 值作为健康评价标准，如果监测点位的 IBI 值＞25% 分位数值，则表示该点位受到的干扰很小，是健康的；然后再对＜25% 分位数值的分布范围，进行 3（或 4）等分，分别代表（亚健康、）一般、较差和极差 3（或 4）个受损程度。基于上述标准划定方法，可确定出健康、（亚健康、）一般、较差和极差 4（或 5）个等级的划定标准。该评价标准基本覆盖了水生态系统不同层次的健康及受损状态，划分出的等级数较为合理，但也并非所有水生态系统都有适用性。

（5）对构建的生物完整性指数进行验证与修订，确定完整性指数构建方法的有效性。

随着近年来研究的深入，对各生物类群的完整性指数构建在理论基础和技术方法上都日渐成熟。IBI 指数越来越多地被环境管理者用来评价水生态状况。但是由于水生态系统自身结构的复杂性和功能的丰富性，该指数在应用时仍然存在一些问题。例如：①候选生物参数及标准的划定缺乏统一性，使得即使是同一区域使用不同指数的评价结果存在差异；②现有的 IBI 指数仅关注单一生物类群，往往缺乏对多营养级（例如从分解者、生产者到顶级消费者）层面的度量，导致不能全面真实地反映出生态系统的变化。

3. 功能性指数

物种的功能特征被定义为反映物种对环境适应的特征（Raes et al.，2011）。这些功能特征通常被分为两类：生物性状（生命周期、生理和行为特征、最大体型、寿命、摄食和繁殖策略、机动性等）和生态性状（与生境偏好有关，如 pH 和温度耐受性、对有机污染的耐受性、生物地理分布等）。物种的功能多样性作为生物多样性的重要组成部分，被视为是连接生物多样性和生态系统功能的关键性指标。功能多样性提供了关于物种在整个群落中活动的信息，并总结了影响生态系统功能的价值和特征范围。而且，相比于物种分类学在不同生物地理区系存在的差异，物种的功能性状更加稳定，这一优势使其更适用于大尺度多时空下的水生态状况的对比。当前，在水生态系统评价中，功能性指数往往被整合到生物完整性指数中使用。例如，鱼类完整性指数的指标体系中加入鱼类摄食类型、产卵方式、栖息偏好等功能特性参数；在构建底栖无脊椎动物完整性指数时，会纳入物种的敏感/耐受性、摄食类型等功能特性参数。

除了进行生物指数的构建之外，生物群落中功能结构的变化也可以用于评价水生态系统的受干扰状况。例如，水量的减少和闸坝修建造成的河流连通性下降，会引发鱼类群落的功能结构单一化，而且这种功能结构的改变会在生物指数显著性变化之前发生；全球气候变暖正引发高原山溪性河流中底栖无脊椎动物的群落从适冷性到耐温性的转变，而且群落功能的冗余性也在增加。作为对群落中物种多样性信息的补充，以及相比形态学特征更加稳定的功能性状，物种的功能特征参数日益受到关注。

4. 传统生物指数的局限

生物指数在河流、湖泊等水生态系统的生态恢复和保护行动中发挥了极其重要的作用。伴随着研究的深入，当前约有 300 种生物指数在世界范围各类水体中广泛应用（Birk et al., 2012）。但是，这些传统的生物指数在其结构组成和应用过程中仍然存在很多的缺陷，其中最为突出的问题是，生物评价的基础是对物种准确的分类鉴定，而传统的分类主要依据生物的形态学特征，并辅之解剖学特性等。在近代生物分类学发展的 200 多年时间里，传统的形态学分类技术在全球生物种鉴定中做出了重大的贡献，但也表现出很多的局限性：①表型可塑性和遗传变异性易带来物种分类的误差性；②隐匿种的存在造成物种鉴定的难度加大，大量研究表明隐匿种在许多类群中普遍存在；③受生物特定发育阶段和性别的限制，很多个体无法鉴定或被错误鉴定；④鉴定系统对专业技术要求很高，易导致鉴定错误。现阶段较专业的分类学家在不断的缩减，这给传统分类学的发展带来巨大的挑战，所以发展一种能够快捷、精确、可自动化以及通用的分类鉴定工具势在必行。

传统的生物指数在进行数值计算时，往往将所有物种赋予同等的生态权重，并未考虑不同物种在生态系统中生态位的差异，以及对环境压力的响应方式和敏感度的差异。这种情况下获得的生物指数在评价水生态状况时，会掩盖掉大量真实的生物群落变化信息，进而不能准确地反映出水生态状况。

2.6.4 新型的环境 DNA 生物指数

自 DNA 条形码概念提出后，研究人员开始尝试将 DNA 条形码（宏条形码）方法应用于生态系统的生物评价中（Pawlowski et al., 2018）。前期的研究主要通过与传统的形态学监测数据或模拟群落对比，分析基于 DNA 条形码（宏条形码）的数据准确性和精确性。实际上，应用于生物评价的 DNA 条形码（宏条形码）研究按适用范围可分为 3 类：①研究使用 DNA 条形码（宏条形码）数据替换形态学监测数据进行传统生物指数（如香农-维纳多样性指数、辛普森多样性指数等）的计算；②研究并探索新型的指示物种；③研究并开发新型的分子指数。其中，不同类型的研究所面临的挑战并不相同。第一项研究主要是测试和改进分别从形态学和分子数据中计算的生物指数之间的匹配度；后面两项研究的主要挑战是开发新的基于 DNA 条形码（宏条形码）数据的分析方法和生物指数，用于水生态系统的评价。相比于后两项研究，形态学和分子数据推断出生物指数的对比研究已取得很大进展。尤其是硅藻和底栖无脊椎动物已被用于河流和海洋等水生态系统的生态状况评价，而且形态学和分子指数之间存在很好的一致性。

1. 新型分子指数

许多生物类群在常规的生物监测中没有得到使用，主要是由于它们的形态识别困难。DNA 宏条形码提供了一种有效的方法，通过使用基于 DNA 的识别来克服这个问题，让我们对整个生态系统有一个更全面的认识。DNA 宏条形码在生物监测中的应用使得生物指标的范围可以扩展到对环境压力更为敏感但在常规生物监测中被忽略的生物类群。这些新的潜在生物指示类群包括原核生物、原生生物和后生动物。

在各种原核生物中，当前只有蓝藻被用于生物评价。高通量测序生成的微生物组数据揭开了整个细菌和古菌群落的组成，评价环境压力对微生物多样性影响的研究正在迅速增加。例如，研究人员已开始使用高通量测序方法来分析污染物对微生物群落的影响。这些研究表明，细菌群落的变化可用于人类活动的环境影响评价。新型的生物指数（如 gAMBI、microgAMBI、Ba-IBI）已被用于河流、海洋生态系统的生态状况评估。在此基础上，类似的分子指数在纤毛虫、有孔虫类或线虫类等生物类群中得到推广应用。

1）gAMBI 指数（Aylagas et al., 2014）

gAMBI 是在 AZTI′s 海洋生物指数（AZTI′s marine biotic index，AMBI）基础上，利用 DNA 宏条形码替换传统形态学数据而发展形成的一种新型生物指数。该指数对两种数据类型（丰度或相对丰度数据和二元化的有/无数据）均可使用，其公式如下：

$$\text{gAMBI} = \frac{(0\times\%\text{EG I})+(1.5\times\%\text{EG II})+(3\times\%\text{EG III})+(4.5\times\%\text{EG IV})+(6\times\%\text{EG V})}{100} \quad (2\text{-}6)$$

式中，%EG I、%EG II、%EG III、%EG IV、%EG V 为物种在生态组（ecological group，EG）I 到生态组 V 中所占的比例。生态组 I 为未受污染的，对应的物种对污染非常敏感；生态组 II 为轻度污染的；生态组 III 为中度污染的；生态组 IV 为重度污染的；生态组 V 为极重度污染的，对应的物种对污染有很强的耐受性。根据 gAMBI 值进行污染程度（或水环境质量等级）划分：0～1.2 为"极好"，1.3～3.3 为"好"，3.4～5.0 为"一般"，5.1～6.0 为"差"，6.1～7.0 为"极差"。

2）microgAMBI 指数（Borja, 2018）

该指数是在 gAMBI 生物指数基础上，以细菌群落为基础开发的一种新型生物指数。根据由高通量测序获得的 OTUs 与环境压力（如污染物）的响应曲线，将 OTUs 划分为两类：敏感的 OTUs 和耐受性的 OTUs。其计算公式如下

$$\text{microgAMBI} = \frac{(0\times\%\text{EG I})+(6\times\%\text{EG III})}{100} \quad (2\text{-}7)$$

式中，%EG I 和%EG III 分别为敏感 OTUs 和耐受性的 OTUs 所占的百分比。该指数的污染程度（或水环境质量等级）划分与 gAMBI 指数相类似，即 0～1.2 为"极好"，1.3～2.4 为"好"，2.5～3.6 为"一般"，3.7～4.8 为"差"，4.9～6.0 为"极差"。

随着生物监测进入新的时代，研究人员越来越开始关注新型生物指数的发展与使用。例如，基于 OTUs 的细菌完整性指数（bacteria-based index of biotic integrity, Ba-IBI）、硅藻指数（diatom index）、多营养级生物指数（multi-trophic biotic index）等新型生物指数

被相继应用于水生态系统的评价中。

2. 机器学习预测模型

为了克服参考数据库的不足和 OTUs 物种注释造成的偏差，研究人员提出了两种 OTUs 物种注释的生物指数计算方法（Apotheloz-Perret-Gentil et al., 2017）。第一种方法是，根据已知生态状况的样本中 OTUs 的出现情况，对该 OTUs 赋予相应的生态值。此方法的主要优点是，几乎 95%的 OTUs 可以用于生物指数的计算，而传统的 OTUs 物种注释方法只有 35%的 OTUs 可用于生物指数的计算。这就可使大多数在条形码数据库中没有的未知 OTUs 得到使用，而且该方法已经被用于上述新型生物指数计算中。

另一种方法是，使用监督机器学习（supervised machine learning，SML）算法来预测生物指数值。SML 方法通过从复杂训练数据集中提取的信息用于预测模型的构建，这些训练数据集通常由一组特征和相关分类标签或连续值组成。SML 的目标是将训练数据集匹配到某个函数（即模型），该函数可用于预测新输入数据的分类标签或连续值。目前，SML 在生物监测中的应用包括：由细菌 16S 高通量测序数据组成的训练数据集用于生态系统污染水平的预测，或是用于对海洋中养殖的底栖群落生物指标预测。在这两个案例中，SML 算法均取得了很高的准确性，也证实了 SML 方法在生物监测调查中的适用性。与第一种方法相比，SML 的主要优点是它将生物群落作为一个整体，因此可以解释 OTUs 间的共存性。然而，这种优势同时意味着 OTUs 没有被赋予任何特定的生态价值，这使得在对比分子和传统形态学数据时存在很多不确定性。

短文 2.1　环境 DNA 监测"活化石"巴勒斯坦油彩蛙

巴勒斯坦油彩蛙（*Latonia nigriventer*），又名胡拉油彩蛙（Hula painted frog）、以色列铃蛙或巴勒斯坦铃蛙，被认为是罕见的"活化石"，因为它们在几百万年的时间里几乎毫无进化，缺乏近亲物种，仍然保持着最原始的生理特征。

巴勒斯坦油彩蛙曾经被认为是第一个灭绝的两栖动物。它们只在以色列及近叙利亚的胡拉谷地的沼泽区域生活。20 世纪 50 年代，巴勒斯坦油彩蛙栖息的沼泽在逐渐干涸，它们也随之消失。

巴勒斯坦油彩蛙最初被定义为盘舌蟾属（*Discoglossus* sp.）的一员，基因测试和 CT 扫描结果显示其应属于已灭绝的拉托娜蛙属（*Latonia* sp.）。鉴于其为此属下已知的唯一现存种，因此有"活化石"的称号。

1996 年，国际自然保护联盟（IUCN）正式宣布巴勒斯坦油彩蛙灭绝，叙利亚排空沼泽地以根除疟疾的行动可能是造成其灭绝的主要原因。2000 年，来自黎巴嫩自然保护组织的一位科学家称在黎巴嫩贝卡谷地发现巴勒斯坦油彩蛙。两支法国-黎巴嫩-英国探险队分别在 2004 年及 2005 年展开寻找行动，但是并没有发现它们的踪迹。2010 年 8 月，由国际自然保护联盟的两栖动物专家小组组织的一项研究开始寻找各种各样的蛙类，其中包括巴勒斯坦油彩蛙。2011 年，在中东地区的胡拉谷地，自然保护区管理员约拉姆·马勒卡意外发现了一只巴勒斯坦油彩蛙，引发了动物保护领域的极大关注。这是巴勒斯坦油彩蛙在消失了半个多世纪后首次再度被发现。而此前，有记录的胡拉油彩蛙数量只有

5 只，而且全部是在 1960 年以前。一名以色列自然和公园管理局的生态学家认为，该地区的再沼泽化是巴勒斯坦油彩蛙重新出现的原因。但是巴勒斯坦油彩蛙的栖息地面积小于 2 km²，仍然处于极度濒危状态。

2015 年，以色列研究团队应用环境 DNA 方法，在适宜的水生生境中寻找巴勒斯坦油彩蛙的新种群。该团队通过利用环境 DNA 数据分析了与物种分布相关的环境因素，并预测了其适宜的生境。2015 年春季和 2016 年春季，该团队在胡拉谷地采集了 52 个水生点位，并通过一个物种特异性 qPCR 检测扩增了样本。其中在 22 个点位发现了巴勒斯坦油彩蛙的 DNA，并且这些点位都集中在 3 个主要区域。生境适宜性模型表明，土壤类型、植被覆盖和当前及以前的生境都是巴勒斯坦油彩蛙当前分布的主要决定因子。有趣的是，数学模型还表明该物种濒临灭绝的处境与其长期失去历史性湿地栖息地密切相关。这项研究通过利用环境 DNA 对濒危物种的新种群进行了搜索性调查，所获得的物种分布数据为制定保护管理方案提供了关键证据。在两栖动物的全球保护危机时代，开发环境 DNA 方法对于许多极度濒危和隐蔽性强的两栖动物来说是非常重要的（Renan et al.，2017）。

短文 2.2　环境 DNA 指示流域水质与生态健康

基于环境 DNA 分子指标的河流污染监测已成为一种新方法。2017 年，来自南京大学生态毒理与健康风险研究团队的研究小组在对长江入江与太湖入湖河流的生态调查中发现：①利用环境 DNA 宏条形码技术识别出广泛的物种多样性信息，共计 51 门、188 纲、347 目、714 科、623 属等；②相比于 PPCPs、杀虫剂和工业添加剂等有机污染物和重金属，营养盐显著地改变了水体中细菌、原生生物和后生动物群落组成、多样性和生态网络结构。由于这些生物群落在水生态系统的物质转换与能量传递中发挥着重要作用，因此群落的改变将会进一步影响水生态功能与健康。研究同时还识别出对不同营养盐水平有明确指示性的分子指标，而且利用这些新型的分子指标实现了对水环境中营养盐污染状况的准确预测。

研究结果明确了水质对于长江和太湖流域水生生物多样性和生态健康至关重要，指明了环境 DNA 分子指标对河流生态系统监测、污染诊断和修复后评估有重要研究意义和应用价值（Li et al.，2018）。

短文 2.3　海洋溢油事故群落生态效应评估

2007 年 12 月 7 日，载有约 26 万 t 原油（约 180 万桶）的中国香港籍超大型油轮"河北精神号"（HEBEI SPIRIT）在韩国西海岸泰安郡大山港锚地锚泊期间，被韩国籍失控浮吊船"三星一号"（SAMSUNG No.1）擦碰，"河北精神号"（HEBEI SPIRIT）左舷 1、3、5 号三个货油舱受损，溢油 10 500 t，油污范围长 7.4 km，宽 2 km，污染韩国西海岸大片地区，酿成了严重的环境灾难，《韩国时报》称它是韩国最严重的漏油事件。事故发生后，韩国政府迅速启动了应急方案，并且有超过 120 万名志愿者参加了海上油污清理工作，直至 2008 年 10 月溢油事故清理活动才结束，政府部门和研究人员针对溢油对海洋环境和生态系统的影响以及生态系统的恢复状况进行了跟踪研究。因为缺乏波浪的冲刷作用，在溢油事故 7 年之后泰安郡沿海半封闭港湾的内部区域沉积物中原油产生的多环芳烃（polycyclic aromatic hydrocarbons，PAHs）的检测浓度仍然处于较高水平。

2017 年，南京大学生态毒理与健康风险研究团队联合韩国首尔大学的科研团队选取泰安郡沿岸受严重污染的半封闭区域为研究对象,分析原油污染的长期分子生态学效应。通过环境 DNA 技术对原油污染沉积物中的微生物和后生动物群落进行解析。

研究结果表明：①除了地理因素以外，原油泄漏污染海岸的沉积物生物群落（微生物群落和后生动物群落）受修复时间和污染物（PAHs）浓度影响最为显著。②原油泄漏污染对微生物群落和后生动物群落产生了长期的影响。这些影响主要体现在生物多样性、优势物种的相对丰度和结构变化上。③与参考点相比，原油泄漏污染区域的微生物群落和后生动物群落仍未完全恢复。④一些特定物种的相对丰度受到原油污染的影响。原油污染促进可降解 PAHs 微生物的生长和增殖，而对纤毛虫等敏感种产生毒害作用。潜在的生物标志物能够较为精确地甄别原油污染水平。

该研究表明了环境 DNA 在水生态系统健康、风险评价中的潜在应用前景。高精度的大规模环境 DNA 监测数据也为后续的多营养级的生态毒理学实验设计提供了新的研究思路、研究领域和研究方向。环境 DNA 高通量测序技术也为环境管理模型的建立提供了大量的素材。随着高通量测序的快速发展，环境 DNA 技术是一种具有潜力的、快速的、便宜的和标准化的生态系统生物监测工具（Xie et al., 2018）。

短文 2.4　环境 DNA 揭示污染物的生物群落效应

生态环境保护的一个主要目标是对生物的保护，这不仅由于其是生态系统的主要组成部分，更是因为生物多样性保证了人类发展所必需的关键生态系统服务的数量和质量。环境污染对生态系统的破坏不仅体现在直接导致少数物种的毒性，还可以通过食物网等间接作用影响生物多样性和生态服务功能。过去人们对污染物生态效应的评估主要集中在其对生物个体和亚个体层面的毒性，对于环境污染更高层次的影响（如种群、群落和生态系统）研究很少，因此难以有效预估污染对生态的破坏效应，以及难以系统地评估生态修复工程的实施效果。这主要是由生态生物多样性评估技术落后导致的。

来自南京大学生态毒理与健康风险研究团队的研究小组，采用原位微宇宙结合环境 DNA 生物多样性评估极大促进了污染物的生态效应研究。野外模拟沉积物铜污染，实验结束后提取沉积物中的环境 DNA，根据 DNA 序列识别微宇宙体系中的生物多样性，研究个体层面、群落层面的毒性效应，最后利用环境 DNA 技术推导沉积物铜污染的环境基准。

环境 DNA 对生物群落的高分辨率为全面认识生态系统的生物要素奠定基础。条形码技术准确识别出大量生物，包括细菌、蓝藻、真核藻类、真菌、软体动物等，其中微生物贡献了最多的生物多样性，其次是原生动物、真菌和藻类。环境 DNA 技术使得我们有机会将生态系统"数字化地展开"，这些信息为研究污染的群落效应提供了素材。

环境 DNA 能准确识别出大量形态学尺度无法检测到的"敏感"和"耐受"物种。在个体层面，通过环境高分辨 DNA 扫描，我们发现大量生物受到沉积物铜污染的影响。其中，微生物对铜表现出极大的抗性。

在群落层面,沉积物铜污染使得微生物和后生动物的多样性分别降低了 12%和 25%。原生动物、藻类和真菌在高铜污染时生物多样性增加,这可能是由于后生动物减少,捕食压力降低导致的。铜暴露也显著改变了群落间的相互作用,在低浓度铜污染下,后生动物-藻类、真菌-原生动物间相互作用较强;在高铜浓度污染时,后生动物-真菌、后生动物-原生动物的联系增加。

最后,该研究还比较了实验室毒性测试和野外微宇宙试验的差异,发现野外微宇宙试验能发现更多受铜影响的物种(野外微宇宙试验发现明显受影响物种 137 个,而实验室仅发现 34 个)。而且,实验室毒性实验发现的"受影响"物种中有超过一半(27/34)能够被野外实验所验证,这说明了环境 DNA 技术的可靠性。同时,基于野外微宇宙试验推导的澳大利亚墨尔本地区的沉积物基准比实验室毒性测试推导的基准更小(实验室毒性推导的沉积物铜基准为 123 mg/kg,而野外微宇宙试验推导的基准为 76 mg/kg),这也说明实验室毒性测试有可能低估沉积物中铜污染的生态风险。该方法同样适用于其他污染物的区域性环境基准的推导,为地方环境管理提供科学支撑(Yang et al., 2018)。

短文 2.5　湿地"生态基因组学":新一代湿地生物多样性和功能评价方法

国际上《湿地公约》已将 2400 多个湿地列入国际重要湿地名录,总面积超过 250 万 km^2。公约以"湿地保护"和"明智利用"(wise use)为原则概述了若干战略与决议,包括"湿地清查与评估""全球湿地信息""湿地科学管理""湿地恢复""外来入侵物种控制"等。

我国于 2022 年 6 月 1 日实施《中华人民共和国湿地保护法》(简称《湿地保护法》),使得维持湿地生态功能及生物多样性有了确切的法律依据。除了对湿地的范围与类型进行了定义,《湿地保护法》还规范了湿地动态监测的相关事宜,并建立了湿地分级管理和湿地名录制度、调查评价和总量管控制度。

(1)在湿地监测管理方面:第二十二条法规明确规定,国务院林业草原主管部门应当按照监测技术规范开展国家重要湿地动态监测,及时掌握湿地分布、面积、水量、生物多样性、受威胁状况等变化信息。

(2)在湿地保护与利用方面:第二十九条法规表明,县级以上人民政府有关部门应当按照职责分工,开展湿地有害生物监测工作,及时采取有效措施预防、控制、消除有害生物对湿地生态系统的危害。

(3)在湿地修复方面:第四十三条法规则强调了修复效果后期评估的需求,省级以上人民政府林业草原主管部门应当加强修复湿地后期管理和动态监测,并根据需要开展修复效果后期评估。

湿地生态监测是有效开展湿地保护和利用的基础,不仅有助于更好地认识湿地生态系统内的生物多样性和生态系统的演化,也为相应的保护管理提供决策支持。过去 30 多年里,在实施湿地生态监测的过程中,成百上千种关于湿地的评价方法被使用。"功能"通常描述的是湿地生态系统中发生的基础生态过程,而"服务"则特指生态系统对人类发展的贡献。我们亟需一个便捷、高效的方法对这些"指标"展开评价。

生态基因组学很大程度上可以使《湿地公约》和《湿地保护法》的诸多要求得以实

现，不仅可以表征湿地生物多样性的组成和丰度，而且可以量化评估湿地生物多样性及生态系统的服务（表 2-2）和功能（表 2-3）。

表 2-2　湿地生态系统服务价值

供应性服务	调控性服务	支持性服务	文化服务
粮食生产	水质净化和再生水受纳	沉积物保留和有机物积累	精神象征和文化意义
淡水的存储和保留	水量调控和地下水补充	营养循环	娱乐和旅游资源
能源（纤维和燃料生产）	侵蚀调控、土壤和沉积物保留	渔业维护	美学价值
遗传物质	自然灾害调控（防洪）		教育资源
生化提取药物等材料	授粉（传粉者的栖所）		
	温室气体的源汇、固碳		

表 2-3　湿地生态系统功能价值

与水质改善相关功能	与栖息地相关功能	与水文和水量有关的功能
营养物质的去除和转化	植物群落栖息地（浮游植物和水生植物）	洪峰缓冲
去除重金属和有机毒物	无脊椎动物物种栖息地（浮游动物、底栖无脊椎动物群落）	减少下游侵蚀，稳定泥沙
去除沉积物	脊椎动物物种栖息地（鱼类、两栖类等）	在旱季保持低流量流向溪流
	维持野生动物的多样性和丰度	地下水和含水层回补
	支持初级生产和输出	

新型分子手段（如组学技术）提供了"新一代"湿地生物多样性和功能的评价方法。湿地生态基因组学通过联合高通量测序（NGS）、环境 DNA（eDNA）和系统生物学等理论和技术来评估湿地生态系统，通过对不同营养级水平、功能基因和全面的物种信息进行精准检测，形成了分析湿地生物多样性和功能的新方法，进而有效地评估湿地的生态服务能力，是湿地生态学研究的新方向。具体应用包括：

（1）通过对物种的分类多样性、发育多样性和功能多样性的分析，构建生物多样性综合评估方法；

（2）对靶向物种的快速检测，如入侵物种、指示物种、稀有物种、濒危物种等；

（3）从初级生产者到顶端消费者，重构湿地生态系统食物网结构，评估营养级的复杂度和食物网的能量流动（图 2-8）。

生态基因组学提供一套系统化评价湿地生物多样性和功能的方法。我们提出了一个聚焦于湿地保护的生态基因组学分析技术框架，在监测生物多样性组成的同时，评估湿地生态系统功能和服务，服务于湿地生态系统管理。评估工作流程如图 2-9 所示。

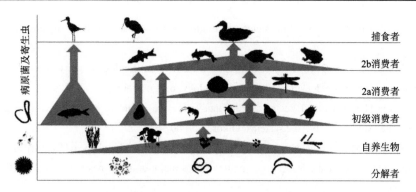

图 2-8　环境 DNA 揭示十八联圩湿地食物网结构

图 2-9　湿地生态基因组学生物多样性和功能评估工作流程

参 考 文 献

黎征武, 曹然, 毛建忠, 等. 2017. 适于北江水质生物评价的附着硅藻指数研究. 生态环境学报, 26(2): 275-284.

孙晶莹, 杨江华, 张效伟. 2018. 环境 DNA(eDNA)宏条形码技术对枝角类浮游动物物种鉴定及其生物量监测研究. 生态毒理学报, 13(5): 76-86.

Adler P B, Seabloom E W, Borer E T, et al. 2011. Productivity is a poor predictor of plant species richness. Science, 333(6050): 1750-1753.

Altermatt F. 2013. Diversity in riverine metacommunities: a network perspective. Aquatic Ecology, 47(3): 365-377.

Altermatt F, Fronhofer E A. 2018. Dispersal in dendritic networks: Ecological consequences on the spatial distribution of population densities. Freshwater Biology, 63(1): 22-32.

Altermatt F, Little C J, Mächler E, et al. 2020. Uncovering the complete biodiversity structure in spatial networks: the example of riverine systems. Oikos, 129: 607-618.

Altermatt F, Seymour M, Martinez N, et al. 2013. River network properties shape α-diversity and community similarity patterns of aquatic insect communities across major drainage basins. Journal of Biogeography, (12): 2249-2260.

Apotheloz-Perret-Gentil L, Cordonier A, Straub F, et al. 2017. Taxonomy-free molecular diatom index for high-throughput eDNA biomonitoring. Mol. Ecol. Resour., 17(6): 1231-1242.

Aylagas E, Borja A, Rodriguez-Ezpeleta N. 2014. Environmental status assessment using DNA metabarcoding: towards a genetics based Marine Biotic Index (gAMBI). PLoS One, 9(3): e90529.

Azam F, Malfatti F. 2007. Microbial structuring of marine ecosystems. Nature Reviews Microbiology, 5(10): 782-791.

Beman J M, Steele J A, Fuhrman J A. 2011. Co-occurrence patterns for abundant marine archaeal and bacterial lineages in the deep chlorophyll maximum of coastal California. The ISME Journal, 5(7): 1077-1085.

Bernardo-Madrid R, Calatayud J, González-Suárez M, et al. 2019. Human activity is altering the world's zoogeographical regions. Ecology Letters, 22(8): 1297-1305.

Birk S, Bonne W, Borja A, et al. 2012. Three hundred ways to assess Europe's surface waters: An almost complete overview of biological methods to implement the Water Framework Directive. Ecological Indicators, 18: 31-41.

Borja A. 2018. Testing the efficiency of a bacterial community-based index (microgAMBI) to assess distinct impact sources in six locations around the world. Ecological Indicators, 85: 594-602.

Cadotte M W, Arnillas C A, Livingstone S W, et al. 2015. Predicting communities from functional traits. Trends in Ecology & Evolution, 30(9): 510-511.

Cardinale B J, Duffy J E, Gonzalez A, et al. 2012. Biodiversity loss and its impact on humanity. Nature, 486(7401): 59-67.

Chao A, Chiu C H, Jost L. 2014. Unifying species diversity, phylogenetic diversity, functional diversity, and related similarity and differentiation measures through hill numbers. Annual Review of Ecology, Evolution, and Systematics, 45(1): 297-324.

Chave J. 2004. Neutral theory and community ecology. Ecology Letters, 7(3): 241-253.

Cristescu M E, Hebert P D N. 2018. Uses and misuses of environmental dna in biodiversity science and conservation. Annual Review of Ecology, Evolution, and Systematics, 49(1): 209-230.

Díaz S, Settele J, Brondízio E, et al. 2018. The global assessment report on biodiversity and ecosystem services, IPBES.

Elton C S. 1972. The Ecology of Invasions by Animals and Plants. London: Chapaman and Hall Ltd.

Etienne R S, Apol M E F, Olff H, et al. 2007. Modes of speciation and the neutral theory of biodiversity. Oikos, 116(2): 241-258.

Faith D P. 1992. Conservation evaluation and phylogenetic diversity. Biological Conservation, 61(1): 1-10.

Finderup Nielsen T, Sand-Jensen K, Dornelas M, et al. 2019. More is less: net gain in species richness, but biotic homogenization over 140 years. Ecology Letters, 22: 1650-1657.

Grizzetti B, Lanzanova D, Liquete C, et al. 2016a. Assessing water ecosystem services for water resource management. Environmental Science & Policy, 61: 194-203.

Grizzetti B, Liquete C, Antunes P, et al. 2016b. Ecosystem services for water policy: Insights across Europe. Environmental Science & Policy, 66: 179-190.

Hector A, Hooper R. 2002. Darwin and the first ecological experiment. Science, 295(5555): 639-640.

Hering D, Borja A, Carstensen J, et al. 2010. The European Water Framework Directive at the age of 10: A critical review of the achievements with recommendations for the future. Science of the Total Environment, 408(19): 4007-4019.

Hering D, Borja A, Jones J I, et al. 2018. Implementation options for DNA-based identification into ecological status assessment under the European Water Framework Directive. Water Research, 138: 192-205.

Hooper D U, Chapin F S, Ewel J, et al. 2005. Effects of biodiversity on ecosystem functioning: a consensus of current knowledge. Ecological Monographs, 75(1): 3-35.

Hurlbert A H, Stegen J C. 2014. When should species richness be energy limited, and how would we know? Ecology Letters, 17(4): 401-413.

Huston M A. 1997. Hidden treatments in ecological experiments: re-evaluating the ecosystem function of biodiversity. Oecologia, 110(4): 449-460.

Ives A R, Hughes J B. 2002. General relationships between species diversity and stability in competitive systems. The American Naturalist, 159(4): 388-395.

Joel F G, Stein E D, Baird D J, et al. 2015. Wetland ecogenomics–the next generation of wetland biodiversity and functional assessment. Wetland Science and Practice, 32: 27-32.

Karr J R. 2006. Seven foundations of biological monitoring and assessment. Biologia Ambientale, 20(2): 7-18.

Kraft N J, Adler P B, Godoy O, et al. 2015. Community assembly, coexistence and the environmental filtering metaphor. Functional Ecology, 29(5): 592-599.

Li F, Peng Y, Fang W, et al. 2018. Application of environmental DNA metabarcoding for predicting anthropogenic pollution in rivers. Environ. Sci. Technol., 52(20): 11708-11719.

Loreau M. 1998. Separating sampling and other effects in biodiversity experiments. Oikos, 600-602.

Loreau M, Hector A. 2001. Partitioning selection and complementarity in biodiversity experiments. Nature, 412(6842): 72-76.

Loreau M, Naeem S, Inchausti P, et al. 2001. Biodiversity and ecosystem functioning: Current knowledge and future challenges. Science, 294(5543): 804-808.

Naeem S. 1998. Species redundancy and ecosystem reliability. Conservation Biology, 12(1): 39-45.

Niu L, Li Y, Wang P, et al. 2018. Development of a microbial community-based index of biotic integrity (MCIBI) for the assessment of ecological status of rivers in the Taihu Basin, China. Ecological Indicators, 85: 204-213.

Odum E P, Barrett G W. 1971. Fundamentals of Ecology. Philadelphia: W. B. Saunders.

Ovaskainen O, Tikhonov G, Norberg A, et al. 2017. How to make more out of community data? A conceptual framework and its implementation as models and software. Ecology Letters, 20(5): 561-576.

Pawlowski J, Kelly-Quinn M, Altermatt F, et al. 2018. The future of biotic indices in the ecogenomic era: Integrating (e)DNA metabarcoding in biological assessment of aquatic ecosystems. Sci. Total. Environ., 637-638: 1295-1310.

Pimm S, Lawton J. 1977. Number of trophic levels in ecological communities. Nature, 268(5618): 329-331.

Plafkin J L. 1989. Rapid bioassessment protocols for use in streams and rivers: benthic macroinvertebrates and fish. United States Environmental Protection Agency, Office of Water.

Raes J, Letunic I, Yamada T, et al. 2011. Toward molecular trait-based ecology through integration of biogeochemical, geographical and metagenomic data. Mol. Syst. Biol., 7: 473.

Renan S, Gafny S, Perl RGB, et al. 2017. Living quarters of a living fossil-Uncovering the current distribution pattern of the rediscovered Hula painted frog (*Latonia nigriventer*) using environmental DNA. Mol. Ecol., 26(24): 6801-6812.

Righetti D, Vogt M, Gruber N, et al. 2019. Global pattern of phytoplankton diversity driven by temperature and environmental variability. Science Advances, 5(5): eaau6253.

Stegen J C, Lin X, Konopka A E, et al. 2012. Stochastic and deterministic assembly processes in subsurface microbial communities. The ISME Journal, 6(9): 1653-1664.

Tilman D, Reich P B, Knops J M. 2006. Biodiversity and ecosystem stability in a decade-long grassland experiment. Nature, 441(7093): 629-632.

Tonkin J D, Altermatt F, Finn D S, et al. 2018. The role of dispersal in river network metacommunities: Patterns, processes, and pathways. Freshwater Biology, 63(1): 141-163.

Vandermeer J H. 1992. The Ecology of Intercropping. Cambridge: Cambridge University Press.

Vorosmarty C J, Mcintyre P B, Gessner M O, et al. 2010. Global threats to human water security and river biodiversity. Nature, 467(7315): 555-561.

Wilcox K R, Tredennick A T, Koerner S E, et al. 2017. Asynchrony among local communities stabilises ecosystem function of metacommunities. Ecology Letters, 20(12): 1534-1545.

Wood R J, Mitrovic S M, Lim R P, et al. 2019. Benthic diatoms as indicators of herbicide toxicity in rivers—A new SPEcies At Risk (SPEARherbicides) index. Ecological Indicators, 99: 203-213.

Xie Y, Zhang X, Yang J, et al. 2018. eDNA-based bioassessment of coastal sediments impacted by an oil spill. Environ. Pollut., 238: 739-748.

Yang J, Jeppe K, Pettigrove V, et al. 2018. Environmental DNA metabarcoding supporting community assessment of environmental stressors in a field-based sediment microcosm study. Environmental Science & Technology, 52(24): 14469-14479.

Yang J, Zhang X, Xie Y, et al. 2017. Ecogenomics of zooplankton community reveals ecological threshold of ammonia nitrogen. Environmental Science & Technology, 51(5): 3057-3064.

Zhang X. 2019. Environmental DNA shaping a new era of ecotoxicological research. Environ. Sci. Technol., 53(10): 5605-5613.

Zhang Y, Pavlovska M, Stoica E, et al. 2020. Holistic pelagic biodiversity monitoring of the Black Sea via eDNA metabarcoding approach: From bacteria to marine mammals. Environment International, 135: 105307.

Zizka V M A, Weiss M, Leese F. 2020. Can metabarcoding resolve intraspecific genetic diversity changes to environmental stressors? A test case using river macrozoobenthos. Metabar Coding and Metagenomics, 4.

第3章 环境 DNA 技术

3.1 环境 DNA 技术原理

3.1.1 环境 DNA 来源

环境 DNA 中包含大量的生物物种分类信息和丰度信息。对于微型或小型生物,例如细菌、藻类、真菌和浮游动物,可以直接通过富集生物个体的方式获得环境 DNA。而对于大型生物,如鱼类、两栖动物、鸟类和大型水生植物,较难获得整个生物有机体,其环境 DNA 主要源于释放到环境中的黏液、唾液、粪便、尿液、血液、内含物或脱落的组织碎片或器官等(图 3-1)。在水生生态系统中,通过采集水样和沉积物,可以收集到微型生物的生物个体(个体 DNA)和大型生物的碎片或游离 DNA(非个体 DNA),得到各类水生生物的环境 DNA,从而进行物种或群落的分析(Deiner et al., 2017)。

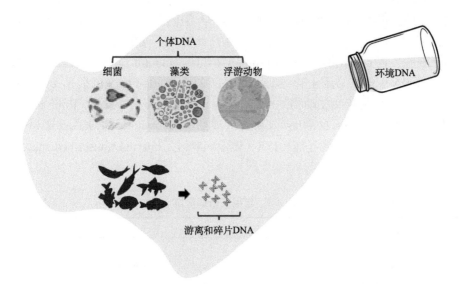

图 3-1　个体 DNA 与非个体 DNA

3.1.2 DNA 条形码

DNA 是生物体最主要的遗传物质,几乎在所有的生物体中都能找到。DNA 是连接地球上现有及过去的大量生物个体和物种的纽带。一方面,DNA 通过亲代向子代的传递保持序列和结构的稳定性,继而保证生物体形态、结构和生理过程的一致性;另一方面,DNA 在复制过程中发生核苷酸替换(包含转换和颠换)、移码突变(核苷酸插入或缺失)、滑链错配等突变产生同源基因,推动着物种的进化。在漫长的系统发育过程中,生物体的基因组积累大量的突变事件形成了不同生物物种或个体独特的基因标记，且种间遗传距离一般大于种内遗传距离。这使得通过 DNA 序列识别物种信息成为可能。普遍存在并能高效鉴定物种的标准 DNA 区域被称为 DNA 条形码（DNA barcode）（Kress et al., 2015）。

生物体的 DNA 存在于细胞核和部分细胞器/细胞质中。核基因组是生物个体中主要的 DNA 储存仓，而细胞器基因组包括线粒体基因组（mtDNA）和质体基因组，后者包括叶绿体基因组（cpDNA）。它们都位于细胞核外。细胞器 DNA 通常以超螺旋环状双链 DNA 的形式存在，它们比核基因组小得多，但数量可观（人类细胞一般包含 1000～10 000 个线粒体），因此在环境中细胞器基因组比核基因组更易获得。动物线粒体基因组基因排列较为保守，易于操作，突变率较高但一般不会发生重组，因此是理想的 DNA 条形码候选区；但植物线粒体容易发生基因重排和重复，且核苷酸替换上进化缓慢，不是优选的植物条形码区域。植物叶绿体基因组大部分结构是稳定的，且替换率比植物线粒体基因组高得多（高等植物中高接近 3 倍），可以作为植物的 DNA 条形码区域（Kress et al., 2015）。

选择 DNA 条形码需要综合考虑不同条形码区域对目标类群的覆盖度和区分度（表 3-1）。编码 16S rRNA 的 DNA 区域几乎存在于所有的生物体中，可以作为原核生物和真核生物的条形码区域；18S rRNA 和 28S rRNA 编码基因是真核生物核基因组普遍存在的 DNA 序列，常用于真核生物的物种识别。此外，不同生物类群有独特的条形码区域：COI（细胞色素 c 氧化酶 I, cytochrome c oxidase subunit I）常用于后生动物监测；线粒体 12S rRNA 编码区常用于脊椎动物群落的鉴别；CytB（细胞色素 b, cytochrome b）基因区域可以用于鱼类和两栖动物的监测；23S rRNA、*rbcL*（叶绿体 Rubisco 大亚基，ribulose-1, 5-bisphosphate carboxylase）、*matK*（成熟酶 K, maturase K）和 *trnL*（转运 RNA L 基因）是植物常用的条形码区域；ITS（转录间隔区，internal transcribed spacer）对植物和真菌具有较好的区分能力。

表 3-1 常用条形码区域

条形码	类群
16S rRNA	原核和真核生物
18S rRNA	真核生物
28S rRNA	真核生物
COI	后生动物
12S rRNA	脊椎动物
CytB	鱼类和两栖动物
23S rRNA	植物
rbcL	植物
matK	植物
trnL	植物
ITS	植物和真菌

3.1.3　非个体 DNA 的全生命过程

个体 DNA 所包含的遗传和丰度信息可以实时反映目标生物类群在本地的生物多样性，而非个体 DNA 的浓度受到其全生命过程的影响（Seymour et al., 2016）。非个体 DNA 的生命过程包括 DNA 的释放、降解、水平运输（转运和扩散）和沉降 4 个过程（图 3-2）。

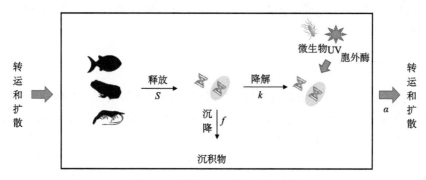

图 3-2　环境 DNA 的全生命过程

非个体 DNA 主要以黏液、唾液、粪便、尿液、血液、内含物或脱落的组织碎片或器官等进入水体环境，其释放速率 S 取决于很多因素（Sassoubre et al., 2016; Seymour et al., 2016, 2018），例如物种、生物体大小、生物数量、生物所处的生命阶段、皮肤/鳞片性质、生物体所受的环境胁迫、水温。有研究使用定量 PCR 的方法发现 3 种不同海鱼：北部鳀鱼（*Engraulis mordax*）、拟沙丁鱼（*Sardinops sagax*）和马鲛鱼（*Scomber japonicas*）的 DNA 脱落速率不同，范围为 165～3368 pg/（h·g）。贻贝的 DNA 脱落速度随着种群密度的增加而降低，为 0.7～6.9 copy/（h·g）。

进入水体的非个体 DNA 以 3 种形式存在：①游离 DNA；②包被在细胞中的 DNA；③吸附在悬浮颗粒上的 DNA。这些非个体 DNA 进入水环境后，会在紫外线、胞外酶和微生物的作用下发生水解、氧化或化学交联等结构变化，即发生降解（Barnes et al., 2014; Jo et al., 2020）。自然水体中的个体 DNA 降解速率从数分钟到 2 周不等。非个体 DNA 降解速率 k 受到 DNA 本身结构（DNA 长度、构象和有无包被）、非生物因素（温度、pH、盐度、溶解氧、颗粒物、紫外线等）和生物因素（微生物、生物膜、胞外酶等）的影响。目前非个体 DNA 的降解模型包括单相指数衰减模型、两相指数衰减模型和 Weibull 衰变模型。其中最普遍的是单相指数衰减模型。

了解非个体 DNA 在系统中运输的距离和时间，有助于推断其所代表的空间尺度。DNA 向下游的转运速率 α 和沉降速率 f 均受到悬浮物颗粒类型、底质类型和流速的影响（Deiner and Altermatt, 2014; Deiner et al., 2016; Sansom and Sassoubre, 2017）。研究表明，与淤泥或沙子相比，黏土颗粒对 DNA 的结合具有更高的亲和力。底质类型也会影响非个体 DNA 的吸收，其中较细的底物与较大的底物（如卵石）相比具有更高的保留 DNA 的能力。非个体 DNA 在空间中的传输使得降解速率 k 与流体力学模型有关：

$$\frac{\partial C}{\partial t} + u\frac{\partial C}{\partial x} = -kC \tag{3-1}$$

式中，C 是时间 t 的非个体 DNA 浓度；u 是流动方向 x 的水流速度；k 是衰减常数。使用这个等式或其他质量平衡方程将允许我们模拟物种在空间中存在的不确定性，即计算一定降解速率 k 和流速 u 下非个体 DNA 向下游传输的距离 x。通过总结以往有关动物非个体 DNA 转运的研究，发现 DNA 在环境中的传输与细颗粒有机物（FPOM）类似，且符合以下模型：

$$V_{\text{dep}} = \frac{uh}{S_p} \tag{3-2}$$

式中，h 为平均水深；u 为平均水流速度；根据以往 FPOM 的研究，DNA 沉降速率（V_{dep}）是一个固定值（0.18 mm/s）。而河流的流通量（计算为 $u \times h$）一般大于 0.1 m²/s。因此根据式（3-2）可以计算非个体 DNA 的平均传输距离 S_p。该计算结果与实测非个体 DNA 的传输距离基本匹配，但未考虑 DNA 的释放-降解平衡，还需进一步完善。

非个体 DNA 的释放、降解和空间转运导致所包含的物种信息和丰度信息的时空不确定性。在水相中，由于 DNA 的快速降解，非个体 DNA 样本的时间尺度较短（去除生物体后 DNA 在 1~54 天后降低到不可检测水平），而自然水体中非个体 DNA 的存在时间一般从不到 1 天到 2 周左右。沉积物中非个体 DNA 的时间尺度不等：表层沉积物的非个体 DNA 一般可保存 130 天左右，而沉积柱的时间尺度可以达到 4000 年、6000 年、12 600 年或者更长的时间。非个体 DNA 的水平转运使得下游所检测到的物种信息可能来自上游某一点位。同时，扩散和沉降使得来自上游的非个体 DNA 浓度被稀释，减少了检测出假阳性的可能。一般认为，在流动水体（河流）中，相比静水系统（湖泊、水库等）DNA 的转运距离更长，一般在几千米左右；而表层沉积物中的非个体 DNA 比水中的 DNA 更能代表当地的生物信息。

3.2　基于环境 DNA 的生物监测

本书着重于水生生态系统中环境 DNA 生物多样性监测的靶向（物种特异型）和群落监测方法，下面将具体介绍对于不同的水生生物类群：①环境 DNA 采集及提取流程；②主要靶向监测的实验和分析流程；③环境 DNA 群落分析策略（Valentini et al., 2016; Lear et al., 2018; Tsuji et al., 2019; Wang et al., 2021）。

3.2.1　实验设计

实验设计和规划是一项研究或项目的基础。实验目的是否明确、实验设计的好坏和计划的合理性决定了整项研究的水平。在实验设计阶段，我们需要综合考虑各个阶段可能出现的问题（表 3-2）。环境 DNA 技术的流程包括制定采样和实验计划、野外采样、实验室样品处理、数据分析 4 个阶段。

制定采样和实验计划时首先要明确实验目的，把握实验的整体架构。在此过程中，需要确定目标生物物种或群落，决定所需数据结构并选择合适的环境 DNA 方法，明确

表 3-2　环境 DNA 方法的应用过程中需要考虑的因素

流程	注意事项	
制定计划	• 实验的目的是什么？ • 需要什么数据？有/无、多样性评估、绝对定量？ • 目的物种/群落？ • 选择哪种环境 DNA 方法？ • 选定的地理范围是否满足你要解决的问题？ • 环境参数？	
野外	• 需要采集什么环境介质？水、土壤、沉积物？ • 需要收集什么环境参数？ • 需要采集多少重复样品？ • 怎样优化采样方法来减少污染和偏好性——阴性对照？	
实验室	• DNA 提取方法？ • 阳性和阴性对照？ • 选用的条形码区域和引物？	
	【靶向监测方法】	【群落监测方法】
	• 定量 PCR 标准样品？ • 阴性和阳性对照？ • 技术重复？	• 测序平台？ • 样品的测序深度？ • 测序的阳性和阴性对照？ • 技术重复？
数据处理	• 定量 PCR 标准曲线？ • 样品污染和有效扩增？ • 重复样品标准偏差？	• 选用的对照数据库？ • 每个样品的测序深度是否足够？ • 选用合适的软件和参数？ • 如何进行合理有效的质控过程？

研究的地理范围和时空尺度，并确定所需要收集的环境参数等辅助数据。对于野外采样，需要确定所要采取的环境介质、重复样品、阴性对照及环境参数的采集方法。在确定环境 DNA 技术的基础上根据不同技术的注意事项选择合适的条形码区域和引物、进行严格质量控制并优化参数的设置。

1. 实验目的

环境 DNA 技术自发展以来，主要应用于应用生态学、保护生物学、入侵生物学和生物监测等领域，包括生物多样性评估、多样性与生态功能关系研究、环境污染物诊断、生态健康评价、污染物阈值推导、濒危珍稀物种保护、入侵物种及其入侵路径监测、入侵物种的生态影响评价，以及对重要生物类群物种丰富度、群落结构和生物量的估计（李飞龙等，2018）。其中，环境 DNA 技术主要用于：①物种识别，包括单/多物种或基因的识别；②目标生物或群落的丰度特征识别；③群落结构解析。具体应用案例见表 3-3。

表 3-3 环境 DNA 应用案例

类别	应用目的	重要研究	环境介质	数据类型	方法
靶向监测	单物种识别	淮河流域是否受到克氏原螯虾的入侵	水、沉积物	有/无	PCR
	多类群识别	太湖流域 23 种鱼类旗舰种的分布范围	水	有/无	多重 PCR
	物种丰度	江豚在长江流域的分布特征	水	定量	定量 PCR、数字 PCR
群落监测	群落结构	太湖有毒藻的群落结构	水	半定量	宏条形码
	食物结构	太湖流域不同环境条件下鲫鱼的食物结构变化	鱼	半定量	宏条形码

通过明确实验目的分别可以确定目标生物种群或群落、所需数据结构及合适的环境 DNA 方法、研究区域和研究时空尺度和所需要的额外数据，如环境参数等。这些将在本章进行详细讨论。

2. 明确目标生物种群或群落

不同的生物群落所需要的环境介质、采样方法、前处理方法、DNA 条形码区域及参数设置均有不同。水体中常见的生物类群包括细菌、藻类、浮游动物、大型无脊椎动物、鱼类、两栖类及栖地附近的鸟类。在进行生物监测工作时，对于个体较小的生物如细菌、藻类和浮游动物可以直接收集生物个体，得到个体 DNA；而对于大型生物如鱼类、两栖类和鸟类，可通过富集环境介质中的非个体 DNA 获取。另外，环境 DNA 技术可用于鱼类和底栖动物的食性研究，目标生物种群或群落除微生物外，还可能包含藻类、原生动物、浮游动物、植物和部分后生动物。此时要根据研究目的明确所要研究的生物并制定相应的采样和实验计划。研究目标也可以是特定的基因，例如探究太湖流域藻毒素的分布特征时环境 DNA 技术的研究目标是有毒藻的藻毒素基因。

3. 选择环境 DNA 方法

不同的环境 DNA 方法适用于不同的实验目的。PCR 和多重 PCR 仅适用于物种或基因的鉴别，不包含丰度信息。而定量 PCR 和数字 PCR 技术可以通过计算 DNA 的拷贝数得到目标生物/基因的绝对丰度信息。宏条形码技术通过测序得到 DNA 序列可以在对目标类群的物种信息不明确的前提下同时获得上千种甚至上万种物种或基因的分类和相对定量信息，达到非靶向监测即群落监测的目的。

以下将以 5 个典型案例演示环境 DNA 方法的选择（表 3-3，图 3-3）：

（1）案例一：淮河流域是否受到克氏原螯虾的入侵。该研究有明确的目标物种——克氏原螯虾，属于靶向监测；需要的是有/无数据；目标类群只有一种。综上，该研究的主要目的是单物种识别，因此 PCR 方法即可满足要求。

（2）案例二：太湖流域 23 种鱼类旗舰种的分布范围。该研究目标类群的物种信息明确，属于靶向监测；需要数据类型为物种的有/无；目标类群有 23 种。该研究属于多物种识别，因此在满足多重 PCR 引物设计条件的前提下可以选择多重 PCR，否则需要进

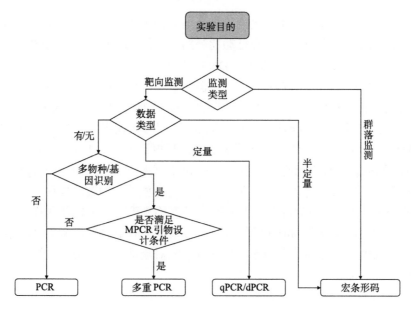

图 3-3　环境 DNA 方法的选择

行多次 PCR 实验。

（3）案例三：江豚在长江流域的分布特征。该研究目标类群明确，属于靶向监测；数据类型为江豚的绝对丰度。因此可选择定量 PCR 和数字 PCR 进行绝对定量。

（4）案例四：太湖有毒藻的群落结构。该研究的目标类群为所有的有毒藻，不能确定详细的物种信息，因此属于群落监测。宏条形码技术可满足要求。

（5）案例五：太湖流域不同环境条件下鲫鱼的食物结构变化。该研究的目标类群为鲫鱼的食物结构，物种信息不明确，因此也属于群落监测的范畴。选择的环境 DNA 技术为宏条形码技术。

在一些研究中，一种技术不能达到预期的目的，这时候可以选择多种环境 DNA 方法。宏条形码技术通过第二代测序手段可以快速、高通量地获得大量的物种信息，在预算、仪器等允许的条件下可以替代 PCR 和多重 PCR 监测进行单物种或多物种的有/无监测。然而，该技术严重依赖于相对定量数据，无法获得详细的丰度信息。因此，在需要对生物群落进行绝对定量监测时可以与定量 PCR、数字 PCR 或遥感等绝对定量技术联用，达到监测目的。

4. 采样点及采样时间设置

根据研究区域和研究目的，确定研究的地理单元，即最小空间尺度和研究时间。研究目的往往决定着最小空间尺度，如若要研究两条河流的鱼类差异，最小研究单元是流域；若要研究一条河流上下游的底栖藻类群落的差异，最小研究单元是河流的河段。而一定时间尺度的选择则取决于是否需要研究目标生物的季节性变化或是否需要研究某一参数改变导致的目标生物的变化过程。

不同环境及环境介质下环境 DNA 所代表的时间和空间尺度不同。一般而言，沉积物中的环境 DNA 与水体中的相比更能代表当地的物种信息，但时间尺度会稍长。有研究证明，鱼类、两栖动物和大型无脊椎动物等的非个体 DNA 在自然水体中的存在时间一般不到 1 天至 2 周左右，但小部分的 DNA 可能来自上游几千米的生物。而表层沉积物中的非个体 DNA 可以保存 132 天之久，但来自上游点位的物种信息较少。静水系统（湖泊、水库等）和活水系统（河流）中的非个体 DNA 的时间和空间尺度也有较大差别。河流的流动特征使得"老"DNA 得以快速去除，同时也使得部分未来得及降解的上游DNA 转移到下游。因此，河流水体所代表的时间尺度比湖泊、水库等静水系统短，但空间尺度加大。因此，将河流流速纳入非个体 DNA 浓度模型中是使用环境 DNA 技术用于河流生物群落的分析的关键之一。有研究通过监测鲑鱼的空间转运发现，校正流速后各点位每日非个体 DNA 代表的丰度与鲑鱼个体的实际丰度有较好的相关性。对于湖泊，有研究发现湖泊通过接收入湖河流的输入，以及使得 DNA 降解减慢的环境条件，成为更大空间尺度的生物多样性信息的潜在收集者。相对流动的河流而言，湖泊所代表的空间尺度仍然有限，但停留时间可能会延长。

其次，对于不同的生物群落，某一点位所代表的时间和空间尺度也不尽相同。对于小型生物，其个体 DNA 可以较为准确地识别物种和丰度信息。而对于大型生物，其时间和空间尺度取决于目标生物的生活史、迁移能力、栖息地，以及研究水环境的水文特征。底栖生物群落的最小空间尺度比浮游生物的空间尺度小但时间尺度大；鱼类迁移能力较强，生活周期较长，所以比藻类、浮游动物等类群的最小空间尺度大、时间尺度长。另外，对于大型生物（鱼类、两栖类等），释放在水环境中的非个体 DNA 的停留时间一般不超过 2 周，但也受物种、环境条件等的轻微影响。

监测点位的布设，还取决于水体和周围环境的自然生态类型和人为干扰强度。一般需要遵从（参考《河流水生态环境质量监测技术指南（试行）》）：①尽可能沿用历史观测点位；②在监测点位采集的样品，需对研究水域的单项或多项指标具有较好的代表性；③生物监测点位应与水文测量、水质理化指标监测断面相同，尽可能获取足够信息；④生物监测点位尽量涵盖到不同的生境类型；⑤在保证达到必要的精度和样本量的前提下，监测点位尽量精简，要兼顾技术指标和费用投入；⑥如果监测的目的是建立大范围、全面的流域生物数据网络，点位需要覆盖整个流域范围；如果监测目的是客观评估某一区域的目标生物或群落的状态，则需在一定范围内进行加密监测；⑦采样深度的设置需要根据不同水环境和生物类群决定。

5. 环境参数收集

水环境生物监测与生态环境质量评估工作中，往往需要收集栖息地特征、水质参数、水文特征、重金属和有机污染物以及土地利用类型等辅助数据，达到以下目的：①识别影响生物群落和水环境生态质量的主要环境因子；②将水环境化学和物理层面的环境质量与生物环境质量整合，共同评价水环境的生态状况；③评估某一特定事件（如溢油事故、农业面源污染、水坝修建等）对水生生物群落和水环境生态质量的影响。具体参数的收集要根据实验目的选择需要的辅助数据集，并在采样点设置时充分考虑每个参数的需求。

3.2.2　环境 DNA 的采集

　　环境 DNA 在水环境中的介质主要包括水样、沉积物、生物膜及大型动物（鱼类、大型底栖无脊椎动物）的肠道内容物（图 3-4）。不同环境介质中针对不同类群环境 DNA 的采样方法不同。以下将详细论述从水样、沉积物、生物膜、鱼类肠道内容物和大型底栖无脊椎动物肠道内容物中采集环境 DNA 的方法和工具。

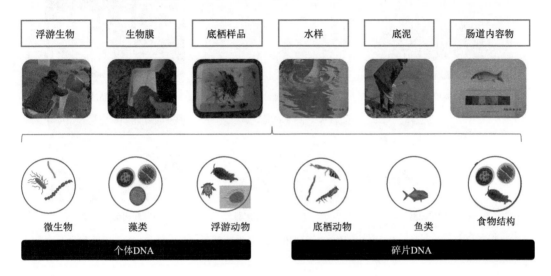

图 3-4　个体与非个体 DNA 的采集

　　1. 水样

　　水体中除游离 DNA 片段之外，还有大量的微生物、浮游生物。通过利用不同尺寸的微孔滤膜截留不同尺寸的生物来富集环境 DNA。例如，利用 100 μm 的微孔滤膜富集大型浮游生物，利用 10 μm 的滤膜富集小型浮游动物和原生动物，利用 5 μm 的滤膜富集浮游藻类，利用 0.22 μm 的滤膜富集微生物和游离细胞器。不同孔径的微孔滤膜截留了不同尺寸的生物，可用于不同生物类群物种多样性分析。不同生物类群所需的水样体积不尽相同：浮游动物群落在水体中的密度较小，一般需要 10 L 以上的水；而细菌、藻类和原生动物的采集体积一般在 250 mL～2 L 左右，具体采样体积与所研究的水环境特征有关。由于水环境的微栖息地差异，一个样品往往不能覆盖采样点大部分的目标生物或群落信息，因此每个采样点需要至少 3 个重复样品，以保证样品的代表性和准确性。水样的采集工具种类很多，最简单的方法是在岸边或船上使用水桶或采样瓶直接取样，然后使用便携式过滤泵、便携式过滤枪或实验室多样品过滤装置等（图 3-5）进行水样中环境 DNA 的富集。对于难以直接采集的深层或难以直接进入的偏僻水体，可以使用采样船或便携式大体积两级过滤装置直接进行水样的过滤富集（图 3-5）。

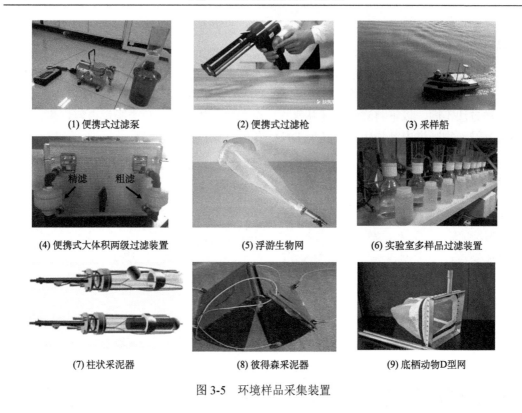

(1) 便携式过滤泵   (2) 便携式过滤枪   (3) 采样船

(4) 便携式大体积两级过滤装置   (5) 浮游生物网   (6) 实验室多样品过滤装置

(7) 柱状采泥器   (8) 彼得森采泥器   (9) 底栖动物D型网

图 3-5 环境样品采集装置

2. 沉积物

沉积物中除了生物体脱落的自由 DNA 片段、生物碎片之外，还栖息着大量的微生物、无脊椎动物等生物群落。表层沉积物一般采用彼得森采泥器采样（图 3-5），并尽量避免搅动水体及沉积物，采样深度为沉积物表层 0～5 cm；沉积物样品采集后，滤去水分，剔除砾石、木屑、杂草和贝壳等动植物残体；将采集的沉积物装入准备好的 50 mL 离心管中，同一采样点周围每隔 20 m 采集一个样品，共采集 4 次；样品经拍打式均质器均质后，进行冻干，过 20 目尼龙网筛滤去其中杂质，再次混匀后取 5 g 沉积样品置于 50 mL 无菌离心管中。研究沉积物各层次的生物群落在泥中的垂直分布状况，可采用柱状采泥器进行采样（图 3-5）。柱状采泥器在采集样品时必须不打乱沉积的自然层次。柱状采泥器分为压入式、重力式、振动式、冲击式、压差式、旋转式和喷射式取芯器：①压入式取芯器，是装上木柄，在水位很浅的地方，从小船或桥梁等处用人力进行操作；②重力式取芯器是由插入底质取芯的采泥管与重锤组成，用钢缆绳吊下后，靠取芯器的自重下降并插入底质；③振动式取芯器，是在采泥管上部安装一个振动器，通过振动器的振动，减少管壁与底质间的摩擦阻力，使采泥管插入底质；④冲击式取芯器，是靠重力降落插入底质，再由重锤冲击或由火药爆发等产生的冲力增加插入深度；⑤压差式取芯器，是在取芯器某一部分上装一个气室，靠气室内的气压与海底的水压差，使采泥管插入底质，也有利用抽气泵、压缩泵、气爆产生气压等形成其他压力差的取芯器；⑥旋转式取芯器是使取芯管边旋转边插入底质，旋转力是来自取芯器本身的重力或重锤；

⑦喷射式取芯器是用水喷射去掉表层软质沉积物，以取得一定深度试样的取芯器，用采泥管内蓄存的水或用水泵向采泥管尖端附近喷水，减少了采泥管外部的摩擦力，可以使采泥管深入底质进行采样。

3. 生物膜

生物膜是由微型底栖生物（或称为固着生物 periphyton）通过附生在水环境底质中形成的高度多样化的微生物群落，常包括藻类、细菌、真菌和小型动物（如纤毛虫、摇蚊）。微型底栖生物群落在水环境的生物地球化学循环中起到重要的作用。生物膜的采集一般是在采样点不同位置选取不同的环境底质（砾石、树枝、砖块等），使用毛刷等工具将生物膜刮取至采样瓶中。一般每个采样点的样品重复应不少于 3 个。

4. 大型底栖无脊椎动物

大型底栖无脊椎动物，简称大型底栖动物，通常指个体不能通过 500 μm 孔径网筛的无脊椎动物。主要包括刺胞动物门（或称腔肠动物门）、扁形动物门、线形动物门、线虫动物门、环节动物门、软体动物门和节肢动物门中生活史的全部或大部分时间生活于内陆水体底部的类群。定性样品可采用定性工具，如 D 形网（30 cm 宽）、踢网（1 m×1 m）、三角拖网（边长 30 cm）等在湖泊、水库和河流的沿岸带，或可涉水溪流的不同生境中（卵石或砾石底质、沙和淤泥底质、水生植物区、急流、深潭等）进行采集。而定量样品采用彼得森采泥器、索伯网、Hess 网等定量采样工具，采集一定面积范围内（湖泊、水库、大型河流为 $0.1875 \sim 0.3125 \ m^2$；可涉水溪流为 $0.45 \ m^2$）的大型底栖动物样品。大型底栖无脊椎动物样品采集后需要现场挑选生物个体并保存至纯酒精中，以便进行后续的物种鉴定和样品前处理（肠道采集）操作。

5. 鱼类肠道内容物

以鱼类为顶级消费者的食物网是水生生态系统中物质循环与能量流动的重要途径，鱼类的营养结构不仅可以研究能量流动过程中不同消费者的营养水平和营养关系，还可以表征环境变化通过改变鱼类食物结构造成的生态后果。鱼类根据食性可分为草食性（以浮游植物为食）、肉食性（以浮游动物或其他鱼类为食）和杂食性（以浮游植物和浮游动物为主要食物）鱼类。鱼类肠道内容物的收集首先要采集鱼类个体，通过电网、网捕等方法从自然水体中收集鱼类个体后，进行解剖并取出全部消化道，得到鱼类的肠道内容物以进行食物结构的研究。

6. 环境 DNA 的保存

环境介质采集后需要暂时保存并运输至实验室。主要包括添加酒精、冷冻和添加 DNA 缓冲液 3 种方法（表 3-4）。①酒精保存是底栖动物生物样品的主要保存方法，通过将底栖动物个体加入至 100%酒精中，可实现生物个体的短期保存。此外，酒精还可以用于水样滤膜的保存，通过向滤膜中加入 15 mL100%酒精，滤膜样品可保存一个月左右。使用酒精保存环境 DNA 样品操作简单，无须额外装置，但酒精的存在对后续 DNA 提取有一定影响，因此在 DNA 提取前要将残留的酒精去除。②冷冻方法适用于滤膜、未过滤水样、生物膜和沉积物等样品的保存。常见冷冻方法包括干冰（−20℃）和液氮（−80℃）保存。该方法操作简单，对后续 DNA 提取无影响，但需要保温箱或液氮罐等额外装置。③DNA 缓冲液（如 0.01%氯化苯甲烃铵，BAC）可保存滤膜样品 10 天左右。该方法操作简单、便携，但对后续 DNA 提取是否有影响还需进一步探究。

表 3-4　野外样品的保存方法

保存方法	环境介质	材料设备	操作	便携	DNA 提取
酒精	滤膜、底栖动物	纯酒精若干；吸管	简单	简单	有影响
冷冻	滤膜、水样、生物膜、沉积物	干冰或液氮；保温箱	简单	中等	无影响
缓冲液	滤膜	缓冲液；吸管	简单	简单	—

3.2.3　环境 DNA 的提取

1. 前处理方法

环境样品采集后，需要在现场或运输到实验室后进行前处理（表 3-5）：①水样，包含细菌、浮游藻类、浮游动物的个体 DNA，以及鱼类、两栖动物、鸟类及底栖动物的非个体 DNA，主要通过滤膜过滤的方法进行处理，过滤的体积和滤膜孔径需要根据类群的大小、丰度以及水质条件确定，每个采样点至少保证 3～6 个平行样品。②沉积物样品采集后需要去除杂物（树枝、石块等），经过冷冻干燥并磨碎混匀后进行 DNA 的提取。③生物膜样品采集后，可以像沉积物一样经过冷冻干燥后提取 DNA；也可以经过离心取一定质量的沉淀再进行后续 DNA 提取工作。④解剖后的鱼类等大型动物的肠道需经过冷冻干燥；而对大型底栖动物肠道内容物的分析，直接剪切腹部碾碎进行组织 DNA 的提取。

表 3-5　样品的前处理方法

环境介质	类群	单个样品体积/重量	平行/环境样品	方法
水样	细菌、浮游藻类、浮游动物、鱼类、两栖动物、鸟类等	根据水的浊度和类群决定	3～6 个平行	滤膜过滤
沉积物	细菌、藻类、底栖动物、鱼类、两栖动物、鸟类等	总干重≥5 g	≥3 个平行	冷冻干燥
生物膜	细菌、浮游藻类、原生动物	总干重≥1 g	≥3 个平行	冷冻干燥、离心
肠道内容物	鱼类等大型动物肠道	总干重≥1 g	≥3 个平行	冷冻干燥
	大型底栖动物	总干重≥30 mg	≥3 个平行	剪切腹部并碾磨

2. DNA 提取

DNA 提取时需要保证核酸一级结构的完整性，并排除其他分子的污染，同时简化步骤并缩短提取时间。环境 DNA 提取大致分为破碎、提取和纯化 3 个步骤。

（1）环境样品破碎方法包括：①物理方式，如煮沸法、玻璃珠法、超声波法、研磨法、冻融法和匀浆法；②化学方式，如表面活性剂（SDS 法）和碱裂解法；③生物方式，即酶法（溶菌酶、蛋白酶 K 等）。

（2）破碎后的环境样品中的 DNA 释放至水相中，可通过浓盐法、有机溶剂抽提法、密度梯度离心法和吸附材料结合法进行游离 DNA 的富集和纯化。其中浓盐法利用 RNA 和 DNA 在盐溶液中溶解度不同，将二者分离；有机溶剂抽提法将有机溶剂作为蛋白变性剂，同时抑制核酸酶的降解作用；密度梯度离心法利用不同内容物密度不同的原理分离各种内容物；而吸附材料结合法利用硅质材料（高盐低 pH 结合 DNA，低盐高 pH 洗脱 DNA）、阴离子交换树脂（低盐高 pH 结合核酸，高盐低 pH 洗脱）或磁珠（包裹上不同基团可吸附不同的目的物）的特性进行游离 DNA 的富集。

DNA 提取的经典方法，即所谓的酚-氯仿提取法。因为使用两种不同的有机溶剂交替抽提更容易将蛋白除去，提取次序为酚、酚/氯仿（1∶1）、氯仿。这种方法提取的 DNA 纯度高、片段大、效果好，缺点是较为烦琐。目前市面上存在各种不同用途的 DNA 提取试剂盒用于水样、土壤、生物膜和组织的提取，主要包括离心柱提取法和磁珠提取法两种。离心柱提取技术是用于微量核酸分离纯化的较为简单的方法，属于硅吸附方法的一种，市场上的离心柱虽各有特色，但在原理上通常可分为 3 个部分。首先，利用裂解液促使细胞破碎，使细胞中的核酸释放出来。然后，把释放出的核酸特异地吸附在特定的硅载体上，这种载体只对核酸有较强的亲和力和吸附力，对其他生化成分如蛋白质、多糖、脂类则基本不吸附，因而其他生化成分在离心时被甩出柱子。最后，把吸附在特异载体上的核酸用洗脱液洗脱下来，分离得到纯化的核酸。磁珠法依据与硅胶膜离心柱相同的原理，运用纳米技术对超顺磁性纳米颗粒的表面进行改良和表面修饰后，制备成超顺磁性氧化硅纳米磁珠。该磁珠能在微观界面上与核酸分子特异性地识别和高效结合。利用氧化硅纳米微球的超顺磁性，在助溶剂（盐酸胍、异硫氰酸胍等）和外加磁场的作用下，能从血液、动物组织、食品、病原微生物等样本中的 DNA 和 RNA 分离出来。

提取后的 DNA 通过 NanoDrop、Qubit 或酶标仪测定浓度后，在 -20℃ 或 -80℃ 的条件下保存。

3.2.4　靶向监测

靶向生物监测是指对某一种或某几种生物种群或基因（如藻毒素基因）进行监测。这种情况下可以根据目标生物或基因已有的 DNA 序列设计特异性引物，使用 PCR 或多重 PCR 检测目标生物或基因的有无，或者使用定量 PCR 或数字 PCR 得到绝对定量的数据（图 3-6）。

1. PCR、多重 PCR

PCR，全称为聚合酶链式反应，是指体外酶促合成特异 DNA 片段的一种方法。由高温变性、低温退火（复性）及适温延伸等反应组成一个周期，循环进行，使目标 DNA 片断得以迅速扩增，具有特异性强、灵敏度高、操作简便、省时等特点。目前有多种不同扩增能力和保真性的 PCR 试剂盒，可适用于不同长度不同区域的 DNA 条形码的扩增。

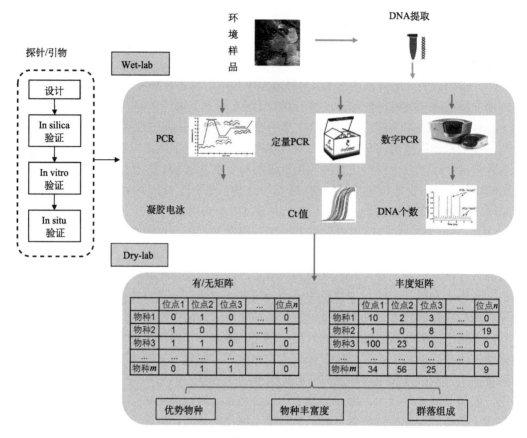

图 3-6　靶向环境 DNA 技术

设计 PCR 引物的目的是找到一对合适的核苷酸片段，使其能有效地扩增模板 DNA 序列。根据多年来的实践经验，引物设计有 3 条基本原则：①引物与模板的序列要紧密互补；②引物与引物之间避免形成稳定的二聚体或发夹结构；③引物不能在模板的非目的位点引发 DNA 聚合反应（即错配）。为了设计出合适的 PCR 引物，需要考虑引物长度、GC 含量、引物碱基分部、T_m 值、引物特异性和形成引物二聚体及发夹结构的能值等因素。一般而言，PCR 引物长度一般为 15～30 bp，常用的是 18～27 bp，但不能超过 38 bp；GC 含量在 40%～60%左右，以 45%～55%为宜；碱基分布要随机，且引物自身和引物之间不能有连续 4 个碱基的互补，3'端要避免连续碱基和 A/T，以免发生错配；引物的 T_m 要在 55～80℃之间，以 72℃附近为佳。引物序列在模板内需要避免相似性较高的序列，否则容易导致错配（设计完成后可以使用 BLAST 检索，确认引物特异性）。引物二聚体及发夹结构的能值也不能过高（能值的绝对值一般不要超过 4.5），过高易导致产生引物二聚体带并且降低引物有效浓度而使 PCR 反应不能正常进行。由于引物的延伸是从 3'端开始的，该端不能进行任何修饰，而引物的 5'端限定 PCR 产物的长度，对扩增特异性影响不大，因此可以进行适当的修饰。

多重 PCR 则是在同一 PCR 反应体系里加上两对以上引物，同时扩增出多个核酸片段的 PCR 反应，其反应原理、反应试剂和操作过程与一般 PCR 相同。由于多重 PCR 可以在一个 PCR 反应中检测多个 DNA 片段，多重 PCR 具有高效性、系统性和经济简便性的特点。多重 PCR 引物设计除了遵守一般 PCR 引物设计的原则外，还需要保证：①长度比一般 PCR 引物稍长，在 24～35 bp 范围内；②解链温度在 65℃以上，并且 GC 含量控制在 50%～60%；③保持几对引物解链温度相似、避免互补序列、避免 3'端出现超过 3 个连续的 G 或 C；④保证几对引物的产物长度可以通过凝胶电泳较好的区分开。

值得注意的是，无论是一般 PCR 引物还是多重 PCR 引物组在使用相关软件设计完成后，都要进行严格的验证过程。首先得到候选引物集后，需要进行引物的二次筛选，即在初次筛选出的几对引物中进一步筛选出合适我们进行特异、高效 PCR 扩增的那对引物。将得到的一系列引物分别通过在线对比工具 BLAST（http://www.ncbi.nlm.nih.gov/blast/）在 GeneBank 中进行同源性检索，弃掉与基因组其他部分同源性较高的引物，也就是有可能形成错配的引物。一般连续 10 bp 以上的同源有可能形成比较稳定的错配，特别是引物的 3'端应避免连续 5～6 bp 的同源。引物确定以后，可以对引物进行必要的修饰，例如可以在引物的 5'端加酶切位点序列；标记生物素、荧光素、地高辛等。最后将经过初次筛选和二次筛选后得到的引物进行合成，用于阳性样品（包含目标生物/基因的 DNA 样品）、阴性样品（一般为纯水）和环境样品的扩增，以评估 PCR 扩增的特异性和效率。结合引物最终评估和测序的结果可以对引物设计的成败做出判定，最终得到较为理想的引物或引物集。

2. 定量 PCR

定量 PCR，或称荧光定量 PCR，是一种在 DNA 扩增反应中，以荧光染剂侦测每次聚合酶链式反应（PCR）循环后产物总量的方法技术。定量 PCR 技术（严格意义的定量 PCR 技术）是指用外标法（荧光杂交探针保证特异性）通过监测 PCR 过程（监测扩增效率）达到精确定量起始模板数的目的，同时以内对照有效排除假阴性结果（扩增效率为零）。

荧光定量 PCR 的理论方程如下所示。其中 Y 为扩增后的 DNA 数量，x 为起始模板量，Ev 为扩增效率，n 为循环数。

$$Y = x \times (1+Ev)^n \tag{3-3}$$

由此可见，计算起始 DNA 模板量 x 需要扩增后 DNA 数量 Y、扩增效率 Ev 和循环数 n。在同一实验体系下，不同样本的扩增效率往往是相同的。因此，荧光定量 PCR 计算初始模板量的方法有两种。一种是终点法，在保证循环数一定的条件下根据扩增产物的量计算初始 DNA 拷贝数。

$$\ln x = \ln Y - n \times \ln(1+Ev) = \ln Y - b \quad (\text{b 为常数}) \tag{3-4}$$

另一种方法是实时检测法，即 RT 法，该方法需要保证在扩增产物的量一定的情况下，根据循环数 n 计算初始模板量。

$$\lg X = \lg Y - n \times \lg(1+Ev) = b - n \times a \quad (\text{a, b 为常数}) \tag{3-5}$$

式中，循环数 n 的确定需要借助 Ct 值的概念。其中 C 代表循环 Cycle，t 代表阈值 threshold。Ct 值的含义是每个反应管内的荧光信号达到设定阈值时所经历的循环数，即 DNA 扩增刚刚进入对数增长期时的循环数（图 3-7）。Ct 值与起始 DNA 拷贝数的关系为

$\lg x = -Ct \times \lg Ev + \lg N$，根据系列梯度稀释的标准品构建的标准曲线最终确定初始目标 DNA 片段的量。

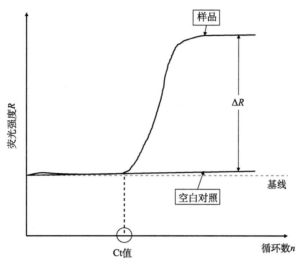

图 3-7　定量 PCR 的熔解曲线与 Ct 值

目前较为流行的两种用于 DNA 荧光标记的方法为 SYBR Green 荧光染料法和 TaqMan 探针法（图 3-8）。SYBR 可以结合到双链 DNA 上面，当体系中的模板被扩增时，SYBR 可以有效结合到新合成的双链上面，随着 PCR 的进行，结合的 SYBR 染料越来越

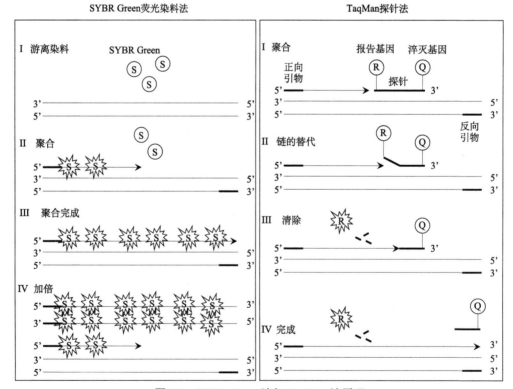

图 3-8　SYBR Green 法与 TaqMan 法原理

多，被仪器检测到的荧光信号越来越强，从而达到定量的目的。TaqMan 法是在 PCR 扩增时在加入一对引物的同时加入一个特异性的荧光探针，该探针为一寡核苷酸，两端分别标记一个荧光报告基团和一个荧光淬灭基团。探针完整时，报告基团发射的荧光信号被淬灭基团吸收；刚开始时，探针结合在 DNA 任意一条单链上；PCR 扩增时，Taq 酶的 5'端－3'端外切酶活性将探针酶切降解，使报告荧光基团和淬灭荧光基团分离，从而荧光监测系统可接收到荧光信号，即每扩增一条 DNA 链，就有一个荧光分子形成，实现了荧光信号的累积与 PCR 产物形成完全同步。

3. 数字 PCR

数字 PCR（digital PCR，dPCR），是一种新型的核酸分子绝对定量技术。相较于 qPCR，数字 PCR 能够直接数出 DNA 分子的个数，无须构建标准曲线就能实现对起始样品的绝对定量（图 3-9）。

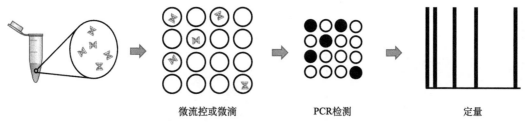

微流控或微滴　　　　　　　PCR检测　　　　　　　　定量

图 3-9　数字 PCR 的原理

数字 PCR 技术提出至今，相关技术和产业化发展都非常迅速。迄今为止，主流的数字 PCR 技术主要有两类：大规模集成微流控芯片和液滴数字 PCR 系统。①大规模集成流路数字 PCR 使用微流控芯片，该技术的发展为我们提供了一个实现低成本、小体积和高通量平行 PCR 分析的理想平台。通过在聚二甲基硅氧烷（PDMS）微流控芯片上设计并加工高密度微泵微阀结构，可以快速并准确地将流体分成若干个独立的单元，进行多步平行反应。将微流控芯片用于数字 PCR 分析，可以通过精准控制微泵微阀的开启和关闭，实现一步操作将一个样本平均分配到 $10^3 \sim 10^6$ 个反应单元中，每个反应单元的体积在 nL 级别。微流控芯片的特点是通量高，每个反应单元的体积更小，加样更快。②液滴数字 PCR 源于乳液 PCR（emulsion PCR）技术，即将 DNA 模板与连接引物的磁性微球以极低的浓度（如单拷贝）包裹于油水两相形成的 nL 至 pL 级液滴中进行 PCR 扩增。扩增后的产物富集在磁性微球上，收集破乳后进行测序。通过油水两相隔得到的以液滴为单位的 PCR 反应体系，比微流控系统更容易实现小体积和高通量，而且系统简单、成本低，因此成为理想的数字 PCR 技术平台。

3.2.5　群落监测

DNA 宏条形码技术（DNA metabarcoding）是在条形码物种分类基础上发展而来，利用单个或者多个条形码——同源 DNA 区域，对大尺度的复杂环境样本进行多物种分析。在生物分离之前，将样本混合进行物种识别也可以认为是宏条形码分类。宏条形码分类技术的目标是物种的识别分类，应明确区分其与宏基因组学的差别，后者偏向于描述功能和分析环境样品中微生物基因组序列（图 3-10）。

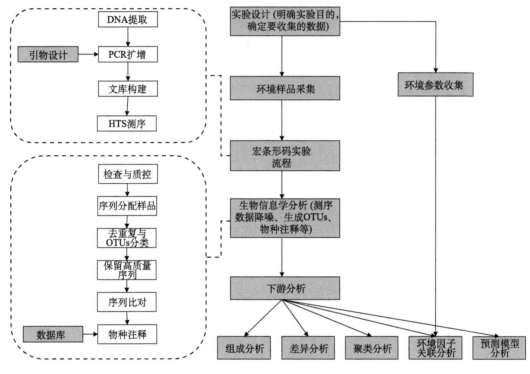

图 3-10　宏条形码技术

　　宏条形码分类技术的出现顺应了科学需求。标准化的（传统）DNA 条形码技术并不能满足所有生态学研究的需要。因为它通常需要对样本（或多、或少、或完整）进行分离分析，这对于一些类群来说是很难的或者几乎是不可能的。因此，标准化的条形码局限于那些可以进行识别的样本。因此我们必须承认在生态研究中标准化的 DNA 条形码技术并不是理想的高通量物种鉴定方法，虽然它在很多经典物种鉴定出现困难时提供了额外的价值和促进新物种的发现。这些限制已经被高通量测序技术的快速发展所克服。目前，测序平台可以产生高达数十亿的双向配对序列，每个扩增子获取几千甚至数万条序列已经不再是障碍。高通量测序的序列读长已经完全符合宏条形码技术所需的长度，而且读长还在不断提高。结果就是对单一扩增子进行深度测序能够提供大量的信息，这就给利用条形码技术对混合样本进行物种组成分析提供了基础。一些初步的实验已经证明了它的潜力，包括利用土壤样品分析植物群落，利用冻土或冰样本重建过去的植物或动物的群落组成，用土壤样品跟踪地球的蠕虫，用水样监测脊椎动物的生物多样性，或用粪便或胃内容物作为 DNA 来源进行膳食分析。

　　本节将详细介绍宏条形码技术的前期准备（引物设计与条形码数据库的选择或构建）、实验流程和分析流程，为使用该技术对自然水体或微宇宙/中宇宙实验体系或大型动物肠道内容物中的细菌、藻类、真菌、原生动物和后生动物等生物类群进行群落监测提供技术支持。

1. 引物设计

环境 DNA 宏条形码技术旨在从环境 DNA 样品中同时检测多个物种。尽管用于扩增单物种 DNA 条形码区域的引物可能具有同时扩增多个物种条形码区域的能力，但它们可能不适合于环境 DNA 样品的宏条形码分析。环境 DNA 宏条形码研究通常采用新设计的引物或经过计算机大规模验证的通用引物（包括用于扩增条形码区域的引物）。

新型引物的设计可以用 ecoPrimers 等软件（表 3-6）中完成，该软件使用一种算法从庞大的序列集中来识别目标分类群中的保守区域，并根据引物设计原则（3.2.4 节）设计合适的候选引物。该算法可以设置用户指定的参数，例如分类组、所需的扩增子长度，以及引物与其靶序列之间错配的数量和位置等。所得到的引物可以指向已经使用的条形码区域，或者可以扩增先前未使用的基因区域。

表 3-6　群落监测分析软件

功能	软件名称
引物设计验证	OBITools ecoPCR, OBITools ecoPrimers, BLAST, Oligo 6, PrimerPlex, Premier Premier, Primer 3, Vector NTI Suit, Dnasis, Omiga, Dnastar, PrimerTree R package
质控和过滤	FastQC, Trimmomatic, NGS QC Toolkit
前处理	Qimme, Mothur
序列比对	UPARSE, USEARCH, GeneStar, SeqMan, Mega, R, OBITools sumatra
OTUs 聚类、样品降噪	UPARSE, USEARCH, DADA, DADA2, Unoise3, OBITools sumaclust
物种注释	BLAST, RDP Classifier, MetaPhlAn, Mocat, CONSTAX, MARTA
系统发育树	QIIME, Mothur, GeneStar, SeqMan
统计分析	QIIME, CD-Hit, Mothur, EstimateS, SPADE, ShotgunFunctionalizeR, R-package, metagenomeSeq, GSEA, MetaPath, MetaPhyler, STAMP, HUMAnN, Primer7, SPASS
绘图软件	R-packages, python, Graphpad, PRIMER7, Tableau, Adobe Illustrator, Photoshop

新设计的通用候选引物对需要经过计算机模拟、模拟群落及真实环境 DNA 样品的严格筛选和验证。首先计算机模拟可以通过 OBI 工具包、BLAST 或 PrimerTree 包（R 语言）来评估每个候选引物对。其中 PrimerTree 的计算机模拟流程如下：①针对选定的 NCBI 数据库进行计算机模拟 PCR 过程；②检索可能被扩增的 DNA 序列；③这些序列的分类学鉴定；④多 DNA 序列比对；⑤系统发育树的重建；⑥用分类学注释对树进行可视化。根据候选引物模拟 PCR 构建的系统发育树的结果选择覆盖度高和偏好性低的引物对。除了对环境 DNA 宏条形码的功效进行计算机评估之外，研究人员还可以通过合并从已知类群中提取的 DNA 样本创建模拟群落，并使用这些复合 DNA 样本来测试潜在的影响因素，如污染、引物偏好性和生物信息学决策的影响（例如，OTUs 阈值）。最后，经过计算机模拟和模拟群落验证的引物对可以进行真实环境 DNA 样品的扩增。根据 PCR 产物浓度、凝胶电泳条带的亮度和单一性、阳性对照和阴性对照扩增结果以及测序质量

可以评价所选引物对目标群落的覆盖度、扩增能力和特异性，从而选择较为理想的环境 DNA 宏条形码引物对（各生物类群常用引物见附录）。

2. 数据库准备

高通量测序技术的出现在一定程度上克服了传统基于形态学物种鉴定的一些缺陷。近年来，高通量测序技术不断成熟，测序成本持续下降，越来越多的生态学家开始采用分子生物学手段进行环境生物多样性研究。DNA 宏条形码技术已经在生态学很多领域得到应用，例如生物多样性分析、食性分析及食物网结构分析等。然而，条形码参考数据库的不完整性严重阻碍了基于宏条形码技术研究浮游生物群落组成和功能。在一些研究中，有超过 40%的宏条形码 OTUs（operational taxonomic units）不能被有效地注释，造成大量数据的浪费。

为了实现条形码数据的快速共享以及推动宏条形码技术的应用，诸多针对不同生物类群或不同条形码区域的公共条形码数据库被建立（表 3-7）。NCBI nt 数据库是一个有来自于 70 000 多种生物的核苷酸序列的数据库。NCBI nt 数据库由多个国际合作组织，包括 NCBI（National Center for Biotechnology Information）、EMBL（European Molecular Biology Laboratory）和 DDBJ（DNA Data Bank of Japan），通过数据共享发展起来的。NCBI nt 数据库目前共有 122 442 239 条 DNA 序列，其中包括 83 622 087 条基因组 DNA，26 722 788 条 mRNA 反转录的 cDNA 以及 53 005 条 rRNA 基因。NCBI nt 数据库可通过在线比对工具（BLAST，https://blast.ncbi.nlm.nih.gov/Blast.cgi）或下载到本地使用。NCBI nt 数据库是目前序列最多、类群最全、条形码类型最完整的核酸数据库，上传时没有任何质量限制，因此可能存在形态学错误鉴定、测序错误和样品污染等导致的错误信息。

表 3-7　常用公共条形码数据库

数据库	生物类群	条形码区域	链接
NCBI nt 数据库	全部	全部	ftp://ftp.ncbi.nlm.nih.gov/blast/db/FASTA/nt.gz
GreenGenes	原核生物	16S rRNA	http://greengenes.secondgenome.com/downloads/database/13_5
PR2	真核生物	18S rRNA	https://github.com/pr2database/pr2database
SILVA	原核和真核生物	SSU/LSU rRNA	https://www.arb-silva.de/download/archive/
RDP	原核生物、真菌	16S rRNA（原核）、28S rRNA（真菌）	http://rdp.cme.msu.edu/
BOLD	后生动物	COI（动物）、*matK/rbcL*（植物）	http://www.barcodinglife.org/index.php/datarelease
MIDORI	后生动物	COI/LSU/Cytb 等线粒体基因	http://www.reference-midori.info/
Mitofish	鱼	线粒体组	http://mitofish.aori.u-tokyo.ac.jp/
Rsyst::diatom	硅藻、绿藻为主	18S rRNA、*rbcL*	http://www.rsyst.inra.fr/en

　　大部分其他在线条形码数据库是在 NCBI nt 的基础上经过筛选和质控选择目标群落和目标条形码区域得到的。其中，SILVA 数据库是 2007 年开始构建的开源数据库，该数据库通过对 NCBI nt 数据库中的相关序列进行质量筛选和系统发育树构建得到高质量的目标序列的数据集。SILVA 数据库包含原核生物和真核生物的 LSU（ribosomal large subunit，核糖体大亚基，包括 23S/28S）和 SSU（ribosomal small subunit，核糖体小亚基，包括 16S/18S）条形码区域，且数据集定期更新，是目前最常用的 DNA 条形码数据库之一。GreenGenes 和 PR2 数据库分别是 SILVA 数据库针对原核生物（细菌和古菌）16S 和真核生物 18S 区域的子数据集，是对 SILVA 数据库的二次加工产物，可针对性地进行原核生物和真核生物的物种注释。RDP（ribosomal database project）数据库是在 2013 年上线的针对细菌和古菌 16S 以及真菌 28S rRNA 序列的开源数据库。最新的 RDP 数据库 11.5 于 2016 年 9 月份上线，共包含 3 356 809 条 16S rRNA 序列和 125 125 条 28S rRNA 序列。MIDORI 数据库是可以用于后生动物注释的线粒体条形码数据库，支持 RDP Classifier、MOTHUR、QIIME、SPINGO 和 SINTAX 的数据库格式。此外，对于更细致的分支类群，如鱼类、硅藻，也有专门的条形码数据库（Mitofish、Rsyst::diatom）。现有的开源数据库可以在一定程度上满足环境 DNA 宏条形码监测常见的水生类群。同时，为了满足特定监测的需求，可以根据 NCBI 的序列构建更符合要求的数据库。

　　根据目标群落和条形码区域构建更符合监测目的的 NCBI nt 数据库子集的流程包括：①从 NCBI nt 数据库 FTP 端口（表 3-7）下载相应的核酸数据集及物种信息；②筛选隶属于目标群落和相应条形码区域的序列集；③去除冗余序列并进行质量筛选；④根据所用比对工具调整数据库格式。对 DNA 序列数据集进行质量控制的主要目的是去除测序质量差、冗余以及非目标区域的序列。SILVA 数据库进行质量筛查的方法是通过序列比对选择 LSU 和 SSU 条形码区域，并根据简并碱基的比例（F_A）、包含长均聚体（> 4 bp）的碱基比例（F_{HP}）和载体污染物与目标 DNA 序列的长度比值（F_V）3 个参数计算整体的质量分数 Q_S。Q_S 的计算方法如下所示

$$Q_S = 1 - \left(\frac{F_A}{T_A} + \frac{F_{HP}}{T_{HP}} + \frac{F_V}{T_V} \right) \Big/ 3 \tag{3-6}$$

式中，$T_A = T_{HP} = T_V = 2\%$。去除 $Q_S \leqslant 30\%$ 或 $F/T > 100\%$ 的序列。

　　公共条形码数据库的不完整性和相同物种条形码序列的地理差异性是目前环境 DNA 宏条形码技术应用的限制之一。因此，有必要针对本土的生物类群进行条形码数据库的构建。BOLD（The Barcode of Life Data System）数据库是旨在辅助 DNA 条形码的获取、储存、分析和发布的信息学工作平台。该网站针对后生动物的 COI 以及植物的 *matK* 和 *rbcL* 条形码区域。截至 2019 年 5 月 9 日，该数据库约有 7 119 000 的条形码序列，其中包含 208 000 种动物、68 000 种植物和 22 000 种真菌及其他类群的 DNA 序列，以及物种的图片、形态学特征和地理分布等信息。研究证明，使用本土数据库对当地的生物类群的环境 DNA 进行注释的结果与公共数据库相比有较大差异。对太湖流域浮游动物类群进行物种注释，发现能同时被本土数据库和从 NCBI 筛选得到的公共数据库注释到种水平的 OTUs 仅有 38.6%（44/114 个 OTUs），其中只能被本土数据库注释的有 45

个，只能被公共数据库注释的有 25 个。

本土物种条形码数据库的构建流程包括：

（1）单物种分离（个体较小时还需将纯种进行扩大培养）；

（2）物种鉴定及 DNA 提取；

（3）使用相应引物对目标条形码区域进行 PCR 扩增；

（4）第一代 Sanger 测序或第二代测序（片段长度小于 600 bp）；

（5）序列质检及比对；

（6）生成条形码数据库文件。

3. 宏条形码技术实验流程

环境 DNA 宏条形码技术的实验流程包括 PCR 扩增、DNA 文库构建和 DNA 高通量测序。这 3 个过程均有相应的商业试剂盒，可根据说明进行详细的实验操作。简略的实验流程如下：

（1）PCR 扩增：用于宏条形码实验流程的引物需要在正向引物前端（3'）或反向引物末端（5'）添加 12 bp 的特异型指针（index）序列，用于区分不同的环境 DNA 样品（图 3-11），其他实验操作与一般的 PCR 实验相同。具有不同指针的 PCR 产物经过纯化后等浓度/等体积混合成一个样品。

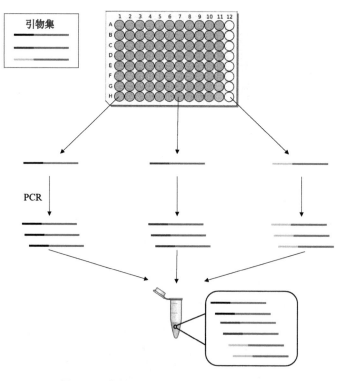

图 3-11 指针 PCR（index-PCR）实验原理

（2）DNA 文库构建：将混合后的 PCR 产物经过磁珠纯化、末端修复、连接子（adaptor）与文库指针（barcode）的连接和产物扩增过程得到 DNA 测序文库。

（3）DNA 高通量测序：常用的高通量测序平台包括 Illumina（HiSeq / MiSeq）、Roche 454（已停产）、Ion torrent（Proton / PGM / S5）和 SOLiD，可根据 PCR 产物长度、所需数据量及成本预算等因素综合考虑。

4. 生物信息学分析流程

DNA 测序数据的生物信息学处理是环境 DNA 宏条形码研究最关键的方面之一。生物信息学分析流程的标准化可以确保研究结果的质量和可重复性。目前对于不同类群、测序平台和选择的软件与工具，分析流程会有差异。为了保证分析流程的通用性，通常会把整个流程分为必选或可选的步骤，以供不同测序数据分析的需要。对所使用的方法和软件达成绝对共识是没有必要的，因为这些方法和软件总是在不断变化，但在此我们建议在进行进一步分析之前，至少对高通量测序数据进行以下步骤的仔细考虑。

1）fastq 文件转换为 fasta 文件

fastq 文件是测序结果的原始文件，包含序列标识、序列和序列质量信息。fasta 文件是组织核酸或蛋白质序列的一种数据格式，包含序列的名称（以 ">" 标记）和核酸或蛋白质的一级结构（在这里主要介绍 DNA 序列）。对于 Illumina 双端测序平台，使用诸如最小重叠或质量分数的方法合并正向和反向序列；对于单端测序平台，则需要将全部序列及根据反向互补原则得到的反向序列合并为同一个 fasta 文件。

2）序列修剪（trimming）与质量控制

通过搜索特定序列（去除连接子 adaptor，指针 index 和引物序列）或基于质量分数来进行。原始 fastq 文件中包含序列信息和每个碱基所对应的 Phred 质量得分（显示碱基发生错误的概率 p：$Q_{phred} = -10\log_{10}p$）。一般情况下选用的质量阈值为 Q_{20} 或 Q_{30}，即丢弃 Phred 得分小于 20 或 30 的数据。

3）文库拆分（split library）

在构建测序文库时，具有不同指针序列的 PCR 产物合并成一个样品。因此，所有环境 DNA 样品的测序数据均在同一个文件中。文库拆分就是根据每个样品的指针将序列分配到不同的样品中。

4）OTUs 聚类

运算分类单元（operational taxonomic units，OTUs）是指将相似序列合并后的分类单元。通过对序列进行比对和相似性分析，将相似性高于或等于阈值（细菌 16S rRNA 数据的相似性阈值一般为 0.97）的序列合并成 OTUs，并计算每个 OTUs 在每个环境 DNA 样品中出现的序列数。

5）去除嵌合体（chimera）和低丰度 OTUs（singleton）

嵌合体是指在 PCR 扩增的延伸步骤期间由两种或更多种序列组合生成的 "假" 序列。而仅出现一次的 OTUs 可能是稀有分类群、假阳性、低水平的污染或未去除的嵌合体，在分析过程中为了保证序列的质量一般被筛除。

6）物种注释

将聚类的 OTUs 序列与公共或本土条形码数据库比对分析，可以得到物种注释信息。此外，根据参考值（主要是序列的相似性）的大小可以决定物种注释达到的分类学水平，且不同类群的不同条形码区域参考值的阈值有差异。例如对于细菌的 16S rRNA 区域，注释到种水平需要至少 97%的序列相似性，而对于相似性更高的 12S rRNA 区域，注释到种水平的相似性可能要高于 99%。解读 BLAST 物种注释结果的参考值包括覆盖度（coverage）、相似性（similarity）、E 值（expect）和碱基缺失/插入（gaps）个数。其中 E 值表示随机匹配的可能性，E 值越大，表明随机匹配的可能性越大。当 E 值接近于 0 时，表示序列匹配的结果比较理想。物种注释阈值的设定与所选条形码区域在目标类群中的保守性以及与其他非目标类群的差异性有关，需要根据实际情况进行阈值的选择。

7）生成 OTUs 矩阵

生物信息学分析的目的是从海量的测序数据中挖掘出每个环境 DNA 样品的物种组成，以在 R、SPSS 和 Python 等分析软件中进行统计分析。OTUs 矩阵的每个值代表不同的环境 DNA 样品中每个 OTUs 的序列数。

5. 下游分析

得到生物信息学分析结果（OTUs 矩阵）后，需要对测序结果进行统计与分析，以评价结果是否可以支持下游的统计学分析。包括每个样品的测序深度（总序列数）、OTUs 数目和各分类单元（一般划分为界、门、纲、目、科、属、种）的注释情况。为了评价测序质量，一般会针对每个样品的 OTUs 数目或物种数进行序列数的稀释性分析，即查看每个样品的稀释性曲线在当前测序深度下是否达到饱和。没有达到饱和样品的测序深度不足，需要进行再一次测序。

实验目的的达成和实验问题的解决需要对所得到的 OTUs 矩阵进行统计学的分析，即下游分析（downstream analysis）。常见的下游分析包括 α 多样性分析、β 多样性分析、聚类分析、差异性分析、组成分析以及与环境因子关联和统计模型的构建。这些统计分析可以在 R、Python 和 Primer7 等针对生物学数据的软件和工具中完成（表 3-6）。

3.2.6　环境 DNA 技术的质量控制

尽管环境 DNA 技术在对水环境中全部生物类群的靶向和群落监测工作中有强大的功能，但是该技术的精确度和准确度受到野外采样、实验操作和数据分析过程中众多影响因素的挑战。表 3-2 中总结了环境 DNA 技术在全工作流程中需要考虑的影响因素，并在 3.2.1 节～3.2.5 节中分别就实验设计阶段、野外采样阶段以及靶向监测和群落监测的实验室处理和数据分析阶段中可能出现的问题进行了讨论分析。同时，交叉污染、DNA 提取效率、引物偏好性、二次抽样问题和测序误差等系统性或人为操作性问题会导致监测结果的不确定性。从样品采集、DNA 提取到 PCR 过程，再到高通量测序的全过程下进行严格的质量控制可以在一定程度上减少或消除这些问题。接下来，将详细介绍环境 DNA 技术质量控制的两个主要手段（图 3-12）：设置平行样品、设置阴性和阳性对照样品。

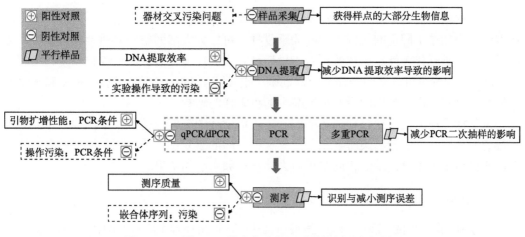

图 3-12　环境 DNA 技术全流程下质量控制手段及原因

1. 平行样品

环境 DNA 技术对水环境中的生物类群的监测结果往往会受到二次抽样（sub-sampling）问题的影响。二次抽样是指在进行实验操作时由于样本分布的不均匀使得抽取的亚样本与原样本中的物种或 DNA 组成产生差异，导致实际测得的序列数与环境中目标物种的丰度不再呈线性关系（图 3-13）。二次抽样问题存在于环境 DNA 技术的全流程中。在野外采样阶段，同一采样点位的环境介质（尤其是沉积物和生物膜）中目标生物群落的分布不均匀，导致少数样品不能涵盖此点位大部分的生物信息。DNA 提取阶段，不同生物类群的 DNA 提取效率可能有所差异。例如硅藻由于细胞表面有硅包被比绿藻细胞更难破碎，导致其 DNA 提取效率相对较低。而在 PCR 及测序阶段，引物的偏好性和抽样的随机性也会导致二次抽样问题的出现。

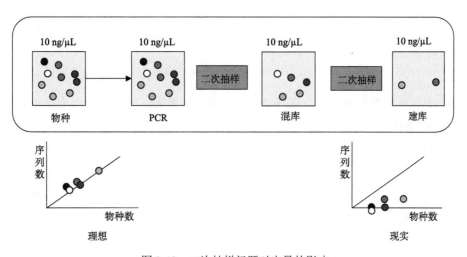

图 3-13　二次抽样问题对定量的影响

　　增加样本重复是减弱二次采样导致监测结果不确定性的有效方法之一。在采样阶段，在点位内增加在不同空间或同一空间的重复样，可以大大削弱空间异质性和随机性，使得样本更加具有代表性。同样的，对于异质性较大的环境介质，如沉积物和生物膜等，在 DNA 提取阶段可以从同一样本中提取多个重复环境 DNA 样品。增加 PCR 和测序阶段的样本重复并进行数据的合并也能减少随机采样的影响。

　　重复样品在解决二次采样问题的同时，也给后续的数据分析带来了挑战。合并同一点位的重复样品的监测结果时要充分考虑亚样本间的重复性和差异，一般遵循多数性原则，即保留多个重复样本的相同结果并去除出现频率小的结果。

　　2. 阴性和阳性对照样品

　　为了确保样品的完整性和可信度，必须在全操作流程中使用阳性和阴性对照（图 3-12）。使用阳性对照样本有助于评估环境 DNA 技术工作流程中的操作/仪器效率和错误。模拟群落即已知个体组织 DNA 的合并样品的 PCR 和测序结果有助于评估操作的效率。此外，使用研究区域中预期不存在的物种 DNA 作为阴性对照可以识别在工作期间可能存在的污染。同时，应在实验室工作的每个阶段引入阴性对照（如过滤、提取、PCR 和构建文库）。阴性和阳性对照应使用等量的技术重复，因为这些对照样品也可能受到二次抽样问题的影响。此外，无论是否有检测限以上的 DNA，都应对阴性对照样品进行测序（包括 PCR、多重 PCR、定量 PCR 和数字 PCR）。一方面是因为污染可能低于定量或定性的检测限；另一方面这些对照中发现的序列可用于检测复合错误信息或用于统计建模以排除假阳性的结果。

短文 3.1　非个体 DNA 衰减模型

　　单相指数衰减模型：

$$C(t) = C_0 e^{-kt} \tag{3-7}$$

式中，C 是时间 t 处 DNA 的浓度；C_0 是标记的初始浓度；k 是 DNA 衰减速率。

　　两相指数衰减模型：

$$C(t) = C_0 e^{-k_1 t'} e^{-k_2 t - t'} \tag{3-8}$$

式中，k_1 是初始快速衰减阶段，直到时间 t' 处的断点发生，此时衰减动态变为较慢衰减的第二阶段（k_2）。

　　Weibull 衰变模型：

$$C(t) = C_0 e^{-kt^\beta} \tag{3-9}$$

该模型中的韦布尔参数（β）允许衰减常数随时间变化，β 值小于 1 表示随时间减小的衰减常数，β 值大于 1 表示随时间增加的衰减常数，当 β 等于 1 时，模型降低到一阶指数衰减函数。

短文 3.2　PCR 发展历程

　　1985 年美国 PE-Cetus 公司人类遗传研究室的 Mullis 等发明了具有划时代意义的聚

合酶链反应。其原理与 DNA 的体内复制一致，通过试管中以一定的比例混合 DNA 复制的原料（模板 DNA、寡核苷酸引物、DNA 聚合酶），并提供合适的缓冲体系和温度（DNA 变性、复性及延伸的温度与时间），实现 DNA 的体外复制。Mullis 最初使用的 DNA 聚合酶是大肠杆菌 DNA 聚合酶 I 的 Klenow 片段，其缺点是：①Klenow 酶不耐高温，90℃会变性失活，每次循环都要重新加酶；②引物链延伸反应在 37℃下进行，容易发生模板和引物之间的碱基错配，其 PCR 产物特异性较差，合成的 DNA 片段不均一。

1988 年初，Keohanog 改用 T4 DNA 聚合酶进行 PCR，其扩增的 DNA 片段很均一，真实性也较高，只有所期望的一种 DNA 片段。但每循环一次，仍需加入新酶。

1988 年 Saiki 等从温泉中分离的一株水生嗜热杆菌（*Thermus aquaticus*）中提取到一种耐热 DNA 聚合酶。此酶具有以下优点：①耐高温，在 70℃下反应 2 h 后其残留活性大于原来的 90%，在 93℃下反应 2 h 后其残留活性是原来的 60%，在 95℃下反应 2 h 后其残留活性是原来的 40%；②在热变性时不会被钝化，不必在每次扩增反应后再加新酶；③大大提高了扩增片段特异性和扩增效率，增加了扩增长度（2.0 kb）。由于提高了扩增的特异性和效率，因而其灵敏性也大大提高。为与大肠杆菌多聚酶 I Klenow 片段区别，将此酶命名为 Taq DNA 多聚酶（Taq DNA polymerase），此酶的发现使 PCR 广泛地被应用。

短文 3.3　物种分类——DNA 条形码

条形码物种分类技术（DNA barcoding）通过短遗传物质（DNA）片段序列的差异进行物种分类、鉴定和新物种发现。条形码物种分类的首要目的是对未知样本进行物种分类和鉴定，是传统物种分类体系的辅助存在，并不是要代替传统的物种分类体系。几乎所有的经验生态学研究都需要在样本收集后进行物种的分类鉴定。传统的物种识别依赖于容易观察到的形态特征，而依托形态特性的鉴定手段往往需要长时间的培训，也并不容易掌握。很早就有人开始探索新型的物种鉴定手段，利用 DNA 序列的差异进行物种鉴别就是其中之一。2003 年，加拿大 Hebert 教授正式提出了条形码物种分类的概念，并把最初多样化的 DNA 区域标准化。标准化的 DNA 条形码是指动物线粒体细胞色素 C 氧化酶 I（COI）基因（658 bp）、植物的两个 500~800 bp 片段质体核酮糖二磷酸羧化酶基因大亚基（*rbcL*）和成熟酶 K 基因（*matK*）。2004 年，生命条形码联盟（CBoL；http://www.barcodeoflife.org/）成立，其主要目的就是综合物种的 DNA 序列信息建立参考数据库，促进条形码分类鉴定技术的发展。标准化是基于 DNA 物种鉴定发展迈出的重要一步，它鼓励国际合作共同努力构建规范化的参考数据库。然而，标准条形码的初衷是从单一标本分离或多或少完整的 DNA，采用 Sanger 测序进行物种识别，并将更多的注意力放在扩增区域的变异性，而不是保守的引物点位以及靶 DNA 区域的长度。通过 DNA 序列进行物种鉴定的基础是这段区域存在较大的变异性，不同的物种间存在明显的分歧，而且物种之间没有重叠。

线粒体 COI 基因是进行动物鉴定最常用到的标志基因片段，已经成为动物条形码分类的"金标准"，大多数动物都能通过线粒体 COI 基因序列的差异进行物种分类。当然，也有极少数的例外情况，例如海绵动物（sponges）、部分刺胞动物（cnidarian）和水母类

（ctenophora），就很难通过 COI 基因进行物种鉴定。这些物种的线粒体 DNA 的进化速率比其他后生动物慢 10～20 倍，相近类群间难以用 COI 进行区分。

短文 3.4 数据库格式

针对 Mothur 和 QIIME 等常用的物种注释工具，所需的条形码数据库一般包含未经比对的 DNA 序列原始 fasta 文件和包含物种信息的 TXT 文件。其中物种信息文件一般由两列构成，第一列为对应 fasta 文件中每条 DNA 序列对应的名称，第二列为 DNA 序列的物种分类信息，两列由制表符分隔。该 TXT 文件不包含任何的行名和列名（图 3-14）。

图 3-14　DNA 序列物种注释工具 Mothur 和 QIIME 要求的条形码数据库物种信息文件的格式

本地 BLAST 物种注释软件对条形码数据库有独特的格式要求。用于本地 BLAST 的条形码数据库的构建流程如下：

（1）下载 DNA 序列原始 fasta 文件；

（2）使用 makeblastdb -in db.fasta -dbtype nucl -parse_seqids -out dbname 构建数据库格式。

若下载或更新 NCBI nt 数据库可在保证联网的情况下使用 nohup time update_blastdb. pl nt nr > log &语句进行操作，并检查库是否下载完成 nohup time tar -zxvf *.tar.gz > log2 &。

短文 3.5 NCBI nt 数据库

NCBI nt 数据库包含几乎所有目前已知的 DNA 序列，包括基因组 DNA（核基因组、线粒体组、叶绿体组、质体组和质粒组）、cDNA 和核糖体 RNA 对应的基因序列。截至 2019 年 5 月 9 日，NCBI 中共包含 122 442 239 条 DNA 序列，涵盖了细菌、古菌、藻类、真菌、大型植物、原生动物和后生动物类群。通过对 NCBI nt 数据库每年的序列数进行统计（图 3-15），发现该数据库中的序列数逐年增加，且 2013 年过后增长速度大幅度加快。

各主要类群的序列数和已知的分类单元数成正比（图 3-16），DNA 数据集从小到大依次为原生动物（14 521 个分类单元，44 948 条 DNA 序列）、藻类（35 219 个分类单元，699 059 条 DNA 序列）、古菌（13 187 个分类单元，737 092 条 DNA 序列）、真菌　　　（158 806 个分类单元，5 618 128 条 DNA 序列）、植物（208 985 个分类单元，15 673 388 条 DNA 序列）、细菌（491 504 个分类单元，42 006 158 条 DNA 序列）和后生动物（973 821 个分类单元，46 235 466 条 DNA 序列）。对后生动物中主要的生物类群——鱼类、两栖类、鸟类和哺乳类进行统计分析发现：两栖类的物种数和序列数最少，16 323 条 DNA

序列分属于 10 340 个分类单元；其次是哺乳动物，共有 11 089 个分类单元和 30 545 条序列；鸟类在 NCBI nt 数据库中有 16 584 个分类单元和 86 737 条序列；鱼类的分类单元数（4.1%，相比于全部后生动物）和序列数（16.6%）远远超过其他后生动物类群，分别为 39 908 个和 7 695 861 条。

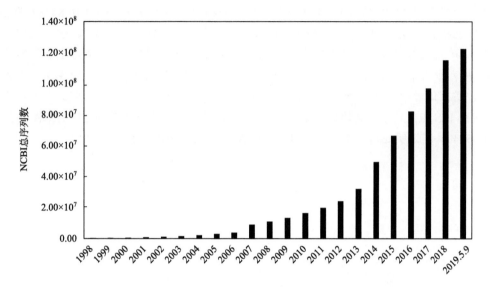

图 3-15　NCBI nt 数据库每年序列数统计

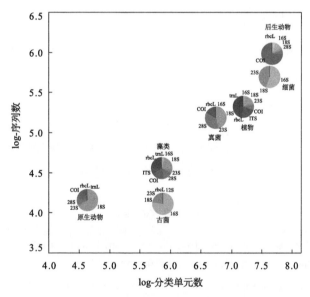

图 3-16　NCBI nt 数据库中原核生物、藻类、植物、真菌、原生动物和后生动物的序列数、分类单元数和主要条形码区域的比例

此外，常用的条形码区域（16S rRNA、18S rRNA、12S rRNA、COI、*rbcL*、ITS、23S rRNA、28S rRNA 和 *trnL*）在不同类群中的占比存在很大差异（图 3-16、图 3-17）。

细菌和古菌以 16S rRNA（分别占 55.68% 和 77.28%）和 23S rRNA（44.28% 和 22.49%）为主，同时也有少量的 12S rRNA（0.45‰ 和 0.05%）和 *rbcL* 序列（0.01% 和 0.18%）。藻类的条形码序列主要属于 *rbcL*（24.78%）、18S rRNA（23.01%）、COI（19.19%）和 28S rRNA（13.62%）。18S rRNA 和 COI 在原生动物 DNA 序列中分别占 64.73% 和 15.26%。真菌条形码序列以 18S rRNA（43.67%）、28S rRNA（36.64%）和 ITS（16.84%）为主。对于绿色植物，*trnL*、*rbcL*、ITS 和 18S rRNA 的占比比较均匀，分别为 24.06%、23.73%、21.93% 和 16.73%。COI 条形码区域是识别后生动物的"金标准"，在整个后生动物群落的 DNA 序列中占 72.44%，在鱼类（63.16%）、鸟类（86.13%）和哺乳类（72.32%）中占比也非常高。但对于两栖动物，占比最高的条形码区域为 16S rRNA（62.29%）。近期有研究证明，12S rRNA 对鱼类的监测效果要好于 COI 区域。但目前鱼类的 12S rRNA 序列仅占 11.55%，这说明还需要加大鱼类 12S rRNA 条形码数据库的构建工作。

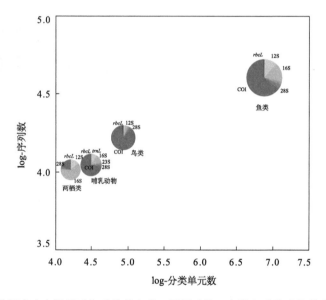

图 3-17　NCBI nt 数据库中隶属于后生动物的鱼类、两栖动物、鸟类和哺乳动物的序列数、分类单元数和主要条形码区域的比例

参 考 文 献

Barnes M A, Turner C R, Jerde C L, et al. 2014. Environmental conditions influence eDNA persistence in aquatic systems. Environ. Sci. Technol., 48(3): 1819-1827.

Deiner K, Altermatt F. 2014. Transport distance of invertebrate environmental DNA in a natural river. PLoS One, 9(2): e88786.

Deiner K, Bik H M, Machler E, et al. 2017. Environmental DNA metabarcoding: Transforming how we survey animal and plant communities. Mol. Ecol., 26(21): 5872-5895.

Deiner K, Fronhofer E A, Machler E, et al. 2016. Environmental DNA reveals that rivers are conveyer belts of biodiversity information. Nat. Commun., 7: 12544.

Jo T, Arimoto M, Murakami H, et al. 2020. Estimating shedding and decay rates of environmental nuclear DNA with relation to water temperature and biomass. Environmental DNA, 2(2): 140-151.

Kress W J, Garcia-Robledo C, Uriarte M, et al. 2015. DNA barcodes for ecology, evolution, and conservation. Trends Ecol. Evol., 30(1): 25-35.

Lear G, Dickie I, Banks J, et al. 2018. Methods for the extraction, storage, amplification and sequencing of DNA from environmental samples. New Zealand Journal of Ecology, 42(1): 10.

Sansom B J, Sassoubre L M. 2017. Environmental DNA (eDNA) shedding and decay rates to model freshwater mussel edna transport in a river. Environ. Sci. Technol., 51(24): 14244-14253.

Sassoubre L M, Yamahara K M, Gardner L D, et al. 2016. Quantification of environmental DNA (eDNA) shedding and decay rates for three marine fish. Environ. Sci. Technol., 50(19): 10456-10464.

Seymour M, Deiner K, Altermatt F. 2016. Scale and scope matter when explaining varying patterns of community diversity in riverine metacommunities. Basic and Applied Ecology, 17(2): 134-144.

Seymour M, Durance I, Cosby B J, et al. 2018. Acidity promotes degradation of multi-species environmental DNA in lotic mesocosms. Commun. Biol., 1: 4.

Tsuji S, Takahara T, Doi H, et al. 2019. The detection of aquatic macroorganisms using environmental DNA analysis—A review of methods for collection, extraction, and detection. Environmental DNA, 1(2): 99-108.

Valentini A, Taberlet P, Miaud C, et al. 2016. Next-generation monitoring of aquatic biodiversity using environmental DNA metabarcoding. Molecular Ecology, 25(4): 929-942.

Wang S, Yan Z, Hanfling B, et al. 2021. Methodology of fish eDNA and its applications in ecology and environment. Science of the Total Environment, 755(2): 142622.

Zhang X. 2019. Environmental DNA shaping a new era of ecotoxicological research. Environ. Sci. Technol., 53(10): 5605-5613.

Zhang Y, Pavlovska M, Stoica E, et al. 2020. Holistic pelagic biodiversity monitoring of the Black Sea via eDNA metabarcoding approach: From bacteria to marine mammals. Environment International, 135: 105307.

第4章 浮游动物群落监测

浮游动物主要处于水生食物链的第二营养级,是能量和物质的传递者。浮游动物繁殖快、形态各异、生理构造多样等特性使其在生物地球化学循环中发挥着重要的作用(Steinberg and Landry, 2014)。浮游动物根据体型大小分为两类:微型浮游动物(microzooplankton)和大型浮游动物(mesozooplankton)。微型浮游动物通常是指体长小于 200 μm 的浮游动物,主要由原生动物和大部分轮虫组成。大型浮游动物体长在 0.2~20 mm 之间,主要由少数大型轮虫、枝角类和桡足类组成。

浮游动物是环境"指示生物"之一,能快速、及时地反映生态环境稳态转换和气候变化(Möllmann and Diekmann, 2012)。但是,浮游动物组成复杂,存在大量未知隐藏种和姊妹种,尤其是部分浮游动物(如桡足类)幼体时期缺乏鉴定特征,是浮游动物多样性监测的主要障碍。近年来,高通量测序技术革命性地实现了我们采用更低成本的分子手段来分析环境样本的需求(Ji et al., 2013),在监测隐匿浮游动物中表现出了极大的优势(Lindeque et al., 2013)。

环境 DNA 宏条形码技术不仅提供了准确、快速的物种多样性信息,还颠覆了我们认识和解决环境问题的方式。首先,环境 DNA 宏条形码技术提供更为详细的物种组成信息,尤其是种内多样性,这些"前所未有"的信息将为我们重新审视环境问题提供了契机。通过环境 DNA 宏条形码技术,我们不仅准确地了解浮游动物的种类,同时还获取了物种进化特征、物种内的 OTUs 多样性和物种的流域分布,更加立体、清晰地认识环境生物(Yang et al., 2017a)。其次,环境 DNA 宏条形码技术以更高的分辨率识别群落结构的差异。了解群落组成差异是评价环境问题的核心,由于宏条形码技术能够发现更多形态学难以识别的物种,尤其是物种内部的遗传多样性,使其能够更加精细地反映不同水体类型间群落组成的细微变化(Yang et al., 2017b)。最后,环境 DNA 宏条形码技术能够识别水体中的关键污染物。环境监测的主要目的就是评价环境质量状况,识别影响水体健康的胁迫因子并加以管理。通过环境污染物和宏条形码监测数据的联合分析,准确解析环境关键污染因子。我们对太湖流域的分析发现,浮游动物主要受营养因子的胁迫,而且受到污染胁迫的主要是枝角类和桡足类(Yang et al., 2017c),这表明,在太湖流域,控制水体富营养化仍是目前环境管理首要考虑的问题。

4.1 引物选择对浮游动物多样性监测的影响

选择合适的引物是 DNA 生物多样性监测的核心,学者们也根据不同的生物设计了多种引物,譬如针对鱼类、浮游植物、底栖动物、昆虫、甲壳动物和桡足类(Hirai et al., 2015),当然也有很多引物的设计初衷是想覆盖整个真核生物类群(Frolov et al., 2013; Leray et al., 2013; Drake, 2014)。但是,由于物种间序列的差异,"通用"引物往往会出现明显的物种偏好性。高旭等（2020）依据浮游动物的序列设计出一对 16S 引物，并比较了 2 对常用于宏条形码研究的引物和 16S 引物对浮游动物群落表征的差异（表 4-1），探究不同引物对淡水浮游动物宏条形码监测的影响，为初步建立标准化的浮游动物宏条形码监测方法提供技术支撑。

表 4-1　引物序列

引物名称	引物序列
COI-F	WACWGGWTGAACWGTWTAYCCYCC
COI-R	TAAACTTCAGGGTGACCAAARAAYCA
18SV9-F	TCCCTGCCHTTTGTACACAC
18SV9-R	CCTTCYGCAGGTTCACCTAC
16S-F	GACTGTGCTAAGGTAGCATAAT
16S-R	TAATCCAACATCGAGGTCRCA

4.1.1　不同宏条形码引物对 OTUs 多样性的影响

随着测序深度的增加，COI、16S 和 18SV9 引物发现的 OTUs 数量都在增加。测序深度达到两百万左右时，16S 引物检出的 OTUs 趋于稳定，每 10000 条序列平均新增 1.9 个 OTUs；测序深度达到三百万时，COI 引物检出的 OTUs 趋于稳定，每 10000 条序列平均新增 1.8 个 OTUs；而 18SV9 引物则需要更高的测序深度其检出的 OTUs 才逐渐趋于平衡，在测序深度为一千六百万时，增加率为平均每 10000 条序列 1.2 个 OTUs（图 4-1）。

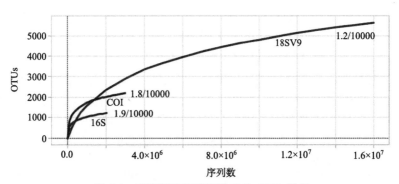

图 4-1　不同测序深度下检出的 OTUs 数量

18SV9 测序中共发现超过 16000 个 OTUs，其中有 6891 个 OTUs（占总序列的 8.6%）无法被数据库注释，最后能够被注释的 OTUs 有 9450 个（占总序列的 91.4%），其中仅有 1461 个 OTUs 属于浮游动物，其中轮虫有 438 个（占总序列的 17.3%），枝角类 159 个（占总序列的 3.78%），桡足类 864 个（占总序列的 44.75%）（图 4-2）。

COI 引物测序中共检出 2259 个 OTUs，其中有 590 个 OTUs（占总序列的 6.57%）无法被数据库注释，最后能够被注释的 OTUs 有 1669 个（占总序列的 93.4%），其中有

1210 个 OTUs 属于浮游动物类群，其中轮虫占 729 个（占总序列的 27.4%），枝角类有 235 个（占总序列的 14.7%），桡足类有 246 个（占总序列的 30.63%）（图 4-2）。

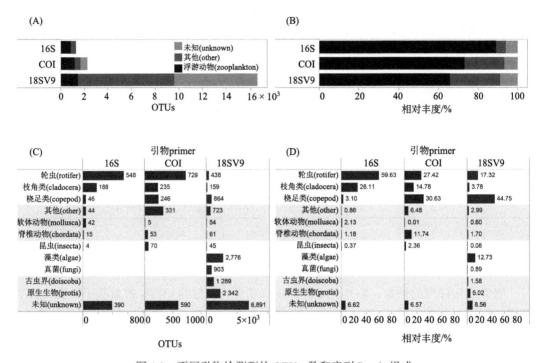

图 4-2　不同引物检测到的 OTUs 数和序列 Reads 组成

（A）不能注释 OTUs 比例；（B）不能注释 Reads 的比例；（C）OTUs 组成；（D）Reads 组成

16S 引物测序中共检出 1277 个 OTUs，在 3 对引物中检出 OTUs 数目最少，其中有 390 个 OTUs（占总序列的 6.62%）无法被数据库注释，最后能够被注释的 OTUs 有 887 个（占总序列的 93.4%），其中仅有 780 个 OTUs 属于浮游动物，其中轮虫有 548 个（占总序列的 59.6%），枝角类 188 个（占总序列的 26.11%），桡足类 46 个（占总序列的 3.1%）（图 4-2）。

尽管 18SV9 引物检出的 OTUs 数量远大于另外 2 对引物，但其中属于浮游动物的 OTUs 数量却与另外 2 对引物较为接近，18SV9、COI 和 16S 引物检出浮游动物 OTUs 数分别为 1461、1210 和 780 个。由于引物的高物种覆盖度，18SV9 中发现的大量 OTUs 属于浮游藻类和原生动物。

4.1.2　不同引物检出浮游动物种类差异

COI 和 16S 引物所检测到的物种数量和种类比较接近，其中有 64 个物种能够同时被这 2 对引物检出，有 28 个物种仅仅能被 COI 引物检出，有 10 个物种仅能被 16S 引物检出。而 18SV9 引物获得的序列大部分都无法注释到物种水平，导致其结果跟 COI 和 16S 差别较大，仅有 5 个物种能够同时被 3 个引物检测（图 4-3）。

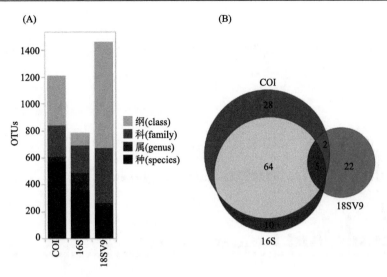

图 4-3　不同引物宏条形码测序中 OTUs 的数量注释出浮游动物种数

（A）浮游动物 OTUs 数量和被注释的等级；（B）OTUs 注释出的物种数

　　COI 和 16S 引物在轮虫和枝角类的检测中一致性比较高。绝大部分的轮虫和枝角浮游动物都能同时被这两对引物检出，而且每个物种包含 OTUs 数量也比较接近（图 4-4）。这两对引物所检出的桡足类在种类上虽然差别不大，但是每个物种内含有的 OTUs 数却存在很大差异。例如 16S 引物发现球状许水蚤（*Schmackeria forbesi*）仅 6 个 OTUs，但是 COI 引物却发现这个物种下有超过 30 个不同的 OTUs。类似的情况还出现在汤匙华哲水蚤（*Sinocalanus dorrii*）和中剑水蚤 sp.（*Cyclop* sp.）中。18SV9 引物中除了萼花臂尾轮虫（*Brachionus calyciflorus*）检出的 OTUs 和另外两对引物存在较高的一致性外，其他物种检出的 OTUs 均与 COI 和 16S 存在较大差异。其中最为显著的是 18SV9 测序中有大量的 OTUs 被注释为颚足纲，并不能识别到物种水平，这说明 18SV9 对桡足类的分辨率不足，无法准确识别物种水平多样性。

4.1.3　不同引物对浮游动物多样性的影响

　　对于桡足类，COI 引物检出的多样性和 18SV9 引物检出的多样性存在明显的正相关（$R^2 = 0.4$），而 16S 和 COI 间、16S 和 18SV9 间均没有明显相关性。这表明 18SV9 引物和 COI 引物能更好地表征桡足类群落多样性[图 4-5（A）～（C）]。

　　对于小型浮游动物轮虫来说，3 对引物之间都存在比较明显的相关性，其中 18SV9 和 COI 之间 $R^2 = 0.36$，16S 和 18SV9 之间 $R^2 = 0.53$，16S 和 COI 之间 $R^2 = 0.44$，这表明 3 对引物都能很好地表征轮虫多样性[图 4-5（D）～（F）]。

　　对于枝角类，COI 引物检出的多样性和 16S 引物检出的多样性存在明显的正相关（$R^2 = 0.35$）；16S 和 18SV9 间也有明显相关性（$R^2 = 0.43$）；18SV9 和 COI 之间的相关性不明显，这表明如果单从多样性的角度看，虽然 16S、18SV9 和 COI 引物都能在一定程度上表征桡足类群落多样性，但是 16S 引物的监测结果更加可靠[图 4-5（G）～（I）]。

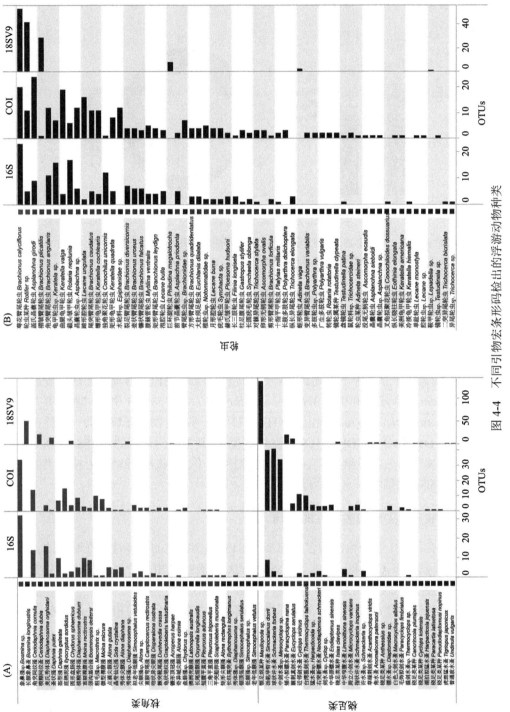

图 4-4　不同引物宏条形码检出的浮游动物种类

(A) 枝角类和桡足类；(B) 轮虫

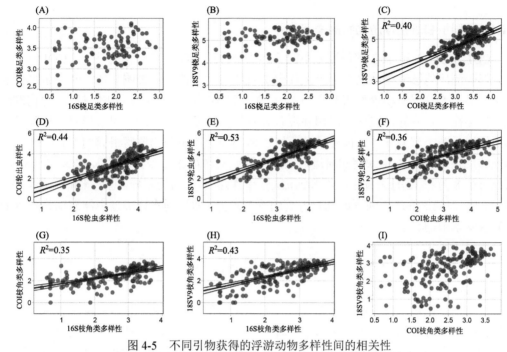

图 4-5　不同引物获得的浮游动物多样性间的相关性

（A）～（C）桡足类多样性；（D）～（F）轮虫多样性；（G）～（I）枝角类多样性

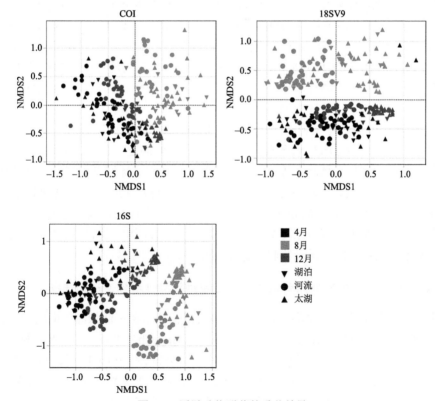

图 4-6　浮游动物群落的季节差异

样本的 β 多样性基于宏条形码测序的 OTUs 而计算

4.1.4　不同引物表征浮游动物的季节差异

COI、18SV9 和 16S 都能区分不同采样季节浮游动物群落结构的差异。COI 和 16S 宏条形码测序能够清楚地区分 3 个采样季节对浮游动物群落的影响。18SV9 宏条形码监测结果显示 8 月浮游动物群落明显跟 12 月和 4 月不同；尽管 4 月和 12 月浮游动物群落组成也存在一定差异，但这种差别并没有 8 月那么明显（图 4-6）。宏条形码数据除了能够很好地反映季节差异，还能够反映不同水体类型中浮游动物群落组成的差异，16S 引物能够反映 4 月采样中太湖和河流样点之间浮游动物群落的差异，16S、COI 和 18SV9 均能表征 8 月和 12 月采样中太湖和河流浮游动物群落结构的差异。总的来讲，16S、COI 和 18SV9 都能很好地反映浮游动物群落的季节差异，而不同水体类型中浮游动物群落的差异也受季节的影响。

4.2　枝角类浮游动物生物量监测

传统水生生物学研究中，大多通过人工鉴别物种多样性和生物量来反映物种丰度。尽管传统定量方法简单，但其未考虑物种个体差异，并且需要专业的物种鉴定人员，耗时耗力（Lindeque et al., 2013）。环境 DNA 宏条形码是对环境 DNA 的特定区域进行扩增，通过高通量测序进行序列识别（Cristescu, 2014），其基本检测单位为环境 DNA（Yoccoz, 2012），这与传统以生物个体数为直接观测单位进行定量分析差异巨大，如何采用环境 DNA 定量监测不同物种的丰度问题尚未得到彻底解决。虽然环境 DNA 宏条形码和荧光定量 PCR（quantitative PCR, qPCR）（Murray et al., 2011）均通过检测物种 DNA 浓度反映物种多少，充分考虑了物种个体差异（尤其是幼体和成体的区别），理论上提供了更加准确的物种定量结果，但是环境 DNA 宏条形码多采用通用引物扩增环境中的多个物种，并在 PCR 循环结束后进行集中测序，没有对 PCR 过程进行连续检测，其定量结果的可靠性还有待研究。环境 DNA 宏条形码技术定量研究的缺乏，也极大地限制了该技术在实际环境监测中的应用。孙晶莹等（2018）以太湖流域常见浮游动物拟同形溞（*Daphnia similoides*）、大型溞（*Daphnia magna*）、蚤状溞（*Daphnia pulex*）、多刺裸腹溞（*Moina macrocopa*）、老年低额溞（*Simocephalus vetulus*）为研究对象，通过浮游动物不同个体数混合来研究 qPCR 和环境 DNA 宏条形码技术对浮游动物定量的准确性，提出基于环境 DNA 宏条形码技术的浮游动物物种定量体系。

4.2.1　环境 DNA 宏条形码通用引物和 qPCR 物种特异性引物设计和选择

使用通用引物扩增出大型溞、蚤状溞、多刺裸腹溞、老年低额溞、拟同形溞 COI 片段，并将 PCR 产物克隆到 pEASY®-T3（TransGen Biotech）中，构建 qPCR 标准质粒，标准质粒的插入片段比定量 PCR 扩增片段大至少 100 bp。利用 COI 片段设计 qPCR 特异性引物和环境 DNA 宏条形码通用引物（表 4-2）。5 种枝角类分别按照固定个体数量混合，然后分别用 qPCR 和环境 DNA 宏条形码技术进行物种定量分析（图 4-7）。

表 4-2　引物设计

序号	引物名称	序列（5'-3'）	长度/bp	T_m/℃
1	COI.DM.F	GGGCCTCCGTTGACTTAAGCATTT	166	60
	COI.DM.R	AGTAAGAGTGCGGTGATTCCAACC		
2	COI.DP.F	AGCAGTGGGTATCACCGCCTTA	117	59.6
	COI.DP.R	CCACCAGCGGGATCAAAGAAAGAT		
3	COI.DS.F	CCCAGATATGGCTTTCCCTCGTT	152	58.3
	COI.DS.R	CAGCATGAGCAATTCCAGCAGAT		
4	COI.M.F	TGGAATCACTGCGCTTCTCCTT	111	59
	COI.M.R	CCTCCGGCTGGGTCAAAGAAAG		
5	COI.SV.F	CGGAACTTGGTCAATCAGGGAGT	250	59
	COI.SV.R	GCTCCTCTTTCTACTGCTCCTCCT		
6	COI[116].F	TTAGGRGCHCCWGAYATRGCTT	116	52
	COI[116].R	GCRTGRGCRATHCCHGCWGA		
7	Folmer.F	GGTCAACAAATCATAAAGAYATYGG	658	50
	Folmer.R	TAAACTTCAGGGTGACCAAARAAYCA		
8	COI[313].F	GGWACWGGWTGAACWGTWTAYCCYCC	313	46
	COI[313].R	TAIACYTCIGGRTGICCRAARAAYCA		
9	M13.F	GTAAAACGACGGCCAGT	222	55
	M13.R	CAGGAAACAGCTATGAC		

注：物种特异性引物名称对应物种，即大型溞，COI.DM；蚤状溞，COI.DP；拟同形溞，COI.DS；多刺裸腹溞，COI.M；老年低额溞，COI.SV；T_m 表示引物退火温度。

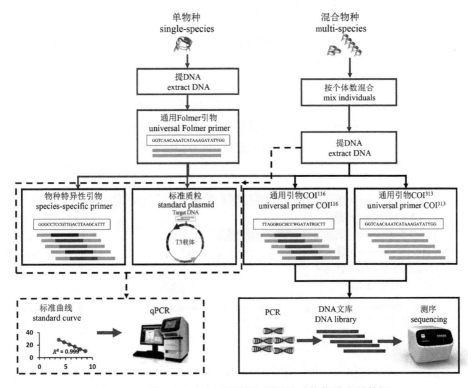

图 4-7　环境 DNA 宏条形码技术对浮游动物物种定量检测

　　研究结果表明，短 COI[116] 较符合环境 DNA 宏条形码通用引物筛选标准。5 个物种特异性引物 PCR 产物长度分别为大型溞 166 bp、蚤状溞 117 bp、拟同形溞 152 bp、多刺裸腹溞 111 bp、老年低额溞 250 bp。共设计出 4 对通用引物，分别对 5 个物种 DNA 进行 PCR 测试，引物 3 即 COI[116]（表 4-2）可以同时扩增出 5 个物种，且 PCR 产物长度、凝胶电泳条带清晰单一，为最符合条件的引物对（图 4-8）。因此选用 COI[116] 引物进行环境 DNA 宏条形码定量后续引物测试。

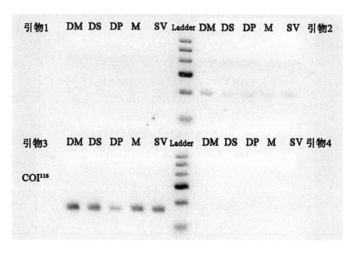

图 4-8　4 对通用引物琼脂糖凝胶电泳测试图

5 个物种简称见表 4-2 附注，Ladder 为 100 bp

　　通用引物 COI[116] 和 COI[313] 在 5 个物种检测结果中存在明显差异（图 4-9）。随机将 5 个物种 DNA 与南京大学校内池塘环境 DNA 混合在一起作为引物测试标准样品，结果表明，COI[116] 引物扩增目的条带长 116 bp，能同时检测出 5 个物种，且扩增产物中不包含这 5 个物种外的其他物种序列；COI[313] 引物扩增目的条带长 313 bp，能同时检测出 4 个物种，无法检测出蚤状溞，而且对多刺裸腹溞的检测率差，但能够检测出样品中包含的其他物种。COI[116] 更加适合进行环境 DNA 宏条形码定量研究。

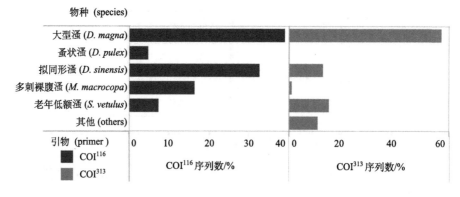

图 4-9　环境 DNA 宏条形码通用引物 COI[116] 和 COI[313] 在物种识别上结果对比

左 COI.116（COI[116]）引物可以将 5 个物种同时检测出，而右 COI.313（COI[313]）引物不能检测出蚤状溞

环境 DNA 宏条形码技术的定量检测受 PCR 引物的偏好性影响。目前应用于浮游动物监测的通用引物有基于线粒体的 16S rDNA、COI、12S rDNA 标志基因，基于细胞核的 18S rDNA、rRNA 和 28S rDNA 的标志基因。通用引物在设计时为了能同时扩增出尽可能多的物种，简并度较高，也导致引物对物种的扩增能力存在较大差异。COI[313] 引物是目前浮游动物宏条形码研究最常用的引物之一，具有较好的物种覆盖度和辨识度。利用通用引物进行混合物种 DNA 扩增，通常会导致物种扩增效率差异较大，有研究建议在物种监测中不同生物类群使用不同引物。其他研究也发现样品重复间的引物偏差较小，而不同 COI 引物组间物种序列数差异较大。在本书中，COI[313] 引物能够在单物种测试中成功扩增出 5 种枝角类的 COI 序列，但是，当将 5 种枝角类的 DNA 混合在一起时，COI[313] 引物仅能扩增出 4 种浮游动物，无法扩增出蚤状溞，而我们根据 5 个物种的 COI 序列设计的 COI[116] 引物能够同时扩增出 5 个物种。这说明 COI[313] 引物存在明显物种偏好性，尽管其被广泛应用于生物多样性评价研究中，但是无法对多物种进行定量检测。为验证宏条形码定量检测能力而设计的 COI[116] 引物虽然可以同时扩增出 5 种枝角类，能够用于枝角类多样性监测和定量分析，但是其在其他群落中普适性有待进一步研究。综上，环境 DNA 宏条形码引物在监测、定量过程中存在较大偏好性，需根据研究目的筛选合适的引物。

4.2.2　qPCR 物种定量标准方法构建

构建的 5 个物种标准质粒长度和浓度分别为：大型溞质粒长度 3205 bp，质粒 DNA 浓度 13.9 ng/μL；拟同形溞质粒长度 3191 bp，质粒 DNA 浓度 22 ng/μL；蚤状溞质粒长度 3156 bp，质粒 DNA 浓度 17.5 ng/μL；多刺裸腹溞质粒长度 3150 bp，质粒 DNA 浓度 13.5 ng/μL；老年低额溞质粒长度 3289 bp，质粒 DNA 浓度 16.6 ng/μL。

qPCR 物种拷贝数与个体数相对比例变化呈显著正相关。相对比例变化的拟同形溞在不同处理组间标准化拷贝数变化与其个体数占比线性回归[图 4-10（A）]，拟同形溞标准化拷贝数随着其 DR1～DR7 处理组个体数占比增加而明显增加，占比由 0.27 增加至 0.98，增加了 0.71，拷贝数与物种占比间存在显著相关性（$R^2 = 0.929$, $P<0.0001$）；而大型溞、蚤状溞、多刺裸腹溞和老年低额溞虽然在 7 个处理组间个体数目未发生变化，但相对占比不断减小，4 个物种标准化拷贝数值总和随着个体占比的减小而显著减少，由 1.69 降至 0.30，降低了 1.39[图 4-10（B）]。5 个物种拷贝数均与个体数相对比例变化呈相同趋势变化。

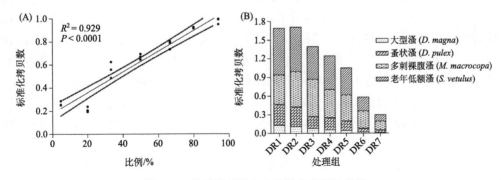

图 4-10　物种拷贝数与个体数占比间的关系

（A）表示拟同形溞在 DR1～DR7 组中个体数占比与其拷贝数相关性，包括拟合曲线和 95%置信区间；（B）表示其他 4
个物种在 DR1～DR7 组间拷贝数的变化

4.2.3 验证环境 DNA 宏条形码方法定量物种相对丰度

环境 DNA 宏条形码定量分析的序列数与物种个体数相对占比呈一致性变化趋势。COI[116] 引物高通量测序结果按错配碱基数小于 3 个，最低相似度为 95.69%，共筛选出 DNA 序列 27 069 条（110～120 bp），聚类 23 个 OTUs，其中大型溞 OTUs 6 个，蚤状溞 1 个，拟同形溞 4 个，老年低额溞 3 个，多刺裸腹溞 9 个。在 DR1～DR7 处理组间，环境 DNA 宏条形码所获得的拟同形溞标准化序列数由 0.17 增加至 0.69，增加了 0.52，标准化序列数与相对比例呈显著正相关（R^2 = 0.885, $P<0.0001$）[图 4-11（A）]；大型溞、蚤状溞、多刺裸腹溞、老年低额溞 4 个物种标准化后序列数由 1.74 降为 1.30，下降了 0.44，标准化后序列数随 DR1～DR7 组间物种相对比例减少而减少[图 4-11（B）]。高通量分析序列数与物种相对比例间的关系和 qPCR 物种拷贝数与物种相对占比的关系呈现一致性变化趋势。

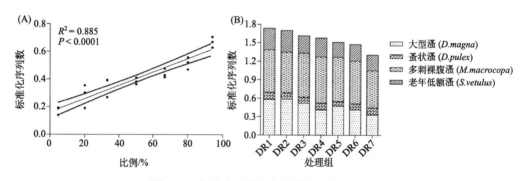

图 4-11　物种序列数与个体数占比间的关系

（A）表示拟同形溞在 DR1～DR7 组中个体数占比与其序列数相关性，包括拟合曲线和 95%置信区间；
（B）表示其他 4 个物种在 DR1～DR7 组间序列数的变化

4.2.4 环境 DNA 宏条形码与 qPCR 物种定量结果的比较

拟同形溞拷贝数与物种序列数变化呈显著正相关，且均随物种相对占比增加而增加。其个体数占比由 4.76% 增加至 94.12%，标准化后物种拷贝数值随个体占比约增加了 0.71；标准化序列数值随其个体数所占比例约增加了 0.52。将标准化拷贝数值与标准化后的序列数进行线性回归（图 4-12），拟同形溞从 DR1～DR7 组，序列数与拟同形溞拷贝数变化趋势一致，呈显著正相关（$R^2=0.767$，$P<0.0001$）。大型溞、蚤状溞、多刺裸腹溞、老年低额溞 4 个物种标准化拷贝数值由 DR1～DR7 处理组降低了 1.39，4 个物种标准化序列数值由 DR1～DR7 处理组降低了 0.44，拷贝数与序列数下降幅度不同，但是均呈现均匀下降趋势。物种序列数变化与物种拷贝数趋势一致，能够反映物种拷贝数变化。

环境 DNA 宏条形码定量结果与 qPCR 定量结果一致，环境 DNA 宏条形码技术可实现浮游动物群落半定量监测。qPCR 技术广泛应用于基因定量，也能根据标记基因对物种定量，其优势在于可以进行 DNA 拷贝数的绝对定量，已成为 DNA 定量的金标准。常用的环境 DNA 宏条形码物种定量研究是基于有机体的生物量与 DNA 的正比关系，研究发现物种序列与物种生物量、DNA 浓度成正比关系，而以生物丰度为单位的环境 DNA 宏条形码研究很少且定量体系不够成熟。

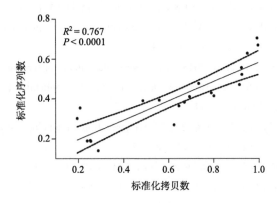

图 4-12　DR1～DR7 处理组间拟同形溞拷贝数与序列数相关性

环境 DNA 宏条形码定量监测能用于研究浮游动物物种相对丰度的变化。本书通过对混合样品中各物种丰度同时进行 qPCR 定量和环境 DNA 宏条形码定量，比较 qPCR 拷贝数和环境 DNA 宏条形码序列数的关系，验证环境 DNA 宏条形码定量的准确性，从而构建基于环境 DNA 宏条形码技术的浮游动物物种定量体系。结果发现 5 个浮游动物种拷贝数与个体数占比呈现一致性趋势变化（$R^2 = 0.929$, $P<0.0001$），这表明 qPCR 拷贝数能够反映物种相对丰度变化趋势，可作为衡量环境 DNA 宏条形码定量准确性的标准。环境 DNA 宏条形码序列数与混合物种个体占比呈明显正相关（$R^2 = 0.885$, $P<0.0001$），表明环境 DNA 宏条形码序列数变化能够反映浮游动物类群中物种的丰度变化。将环境 DNA 宏条形码定量获得的序列数与同处理组 qPCR 定量拷贝数进行比较，发现物种序列数与拷贝数随物种个体数所占比例变化呈现显著的一致性变化（$R^2 = 0.767$, $P<0.0001$）。物种拷贝数与序列数下降幅度有显著差异，主要原因可能是 2 种方法的定量单位不同而导致的通量不同，对研究结果无明显影响。综上所述，环境 DNA 宏条形码可用来研究浮游动物物种相对丰度的变化。

参 考 文 献

高旭, 杨江华, 张效伟. 2020. 浮游动物 DNA 宏条形码标志基因比较研究. 生态毒理学报, 15(2): 61-70.

孙晶莹, 杨江华, 张效伟. 2018. 环境 DNA(eDNA)宏条形码技术对枝角类浮游动物物种鉴定及其生物量监测研究. 生态毒理学报, 13(5): 76-86.

Cristescu M E. 2014. From barcoding single individuals to metabarcoding biological communities: towards an integrative approach to the study of global biodiversity. Trends in Ecology & Evolution, 29(10): 566-571.

Drake B G. 2014. Rising sea level, temperature, and precipitation impact plant and ecosystem responses to elevated CO_2 on a Chesapeake Bay wetland: review of a 28-year study. Global Change Biology, 20(11): 3329-3343.

Frolov S, Kudela R M, Bellingham J G. 2013. Monitoring of harmful algal blooms in the era of diminishing resources: a case study of the US West Coast. Harmful Algae, 21: 1-12.

Hirai J, Kuriyama M, Ichikawa T, et al. 2015. A metagenetic approach for revealing community structure of marine planktonic copepods. Molecular Ecology Resources, 15(1): 68-80.

Ji Y, Ashton L, Pedley S M, et al. 2013. Reliable, verifiable and efficient monitoring of biodiversity via metabarcoding. Ecology Letters, 16(10): 1245-1257.

Leray M, Yang J Y, Meyer C P, et al. 2013. A new versatile primer set targeting a short fragment of the mitochondrial COI region for metabarcoding metazoan diversity: application for characterizing coral reef fish gut contents. Front Zool, 10(1): 34.

Lindeque P K, Parry H E, Harmer R A, et al. 2013. Next generation sequencing reveals the hidden diversity of zooplankton assemblages. PLoS One, 8(11): e81327.

Möllmann C, Diekmann R. 2012. Marine ecosystem regime shifts induced by climate and overfishing : a review for the Northern Hemisphere. Advances in Ecological Research, 47: 303-347.

Murray D C, Bunce M, Cannell B L, et al. 2011. DNA-based faecal dietary analysis: a comparison of qpcr and high throughput sequencing approaches. PLoS One, 6(10).

Steinberg D K, Landry M R. 2014. Zooplankton and the ocean carbon cycle. Annual Review of Marine Science, 9(1).

Yang J H, Zhang X W, Xie Y W, et al. 2017a. Zooplankton community profiling in a eutrophic freshwater ecosystem-Lake Tai Basin by DNA metabarcoding. Scientific Reports, 7(1773): 1-11.

Yang J H, Zhang X W, Zhang W W, et al. 2017b. Indigenous species barcode database improves the identification of zooplankton. PLoS One, 12(10): e0185697.

Yang J H, Zhang X W, Xie Y W, et al. 2017c. Ecogenomics of zooplankton reveals ecological threshold of ammonia nitrogen. Environmental Science & Technology, 51(5): 3057-3064.

Yoccoz N G. 2012. The future of environmental DNA in ecology. Molecular Ecology, 21(8): 2031-2038.

第 5 章 浮游植物群落

浮游植物群落是水生态系统监测和健康评估的重要指标。浮游植物是水中营浮游生活的微小植物，通常指浮游藻类，广泛存在于河流、湖泊和海洋中。淡水浮游藻类主要包括蓝藻、绿藻、硅藻、裸藻、甲藻、金藻、黄藻和隐藻等类群。作为水生态系统中主要的初级生产力，除了生物量和浮游植物的种类组成外，优势种群及群落结构因能敏感地对复杂的环境变化做出响应，并直接影响上层食物链结构及整个生态系统稳定，常被用作指示水生态健康状况的重要指标。如蓝藻丰度被列为湖泊水库富营养化评价的重要指标；硅藻等真核藻类对环境胁迫响应敏感，常作为水生态系统健康的指示物种。浮游植物生物完整性指数（phytoplanktonic index of biotic integrity，P-IBI）也常被用于评价水生态健康的综合性指标。

环境 DNA 宏条形码技术为浮游植物的物种鉴定、生物多样性定量监测及群落结构分析提供了新的思路。环境 DNA 宏条形码已初步应用于表征海洋和淡水中浮游植物的生物多样性。如 Malviya 等收集了全球 47 个点位的环境 DNA 水样，共获得 4748 个硅藻的运算分类单元（operational taxonomic units，OTUs），优势类群有角毛藻属、拟脆杆藻属、海链藻属和环毛藻属（Malviya et al., 2016）。Leray 等通过环境 DNA 方法解析了海洋底栖藻类的多样性（Leray and Knowlton, 2015），也有研究用环境 DNA 宏条形码技术表征河流浮游生物图谱，尤其是硅藻的多样性。然而，目前对该方法的标准化和规范化研究较少，严重限制了其在可考核的生态环境监测体系中的应用与推广。环境 DNA 技术可显著提高对水生浮游植物群落监测的通量、精准性和标准化，对于在更大时空尺度下分析和评估水生态的变化和对人类活动干扰的响应有重要价值。

5.1 环境 DNA 宏条形码监测浮游植物的技术规范和精准性

5.1.1 环境 DNA 宏条形码监测浮游植物方法的规范

规范化的环境 DNA 宏条形码监测方法不仅可以实现对生态环境中物种丰富度的精准记录，而且可实现大尺度生物监测数据的跨时空比较，助力基于生物指数的水生态健康评价。目前不同实验室开展环境 DNA 研究选用的参数均不统一，难以实现跨实验室监测数据的整合与比较。以真核浮游植物为例，环境 DNA 研究采集的水样体积在 50 mL～3 L 不等（Machado et al., 2019; Reboul et al., 2019; Sze et al., 2018; Tragin and Vaulot, 2019），但大多数研究的过滤水样小于 500 mL，选择的滤膜孔径范围为 0.22～68 μm。目前真核浮游植物识别常用的 DNA 条形码区域主要包括核基因的 ITS、18S rDNA 和 28S rDNA 和叶绿体 *rbcL* 基因等（张宛宛等，2017）。其中 18S rDNA 基因具有更高的物种覆盖率及较为完善的条形码数据库，已被广泛应用于监测海洋和淡水真核藻类的组成（Reboul et al., 2019; 王靖淇等, 2017; 张宛宛, 2017）。不同研究中样品的测序深度相差超过 1 个数量级（3000～100 000 条），不同生态系统的物种丰富度不同，所需的测序深度也不同。目前，SILVA 数据库是国际上通用的核糖体小亚基 DNA 条形码数据库，其中 PR2 是专门针对 18S rDNA 条形码的数据库（Guillou et al., 2013），也有团队通过构建本土物种 DNA 条形码数据库以提高环境 DNA 监测物种的准确性（表 5-1）。

表 5-1　环境 DNA 宏条形码监测浮游植物多样性的参数选取差异

采样体积/mL	滤膜孔径/μm	引物	测序深度/条	物种数据库
50～3000	0.22～68	ITS、16S rDNA、18S rDNA、28S rDNA 和叶绿体 rbcL 基因等	3000～100 000	SILVA、PR2、本土数据库等

本章以高原湖泊滇池和抚仙湖的真核浮游植物为研究对象，采用环境 DNA 宏条形码生物监测技术监测真核浮游植物多样性的规范化流程（图 5-1）。

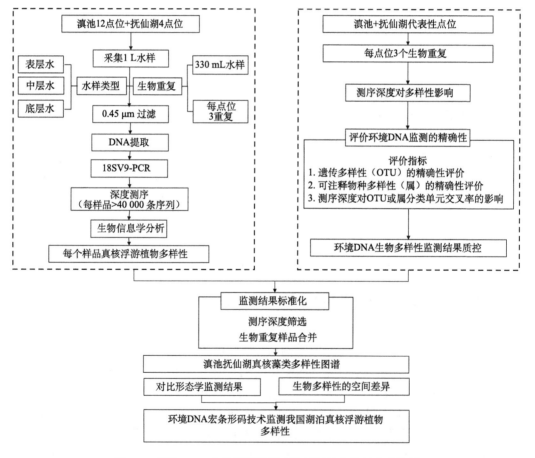

图 5-1　环境 DNA 宏条形码监测真核浮游植物的技术路线图

对滇池和抚仙湖各选取典型点位进行深度测序，发现测序深度显著影响环境 DNA 宏条形码技术检出物种的数目，且不同湖泊所需测序深度也不同。随着测序深度的增加，获得的 OTUs 和属数目均在不断增加，最后趋于平缓。在 OTUs 水平，36 000 和 40 000 的序列数可分别捕捉 90% 和 95% 的滇池 OTUs，30 000 和 36 000 的序列数可分别检出抚仙湖分别达到 90% 和 95% 的 OTUs 数目。在属水平，监测滇池 90% 和 95% 以上的属分别需要的测序深度是 30 000 和 38 000 条，识别抚仙湖 90% 和 95% 的属分别需要 20 000 和 28 000 条序列（图 5-2）。

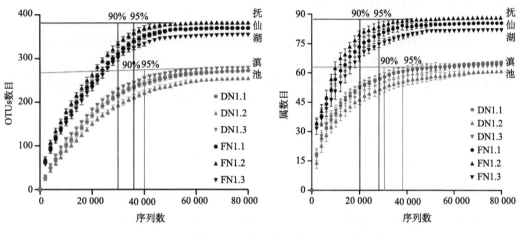

图 5-2 真核藻类分类单元数随着测序深度的变化

5.1.2 环境 DNA 宏条形码监测浮游植物的精准性

建立环境 DNA 宏条形码生物监测技术的精准度评价方法，是实现环境 DNA 生物监测数据质量控制的前提。精准度是衡量监测技术结果可靠性的重要指标，它不仅体现了数据的稳定性和可信度，同时会影响跨时间和空间上监测数据的比较，并影响监测评价结果。精准度包括精确性（重复性）和准确性（真实性），精确性指测量值之间的偏差，准确性指测量值和真实值之间的差距。精确性越高，证明监测方法越稳定，监测结果越可信。但是目前我国的水生生物监测研究主要依赖基于形态学的调查方法，尚未明确系统地提出精确性计算方法及质量控制。由于真实环境中的生物多样性未知，因此多用精确性来反映生物多样性监测方法的可靠性（Markert et al., 2013; 李黎等, 2018; 阴琨等, 2014）。生物监测精确性的检验需同时考虑其生物重复和技术重复。生物重复的精确性即在同一点位采集平行样品，分别进行实验处理所获得结果的偏差；技术重复的精确性则指对同一个生物样品做多次相同处理所获得结果的偏差（Zhan et al., 2014）。对于单个环境 DNA 样品，宏条形码技术直接获得的数据包括遗传分类单元（OTUs）数及其相对丰度、可注释的物种分类单元及其相对丰度。根据这些技术数据特征，可计算单个点位物种多样性指数，包括物种丰富度、香农-维纳多样性指数和 Pielou 均匀度等。这些指数是衡量一个点位生物多样性最常用的指标，也被用于评估水生态健康状况，例如，通过比较监测点位和参考点位之间的多样性指数，评价所监测点位水生态的好坏（Wen et al.,

2017；秦娇娇和王艳，2014）。因此环境 DNA 监测的精确性评价应包括遗传分类单元、可注释的物种分类单元及相应多样性指数等方面的评估。

本书作者通过平行样分析环境 DNA 监测结果的可重复性，分别从遗传多样性 OTUs 和可注释分类单元属水平构建环境 DNA 监测精确性评价方法，评价指标包括重复之间 OTUs 或属的交叉率及 α 多样性指数的变异系数（张丽娟等，2021）。

1. 平行 OTUs 或属的交叉情况

3 个平行 OTUs 或属交叉率

$$= \frac{3 \times \text{共有的OTUs或属数目}}{\text{平行A的OTUs或属数目} + \text{平行B的OTUs或属数目} + \text{平行C的OTUs或属数目}}$$

基于权重的 OTUs 或属交叉率

$$= \frac{\text{平行A共有OTUs或属序列数} + \text{平行B共有OTUs或属的序列数} + \text{平行C共有OTUs或属的序列数}}{\text{平行A序列数} + \text{平行B序列数} + \text{平行C序列数}}$$

至少出现在两个平行中的 OTUs 或属交叉率

$$= \frac{2 \times \text{只在两个平行共有的OTUs或属数目} + 3 \times \text{3个平行共有的OTUs或属数目}}{\text{平行A的OTUs或属数目} + \text{平行B的OTUs或属数目} + \text{平行C的OTUs或属数目}}$$

2. α 多样性的变异系数（CV 值）

分别基于生物重复在 OTUs 和属水平的丰富度、香农指数、Pielou 均匀度计算变异系数：

$$\text{变异系数 CV} = \frac{\text{标准差}}{\text{平均值}}$$

通过上述评价体系评估环境 DNA 宏条形码监测滇池和抚仙湖生物多样性的精准性，发现同一个点位采集的三瓶水之间 OTUs 交叉率达到（45.97±1.67）%，对应的序列占比达到（92.83±2.74）%；可注释分类单元属的重复性达到（64.21±3.25）%，相应的序列占比为（98.41±0.51）%（表 5-2），说明平行样品间可以覆盖绝大多数优势物种，同时 α 多样性指数的 CV 值小于 10%（图 5-3），说明环境 DNA 监测具有高精准性。

平行样品间生物多样性的监测误差受多方面因素影响：①采样不均匀；②技术误差，如 DNA 提取（DNA 裂解效率）、PCR 扩增（引物扩增偏好性及扩增条件）、测序（测序平台的选择、测序深度及固有误差）及生物信息学过程（如数据筛选、OTUs 聚类方法选择、嵌合体过滤等）；③采样或实验室污染引入少量低丰度的序列误差等。因此在环境 DNA 监测过程中需要采集平行样品，同时针对每个处理步骤做好质控，也可针对每个过程设置对照，来识别和降低误差，保证数据质量和评估结果的可信度。

表 5-2　环境 DNA 宏条形码监测数据的精准性评价结果　　　（单位：%）

项目	分类单元交叉率		α 多样性指数 CV 值		
	3 个平行均出现	至少出现在两个平行	丰富度	香农指数	Pielou 均匀度
OTUs 数目	45.97 ± 1.67	68.01 ± 1.98	7.54 ± 2.60	2.82 ± 1.70	3.55 ± 1.59
属数目	64.21 ± 3.25	84.16 ± 3.76	4.71 ± 2.30	2.51 ± 0.98	3.63 ± 0.95

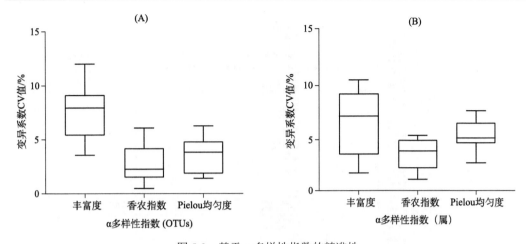

图 5-3 基于 α 多样性指数的精准性

（A）基于 OTUs 的 α 多样性指数的精准性； （B）基于属的 α 多样性指数的精准性

5.2 环境 DNA 宏条形码监测高原湖泊真核浮游植物多样性

5.2.1 环境 DNA 宏条形码监测滇池和抚仙湖真核浮游植物组成

环境 DNA 宏条形码在滇池和抚仙湖共检出真核藻类 110 属，分属于 9 门 16 纲 32 目 66 科，其中绿藻门的种类最丰富，共识别出 30 科 53 属，在种类数量上占有绝对优势。角甲藻属、衣藻属和多甲角藻属识别出的 OTUs 数目最多，冠盘藻属和小环藻属次之。冠盘藻属、栅藻属和裸甲藻属的序列数最多，占真核藻类序列数的 30% 以上，其次为衣藻属和隐藻属（图 5-4）。

滇池共监测到真核藻类 75 个属，分属于 8 门 13 纲 23 目 49 科。其中绿藻门和硅藻门为主要优势类群，绿藻门有 33 属，占总序列数的 40.27%，共识别硅藻 14 属，占总序列数的 41.67%。优势属为冠盘藻属、栅藻属和隐藻属。

抚仙湖 10 个点位监测到真核藻类 90 个属，分属于 9 门 13 纲 29 目 56 科，绿藻门和硅藻门物种丰富度最高，绿藻门包含 42 个属，硅藻门 16 个属。甲藻门相对丰度最高，占总序列的 40.94%，其次为硅藻门。绝对优势种为裸甲藻属和衣藻属（相对丰度>10%），其次为栅藻属、多甲藻属、原甲藻属和金色藻属（图 5-4）。

5.2.2 环境 DNA 宏条形码和传统形态学监测结果的一致性

环境 DNA 宏条形码覆盖了滇池 62.5% 和抚仙湖 71.05% 的形态学监测数据（图 5-5），表明两种方法监测结果具有较高一致性。其中环境 DNA 识别的滇池（如栅藻属、隐藻属和冠盘藻属等）和抚仙湖（如衣藻属、锥囊藻属和脆杆藻属等）的优势属，在以往的形态学调查中也作为优势类群出现（王华等，2016），说明环境 DNA 监测具有较高的还原力。原理上，任意两个物种间都存在基因序列的差异，因此形态学可监测到的物种几乎都可以被 DNA 宏条形码方法识别出来。目前 DNA 宏条形码未监测出来的物种，有很大

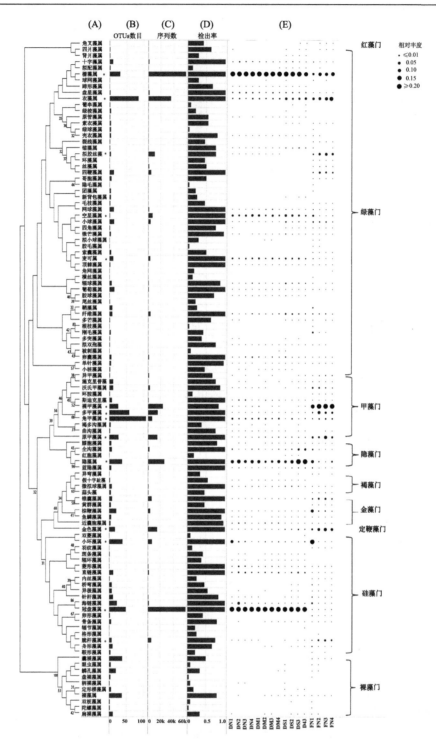

图 5-4　环境 DNA 宏条形码监测表征的真核浮游植物群落

（A）基于条形码序列的系统进化关系，进化距离依据 K2P 模型计算，进化树构建基于邻接法；（B）每个属对应的 OTUs
数目；（C）每个属对应的序列数；（D）属的检出频率；（E）属在每个点位的分布情况，点的大小代表特定属在该点位
的相对丰度

一部分缺乏相应的 DNA 条形码数据，这一问题将会随着参考数据库的不断补充而解决。相比于传统形态学，环境 DNA 宏条形码可以识别出更多的物种，尤其对于稀有物种和隐蔽物种，如金藻门和褐藻门。已有大量研究也发现很多隐匿种及形态学分类特征不明显的物种可以被宏条形码技术检测到（Debroas et al., 2017; Leblanc et al., 2018; 王靖淇等, 2017），说明基于分子水平的物种识别方法具有更高的灵敏度和分辨率。

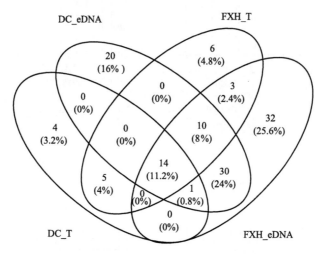

图 5-5　环境 DNA 宏条形码和形态学监测真核浮游植物在属水平的比较
DC：滇池；FXH：抚仙湖；T：形态学监测结果；eDNA：环境 DNA 宏条形码监测结果

5.2.3　环境 DNA 宏条形码揭示生物多样性的空间差异

1. 生物多样性的垂直差异

滇池不同水深的真核藻类多样性差别不大，但是抚仙湖不同水深的真核藻类多样性具有显著性差异。滇池属于浅水型湖泊，分别取 0.5 m（表层）、2 m（中层）和 4 m（底层）水深的样品进行生物多样性分析，基于 OTUs 计算的真核藻类香农指数存在显著性差异（P =0.015），其余多样性参数无明显差异（P>0.05）。抚仙湖属于深水性湖泊，在水下 0.5 m（表层）、10 m（中层）和 20 m（底层）分别采集的环境 DNA 水样中获得的 OTUs 丰富度、香农指数和 Pielou 均匀度均存在显著性差异（P<0.05），10 m 左右水层真核藻类的种类最丰富、生物多样性最高、均匀度也略高，其次为表层水。在可注释分类单元属水平，中层水（10 m）的真核藻类多样性显著高于表层水和底层水，但是表层水和底层水的生物多样性无显著差异（图 5-6）。这是由于抚仙湖是深水型湖泊，夏季具有明显的温跃层，抑制了水体的上下混合交换，进而导致浮游植物的垂直分布差异。

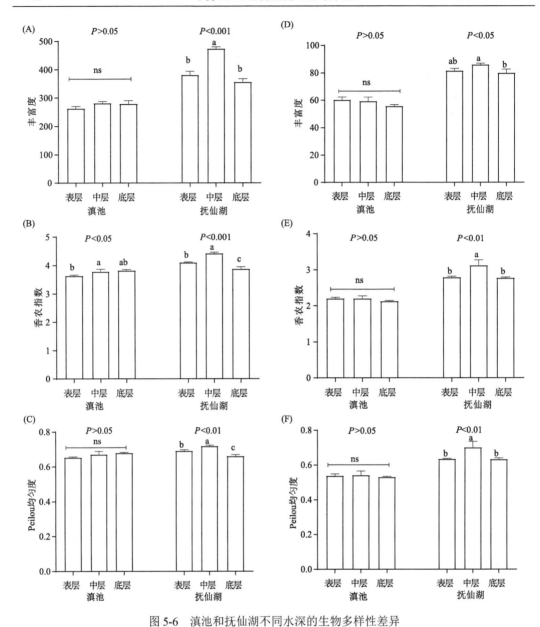

图 5-6　滇池和抚仙湖不同水深的生物多样性差异

（A）～（C）基于 OTUs 的生物多样性差异；（D）～（E）基于可注释分类单元属的生物多样性差异；ns 表示无显著性
差异（$P > 0.05$）；不同字母表示显著性差异（$P < 0.05$）

2. 区域间生物多样性差异

环境 DNA 宏条形码监测结果显示，抚仙湖北部的生物多样性明显高于滇池各区域，滇池南部的生物多样性明显高于中部和北部（图 5-7）。这可能是由于抚仙湖生态系统的生产力更低，营养资源有限，物种之间竞争更弱，从而保证更多的物种共存，生物多样性增加。滇池南部的真核藻类多样性明显高于滇池北部和中部，可能是人类活动导致不同区域的污染类型程度存在差异，影响了浮游植物的多样性。

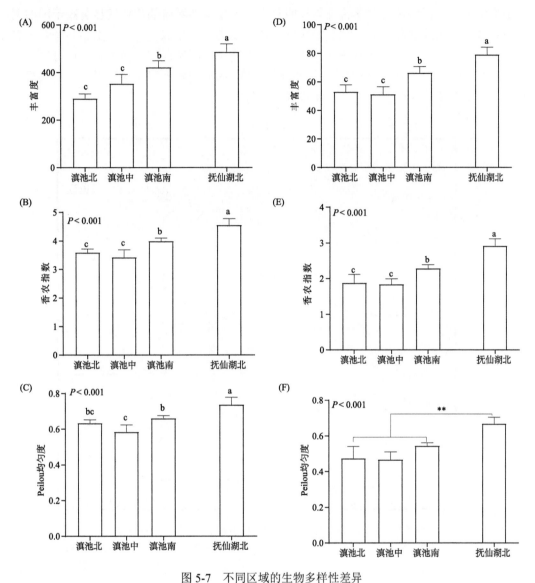

图 5-7　不同区域的生物多样性差异

（A）～（C）基于 OTUs 的生物多样性差异；（D）～（F）基于可注释分类单元属的生物多样性差异；**代表 $P < 0.01$

5.3　环境 DNA 宏条形码揭示长江、太湖等水体连通生态环境效应

为阐明长江、太湖等水体连通水生态环境效应，本书作者团队以浮游藻类群落空间分布为特征目标物，采用环境 DNA 宏条形码技术，于 2019 年 8 月分别以长江、望虞河—贡湖湾、太滆运河—竺山湖、太湖湖心区为典型区域，开展水体连通水生态环境效应监测，实现生态系统变化的"藻"知今日（图 5-8）。结果显示：长江、太滆运河和望

虞河等河流型生态系统浮游藻类群落特征相似度较高，竺山湖、贡湖湾和太湖湖心区等湖泊型生态系统浮游藻类群落特征差异明显，河流型生态系统的相似度显著高于湖泊型生态系统；水系连通导致河、湖交汇区域的浮游藻类群落相似度升高，生态系统特征趋于一致；长江特征物种江河骨条藻已通过水系连通实现区域迁移，在太湖湖体可检测到其相关 DNA 信息。与传统形态学方法相比，环境 DNA 宏条形码技术呈现出样品获得性高、生物信息覆盖面广、灵敏性高和重复性高等特征。

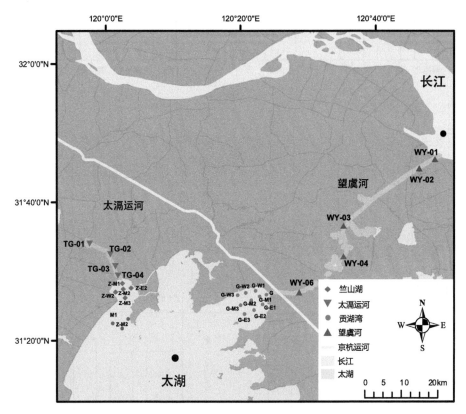

图 5-8　望虞河和太滆运河及其相连的湖湾整体调查布点情况

采样点位包括长江 1 个点位，望虞河 5 个点位，贡湖湾 10 个点位，太滆运河 4 个点位，竺山湖 5 个点位，太湖湖心 1 个点位

5.3.1　河湖连通对浮游植物群落空间分布格局的影响

1. 生物多样性分布格局

不同水体间检出的分类单元和扩增子序列变异（amplicon sequence variants, ASVs）的数量各不相同。河流的物种丰富度远高于湖泊。长江中检出的属/种最多（113），而太滆运河中检出的 ASVs 最多（878），在太湖湖心检出的 ASVs（412）和属/种（83）的数量最低。浮游植物的群落组成也呈现显著的空间差异。长江、太滆运河和望虞河的河流生态系统中浮游植物群落的差异较小，而贡湖湾、竺山湖和太湖湖心的湖泊生态系统中的群落差异更为明显。

2. 水系连通导致河湖交汇区生态系统特征趋于一致

　　长江、太滆运河、望虞河、竺山湖、贡湖湾和湖心区藻类群落组成差异分析结果还显示，水系连通导致河湖混合区生态系统趋同性升高。具体体现在：①超过44.1%（60/136）的物种为区域间共有，但是只有 6.6%（9/136）的物种为某一栖息地特有。贡湖湾和望虞河共有的物种数目为 82，高于其和太湖湖心共有物种数 77。竺山湖和太滆运河共有物种数目为 84，高于其和太湖湖心共有物种数目 67。②统计分析上，望虞河和太滆运河上测点距离湖体越近，空间聚类越靠近湖泊型生态系统 [图 5-9（A）]。

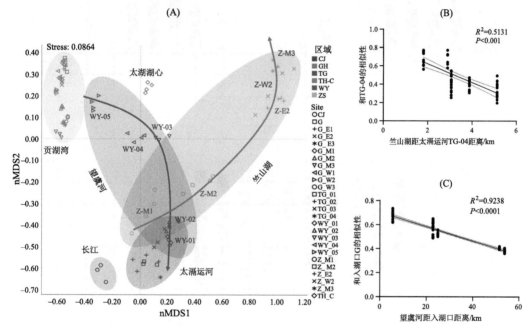

图 5-9　环境 DNA 揭示藻类群落组成差异

3. 河流出、入湖状态显著影响生态系统物种分布

　　从河流、湖泊水力关系角度，入湖河流可以视作湖泊的源，出湖河流可以视作湖泊的汇。调查期间，太滆运河为入湖状态，望虞河为出湖状态。结果显示，河流出、入湖状态显著影响生态系统物种分布，无论是湖泊生态系统还是河流生态系统，物种组成均受到输入源的显著影响。具体体现在：①竺山湖测点距离太滆运河河口越近，浮游藻类群落与太滆运河的相似性越高 [图 5-9（B）]。如蓝藻门的长孢藻属、平裂藻属在太滆运河中的丰度较高，在竺山湖也有检出，且距太滆运河河口的距离越近，物种丰度越高（图 5-10）。②贡湖湾不同点位的浮游藻类群落组成相似，未明显受到望虞河影响。受太湖排水影响，贡湖湾反而对望虞河的浮游藻类群落组成有显著影响，望虞河测点距离贡湖湾的距离越近，浮游藻类群落与贡湖湾的相似性越高 [图 5-9（C）]。以隐杆藻属和聚球藻属为例，这两个属在贡湖湾蓝藻门中的总比例达到 60%以上，在望虞河也有较高分布，

且望虞河测点距贡湖湾的距离越近，物种丰度越高（图 5-11）。

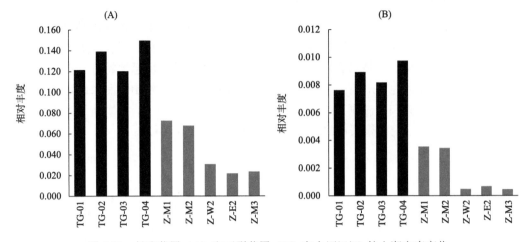

图 5-10　长孢藻属（A）和平裂藻属（B）在太滆运河-竺山湖丰度变化

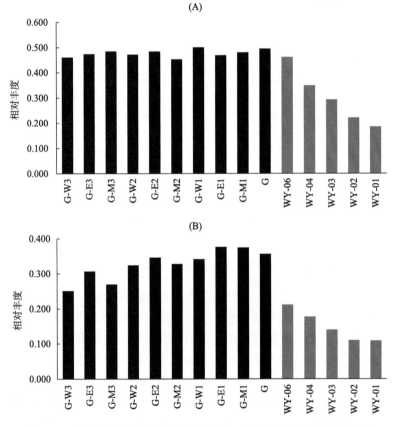

图 5-11　隐杆藻属（A）和聚球藻属（B）在望虞河-贡湖湾丰度变化

4. 长江特征物种已通过水系连通实现区域迁移

通过深度分析环境 DNA 数据发现，长江指示物种江河骨条藻已通过水系连通实现区域迁移，其 DNA 信息已在太湖等水体检出。江河骨条藻为长江口的优势浮游藻类，其作为代表性淡水骨条藻种类，因生长速度快，适应能力强等特征，已在美国的五大湖、欧洲的多瑙河、法国的卢瓦河和捷克的易北河等地被确认为外来物种。监测数据显示，太湖流域不同河流及太湖不同湖区均能检测到江河骨条藻生物信息，其在太滆运河、竺山湖、望虞河、贡湖湾的相对丰度分别占长江中相对丰度的（29.86±7.32）%、（8.42±5.57）%、（7.53±7.33）%和（1.11±0.38）%（图 5-12）。骨条藻种类之间的形态学差异非常细微，被称为分类学上的隐形种，在形态学鉴定中易被忽略。目前对这一物种的生态学研究较少，尚难以预测江河骨条藻的入侵效应。但是，骨条藻属作为海洋中赤潮形成的关键类群，生长速度较快，相比其他微型藻类更具竞争优势。此外，骨条藻能够通过枝角类动物的过滤过程或抑制一些桡足类消费者的卵孵化成功率，从而对浮游动物产生负面影响。已有研究发现江河骨条藻丰度和温度呈显著正相关，随着江、河、湖的连通性不断增加及气候变暖，该物种在太湖中的分布可能更加广泛。因此需要持续关注该物种在太湖的分布动态。另外环境 DNA 数据还反映，拟多甲藻和阿氏浮丝藻等河流型优势藻类表现出了类似的分布规律。

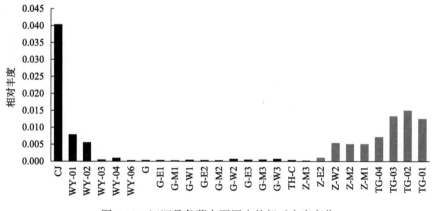

图 5-12　江河骨条藻在不同水体相对丰度变化

5.3.2　环境 DNA 宏条形码技术特点

1. 样品获得性高

相比传统的显微镜鉴定方法，环境 DNA 技术无须捕获生物个体，只需一瓢水，便可捕获生物遗留在水样中的遗传物质，通过高通量基因检测和物种基因数据库比对，即可"藻"知今日，实现生物监测的无创化、快速化和标准化。

2. 生物信息覆盖面广

环境 DNA 宏条形码技术在本次监测调查中，共识别出水生生物 11 个门类，838 个科，1255 属。覆盖细菌-真菌-真核藻类-浮游/底栖动物-鱼类多个营养级生物类群（图 5-13）。

图 5-13　环境 DNA 全面监测太湖-长江生物多样性图谱

3. 生物信息灵敏性高

在本次监测中，环境 DNA 技术对微型和分类学隐形种具有更高的灵敏性。与显微镜形态学监测相比，环境 DNA 技术可覆盖更宽的浮游藻类粒径范围，且对微小粒径的藻类和隐形种识别能力更强，共识别出超微型浮游植物和微型浮游植物 88 属/种（图 5-14）。同时，环境 DNA 技术对物种种内遗传多样性的高分辨率体现在对微囊藻属内多样性的识别上。本次监测首次发现长江、太湖、望虞河和太滆运河共存在 15 个微囊藻属遗传学分类单元，且呈现出明显的差异化生态分布格局（图 5-15），展现了分子生物学技术对微囊藻属物种溯源的强大潜力。

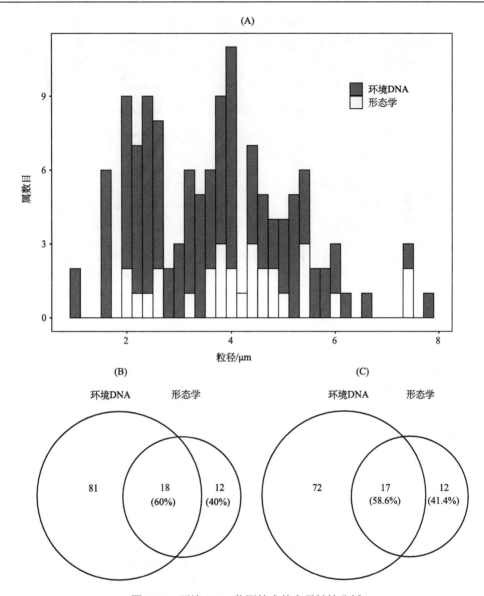

图 5-14 环境 DNA 监测技术的高灵敏性分析

（A）环境 DNA 和形态学识别藻类的粒径分布图；（B）、（C）环境 DNA 和形态学方法在望虞河（B）、贡湖湾（C）监测藻类物种的一致性

4. 生物信息重复性高

环境 DNA 宏条形码监测技术具有高精准性。以浮游藻类多样性监测为例，环境 DNA 监测重复样品间序列重复率达到 99.0%，属分类单元交叉率达到 75.3%，多样性指数的变异系数 CV<10.0%。

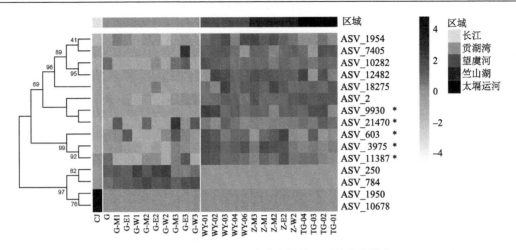

图 5-15　环境 DNA 对微囊藻多样性识别的高分辨率

环境 DNA 共识别微囊藻属 15 个遗传学分类单元（*标注为铜绿微囊藻），在太湖流域呈现出明显的生态分布格局

5.4　小　　结

环境 DNA 宏条形码技术在对浮游植物监测的理论研究方面已展现出极大的作用与价值。然而，将其推广应用至现有的监测管理体系，仍需实现方法的标准化和规范化。本章重点介绍了环境 DNA 宏条形码技术监测浮游植物亟待标准化的流程和参数，构建了监测数据的精准性评价体系，并将该技术应用于我国重点流域如滇池、抚仙湖和太湖等的浮游植物群落监测。

环境 DNA 宏条形码监测和传统形态学相比，具有多方面优势：①经济高效。现有环境 DNA 宏条形码技术实现高通量化，样品处理速度更快，成本更低。②精准客观。不同于形态学方法高度依赖专家鉴定水平，环境 DNA 宏条形码可实现流程的标准化和机械化，重复性更高，可实现监测数据的再现化。③物种分辨率高。基于 DNA 的物种识别方法可以鉴别到物种甚至亚种水平，同时识别物种多样性和遗传多样性，物种分辨率高。④灵敏度高。环境 DNA 宏条形码也可以识别更多生态系统中的隐蔽种，形态学易混淆物种和微小粒径藻类，灵敏度高。同时，环境 DNA 宏条形码可以高分辨地揭示浮游植物群落的空间变化。

目前基于环境 DNA 对浮游植物的监测方法正在形成规范。随着 DNA 条形码数据库的不断完善，对于稀有物种和易混淆物种的鉴定将进一步明确。针对特定流域，本土物种的 DNA 条形码数据库的构建将有效提高浮游植物物种的精准监测。另外，环境 DNA 技术的发展还需要提高对浮游植物的丰度信息的获取,这对于水生态健康评价至关重要。目前仍需进一步提高环境 DNA 宏条形码对物种相对定量的准确性，并构建绝对定量方法，如向环境 DNA 样品中加入质粒内标或添加梯度稀释的已知藻类，实现不同样品间藻类绝对丰度的比较。

参 考 文 献

李黎, 王瑜, 林岿璇, 等. 2018. 河流生态系统指示生物与生物监测: 概念、方法及发展趋势. 中国环境监测, 34(6): 26-36.

秦娇娇, 王艳. 2014. 浮游植物多样性指数的应用及评价. 沈阳师范大学学报(自然科学版), 32(4): 502-505.

王华, 杨树平, 房晟忠, 等. 2016. 滇池浮游植物群落特征及与环境因子的典范对应分析. 中国环境科学, 36(2): 544-552.

王靖淇, 王书平, 张远, 等. 2017. 高通量测序技术研究辽河真核浮游藻类的群落结构特征. 环境科学, 38(4): 1403-1413.

阴琨, 王业耀, 许人骥, 等. 2014. 中国流域水环境生物监测体系构成和发展. 中国环境监测, 30(5): 114-120.

张丽娟, 徐杉, 赵峥, 等. 2021. 环境 DNA 宏条形码监测湖泊真核浮游植物的精准性. 环境科学, 42(2): 796-807.

张宛宛. 2017. 基于 DNA 宏条形码技术的浮游植物群落多样性监测研究. 南京: 南京大学.

张宛宛, 谢玉为, 杨江华, 等. 2017. DNA 宏条形码(metabarcoding)技术在浮游植物群落监测研究中的应用. 生态毒理学报, 12(1): 15-24.

Markert B, 王美娥, Wünschmann S, 等. 2013. 环境质量评价中的生物指示与生物监测. 生态学报, 33(1): 33-44.

Debroas D, Domaizon I, Humbert J F, et al. 2017. Overview of freshwater microbial eukaryotes diversity: A first analysis of publicly available metabarcoding data. Fems Microbiology Ecology, 93(4).

Guillou L, Bachar D, Audic S, et al. 2013. The Protist Ribosomal Reference database (PR2): a catalog of unicellular eukaryote Small Sub-Unit rRNA sequences with curated taxonomy. Nucleic Acids Research, 41(D1): D597-D604.

Leblanc K, Queguiner B, Diaz F, et al. 2018. Nanoplanktonic diatoms are globally overlooked but play a role in spring blooms and carbon export. Nature Communications, 9.

Leray M, Knowlton N. 2015. DNA barcoding and metabarcoding of standardized samples reveal patterns of marine benthic diversity. Proceedings of the National Academy of Sciences, 112(7): 2076-2081.

Machado K B, Targueta C P, Antunes A M, et al. 2019. Diversity patterns of planktonic microeukaryote communities in tropical floodplain lakes based on 18S rDNA gene sequences. Journal of Plankton Research, 41(3): 241-256.

Malviya S, Scalco E, Audic S, et al. 2016. Insights into global diatom distribution and diversity in the world's ocean. Proceedings of the National Academy of Sciences of the United States of America, 113(11): E1516.

Reboul G, Moreira D, Bertolino P, et al. 2019. Microbial eukaryotes in the suboxic chemosynthetic ecosystem of Movile Cave, Romania. Environmental Microbiology Reports, 11(3): 464-473.

Sze Y, Miranda L N, Sin T M, et al. 2018. Characterising planktonic dinoflagellate diversity in Singapore using DNA metabarcoding. Metabarcoding and Metagenomics, 2: e25136.

Tragin M, Vaulot D. 2019. Novel diversity within marine Mamiellophyceae (Chlorophyta) unveiled by metabarcoding. Scientific Reports, 9(1): 5190.

Wen C, Wu L, Qin Y. et al. 2017. Evaluation of the reproducibility of amplicon sequencing with Illumina MiSeq platform. PLoS One, 12(4): e0176716.

Zhan A, He S, Brown E A. et al. 2014. Reproducibility of pyrosequencing data for biodiversity assessment in complex communities. Methods in Ecology and Evolution, 5(9): 881-890.

第 6 章　底栖动物群落

底栖动物一般指生活史全部或者大部分时间都生活于水体底部的动物类群，在水生态监测中，底栖动物往往特指能够被 0.5 mm 孔径的筛网截留的大型动物，且一般特指无脊椎动物。底栖动物数量巨大、种类繁多，包括环节动物、软体动物、节肢动物、腔肠动物和棘皮动物等，占据着多种不同的生态位，发挥着不同的生态作用，直接或间接影响不同营养级生物类群的数量及分布（许木启和张知彬，2002）。底栖动物以藻类、细小有机物颗粒、凋落物为食（Rosi-Marshall and Wallace, 2002），同时又可作为鱼类的饵料（Vander Zanden and Vadeboncoeur, 2002），并通过摄食、扰动或生物沉降等过程，加速水-沉积物界面有机碎屑的破碎和分解，促进介质间的物质交换和水体自净，在水生食物网的物质循环、能量流动中起到了重要的作用。大量研究和观测表明，不同类群的底栖动物对环境污染和人类活动的耐受性有较大差异，且底栖动物个体相对较大，生命周期较长、活动范围较小、分布广泛，易于收集和研究，能够反映所在区域一段时间内的环境变化。基于上述特点，底栖动物常被用于指示生态健康状况，根据底栖动物对于人类活动和环境污染的耐受性差异，可以将部分底栖动物物种分为敏感种或耐污种，并用于构建基于耐污值的生态评价指标（耿世伟等, 2012），利用种群结构、优势物种、生物量或生物密度等参数来反映生态质量状况。底栖动物生物完整性指数（benthic index of biotic integrity，B-IBI）也常被用于评价水生态健康的综合性指标。

6.1　太湖本土底栖动物 DNA 条形码数据库构建

DNA 条形码技术鉴别物种的关键是将测得的 DNA 序列与数据库中已知的 DNA 序列进行比对。太湖流域近 5 年监测到的底栖动物物种就高达 400 种以上，其中绝大部分物种没有进行过 DNA 条形码测序，考虑到本土物种与国外同名物种的遗传差异性，有必要对太湖流域的底栖动物 DNA 条形码进行测定，构建太湖本土底栖动物 DNA 条形码数据库，增加环境 DNA 宏条形码技术在太湖底栖动物快速监测应用中的可靠性。技术路线如图 6-1 所示。

6.1.1　公共数据库比对

经样品收集、DNA 提取和扩增、Sanger 测序，最终获得共计 105 条高质量的底栖动物 DNA 条形码序列，隶属 10 科 47 属 58 种，包含摇蚊、软体动物、寡毛纲等常见的指示物种。所有建库物种中，摇蚊科有 35 属 45 种，软体动物 9 种，寡毛纲 3 种，蜉蝣目 1 种。序列长度在 653~724 bp 之间（除了 1 条用短片段引物替代），GC 碱基含量在 30.6%~57.0%之间，平均 GC 含量为 36.9%，碱基组成表现出明显的偏倚性。序列经 NCBI 公共数据库 BLAST 比对后得到最匹配的物种、序列相似性等信息，以此确定物种测序

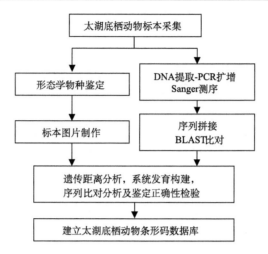

图 6-1　太湖本土底栖动物条形码数据库构建流程图

的正确性和一致性。105 条序列中，44 条序列 BLAST 结果与形态学鉴定结果一致，即二者鉴定结果在同一分类水平上且命名相同，鉴别结果一致的序列占总数的 42%；11 条序列的形态学鉴定结果需要细化，即 BLAST 结果比形态学鉴定结果的分类水平更低（例如形态学鉴定至某属，BLAST 比对至该属具体一种），占比 10.5%。

许多本土物种难以在公共数据库中找到高度相似的序列，可能限制物种注释的可靠性。比对结果中，本土序列与公共数据库的相似度在 82.7%～100% 之间，平均相似度为 91.3%，有 48 条序列与 NCBI 数据库比对的最高相似度低于 98%，低于 Hebert 推荐的种内遗传距离相似性阈值（Hebert et al., 2003）；37 条序列与 NCBI 数据库比对的最高相似度低于 95%，分别占总序列数的 45.7% 和 35.2%。这说明很多本土底栖物种难以在公共数据库中找到相似性较高的序列，即本土底栖动物的遗传信息在现有的公共数据库中是普遍缺乏的，这直接限制了基于公共数据库的物种注释的可靠性。本次实验中的 40 个物种，在公共数据库中未能检索到中国本土序列。

公共数据库物种鉴别与命名的误差也可能导致比对结果的不一致。与 NCBI 数据库比对相似度不足 95% 的序列中，没有一条序列在种级别上与比对结果一致。比对一致性为 "DNA 需细化的" 的序列，除宽斑壳粗腹摇蚊（*Conchapelopia togamaculosa*）的 2 条序列外，比对相似度均在 95% 以下。其中拉粗腹摇蚊属某种（*Larsia* sp.）、刀突摇蚊属某种（*Psectrocladius* sp.）、无突摇蚊属某种（*Ablabesmyia* sp.）、拟枝角摇蚊属某种（*Paracladopelma* sp.）、异三突摇蚊属某种（*Heterotrissocladius* sp.）在公共数据库中都只匹配到摇蚊科（*Chironomidae*）。这些物种在公共数据库中均有同属条形码序列的记录，其中无突摇蚊属和拟枝角摇蚊属摇蚊有中国本土同属条形序列记录，但在 BLAST 比对中均未匹配到同属序列。这可能是由于公共数据库的形态学鉴定精度不高，未能将标本鉴定至属，而实际上该序列属于无突摇蚊属或拟枝角摇蚊属。此外，较低的相似度也说明，对于上述这些序列，公共数据库中现有的序列可能均为同属不同种，尽管太湖本土标本未鉴定至种，但实际上存在本土种和国外种的差异。

本土物种建库丰富了可用的条形码数据库。瓦氏红仙女虫（*Haemonais waldvogeli*）

仅在 NCBI 公共数据库匹配到"无脊椎动物环境样品"（invertebrate environmental sample），且在公共数据库中未能检索到该物种的序列，可以认为国内外对于瓦氏红仙女虫的条形码记录是空白的。大沼螺（*Parafossarulus eximius*）的 2 条序列在 NCBI 数据库匹配为沼螺属某种（*Parafossarulus* sp.），可能为沼螺属不同于大沼螺的另一物种，NCBI 数据库中未能检索到大沼螺的序列，而太湖流域沼螺属物种包括大沼螺、纹沼螺等，因此太湖本土序列有助于沼螺属物种的精准识别。

6.1.2　遗传距离分析

种内和种间遗传距离的大小是利用 DNA 条形码序列进行物种鉴别的重要标准。本次获取的太湖本土底栖动物条形码可以在种的水平上区分物种，但在属水平上不能完全清晰地区分来自不同属的物种。

本书共计获得 105 条序列，在形态学上隶属于 55 个不同的分类单元，使用序列分析软件 MEGA X 基于 p-distance 计算序列两两之间的遗传距离，汇总得到分类单元内（种内或属内）以及分类单元两两之间的平均遗传距离。种间平均遗传距离频数分布见图 6-2。结果显示，55 个种属之间平均遗传距离的最大值为 0.547，最小值为 0.095，平均值为 0.219。除了伞状倒毛摇蚊（*Microtendipes umbrosus*）和特长足摇蚊属摇蚊（*Thienemannimyia* sp.）间的遗传距离为 0.095 外，其余所有不同种序列遗传距离均大于 0.1，占序列对总数的 99.93%。所有种间平均遗传距离中，85.93% 的遗传距离大于 0.15，37.64% 的遗传距离大于 0.2。即本次实验收集的底栖动物 DNA 条形码序列，分类单元间的遗传距离在 0.1 以上，其中包括不同种之间的遗传距离，也包括不同属之间的遗传距离。在种内遗传距离方面，14 个物种的种内遗传距离小于 0.02，涵盖共计 40 条序列。其中德永雕翅摇蚊、拉粗腹摇蚊属某种、大沼螺的种内遗传距离最小（0）。明确鉴定至种的分类单元中，黄色羽摇蚊的种内平均遗传距离最大（0.065），可见种间遗传距离（>0.1）全部大于种内遗传距离，说明利用 COI 基因构建本土底栖动物条形码数据库，

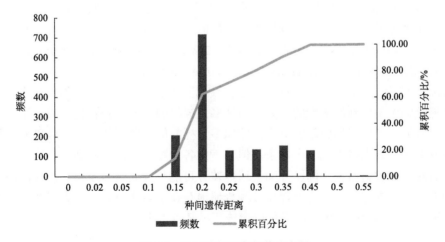

图 6-2　种间遗传距离频数分布图

条形图表示遗传距离分布在该区间内的序列对的频数，折线图表示遗传距离属于或低于该区间的所有序列对在所有序列对中的占比

可以对不同物种进行有效的分类鉴别。对于仅鉴定至属的物种序列，部分种内遗传距离达到 10%以上，包括前突摇蚊属某种（0.112）、大粗腹摇蚊属某种（0.124）、棒脉摇蚊属某种（0.165）、尼罗长足摇蚊属某种（0.165）、长跗摇蚊属某种（0.180）、特长足摇蚊属某种（0.185）。此外，霍甫水丝蚓、椭圆萝卜螺的种内遗传距离达到了 0.2 以上，需要进一步比对验证。因此，本次获取的太湖本土底栖动物条形码可以在种的水平上区分物种，但在属水平上不能完全清晰地区分来自不同属的物种。

6.1.3 系统发育树构建

通过系统发育树的构建，可以较好地区分不同分类单元的序列。本书采用邻接法构建 58 种底栖动物的系统发育树，以确定构建的 DNA 条形码数据库中各物种序列的亲缘关系，检验数据库的有效性，构建结果见图 6-3。总体上，节肢动物、软体动物、环节动物分别聚类到不同分支上，彼此间序列没有交叉。在科水平上，除了觽螺科狭口螺属的序列单独成系外，各科序列分别聚类在一起。对于软体动物和环节动物，各个物种的序列很好地聚类在一起形成单系。

对于摇蚊科而言，同属种间的遗传差异可能与属间遗传差异一样大，但同一物种内的遗传差异则非常小。摇蚊科是本次研究中物种数和序列数最多的一个类群，其物种构成和系统发育关系相对复杂。由图 6-3 可见，来自于同一个种的序列，在系统发育树中基本聚类到一个分支，如黄色羽摇蚊（*Chironomus flaviplumus*）、多毛二叉摇蚊（*Dicrotendipes saetanumerosus*）、德永雕翅摇蚊（*Glyptotendipe tokunagai*）等，在遗传距离计算中已经发现，明确鉴定到种的物种序列，平均种内遗传距离较小，最大 0.063，大部分小于 0.02，体现在系统发育关系上即同种序列严格聚类在一起。仅鉴定到属的物种序列聚类情况有所差异。有的属序列聚类在一起，如小摇蚊属某种（*Microchironomus* sp.）的 3 条序列、弯铗摇蚊属某种（*Cryptotendipes* sp.）的 3 条序列等。另有部分属，同属的多条序列并不能形成一个单系，例如长跗摇蚊属某种（*Tanytarsus* sp.）和多足摇蚊属某种（*Polypedilum* sp.）的序列。多足摇蚊属的序列是一个极具代表性的例子，本次研究共计获得 8 条多足摇蚊属的序列，包括 2 条多足摇蚊属某种（*Polypedilum* sp.）序列、2 条刀铗多足摇蚊（*Polypedilum cultellatum*）序列、2 条冲原多足摇蚊（*Polypedilum okiharaki*）序列、1 条筑波多足摇蚊（*Polypedilum tsukubaense*）序列、1 条单毛多足摇蚊（*Polypedilum henicurum*）序列。在系统发育树中，多足摇蚊属某种的 2 条序列首先形成单系，又与筑波多足摇蚊的 1 条序列形成新的单系；刀铗多足摇蚊的 2 条序列首先形成单系，又与单毛多足摇蚊的 1 条序列形成新的单系；冲原多足摇蚊的 2 条序列单独形成单系。尽管多足摇蚊属的序列并未聚类成一个单系，但其下的各个物种分别严格地聚类成多个单系，这意味着对于摇蚊科而言，同属种间的遗传差异可能与属间遗传差异一样大，但同一物种内的遗传差异则非常小。这一现象较为普遍地存在于本次研究中，表现在属内和属间遗传距离可能高达 10%～20%，而种内遗传距离基本上小于 2%。

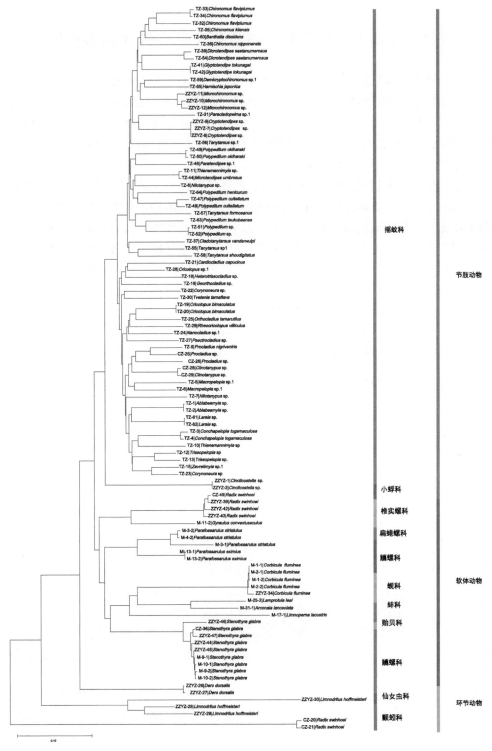

图 6-3　邻接法构建底栖动物系统发育树

每一分支末端代表一条序列，标尺中的 0.10 代表遗传距离单位为 0.10/Ma

6.2　环境 DNA 宏条形码监测太湖底栖动物多样性

为了评估太湖流域的底栖动物多样性，评价太湖流域的生态健康状况，监测部门需要在许多点位进行例行的底栖动物调查。目前，底栖动物环境 DNA 宏条形码技术的应用性研究仍然较少。有研究者利用宏条形码方法对底栖动物进行了监测并探究了底栖动物环境 DNA 监测结果与理化因子环境梯度的相关性（Emilson et al., 2017），但其使用的前处理方法仍需要挑拣、鉴定、研磨等流程，并未真正实现快速和高通量。部分研究着眼于少数点位的物种识别工作，使用挑拣后的底栖动物组织或乙醇固定剂作为实验对象（Carew et al., 2013; Gibson et al., 2014; Hajibabaei et al., 2011），且主要为溪流点位。很少有学者将无须挑拣的酒精浸提前处理方法应用于流域尺度的大规模监测中，或同时比较物种识别、生态评价等方面的一致性的相关研究，在监测需求日益增加，环境 DNA 方法不断发展的今天，急需一项大规模应用性研究来证明该方法的可行性，增强人们对于环境 DNA 宏条形码技术的信心。本书将开创性地将环境 DNA 宏条形码技术运用于太湖流域底栖动物大规模调查中（两期共 77 个点位）（图 6-4），与形态学监测同步实施，在物种识别和生态评价等方面互相比较，并总结环境 DNA 方法用于大规模监测的可靠性，在将来可以作为进一步推广应用的参考（图 6-5）。

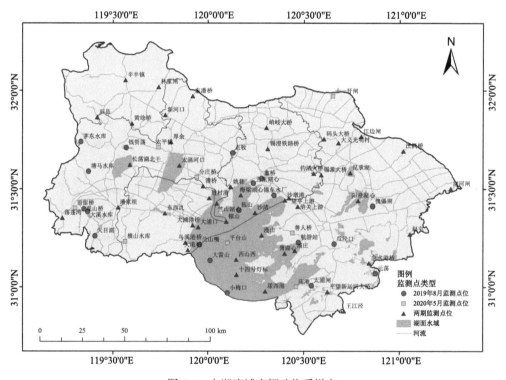

图 6-4　太湖流域底栖动物采样点

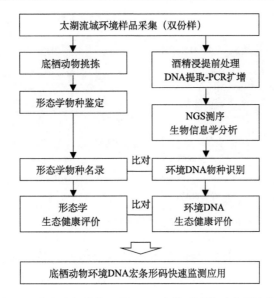

图 6-5　太湖底栖动物环境 DNA 宏条形码快速监测流程图

6.2.1　底栖动物多样性监测结果

以 2019 年 8 月监测结果为例，本次调查中，环境 DNA 方法得到 2479 个 OTUs。经过注释后，有 370 个 OTUs 获得注释结果，经筛选，共有 243 个 OTUs 被注释到了 107 底栖动物物种，包括环节动物、软体动物、节肢动物等主要的底栖动物类群（图 6-6、图 6-7）。环境 DNA 方法在 65 个点位发现了共计 107 个的不同的底栖动物物种，隶属 3 门 6 纲 14 目 35 科 73 属。共计发现底栖动物 1308 种次，平均每个点位发现底栖动物约 20 种，是形态学平均检出物种数的近 3 倍。检出物种数最多的点位是：①阳澄湖心，39 种；②大港桥，35 种；③钓渚大桥，33 种；④观山桥，32 种；⑤东西氿，30 种。检出频次最高的物种前五名分别为：①颤蚓科某种（*Tubificinae* sp.），65 次；②苏氏尾鳃蚓（*Branchiura sowerbyi*），61 次；③环棱螺属某种（*Bellamya* sp.），57 次；④单向蚓目某种（*Astacopsidrilus ryuteki*），47 次；⑤蚬属某种（*Corbicula* sp.），46 次。根据序列占比

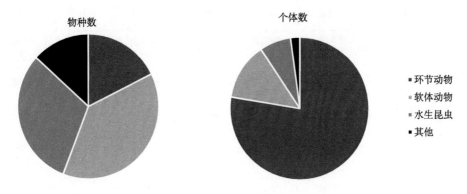

图 6-6　形态学 DNA 监测注释结果（2019 年）

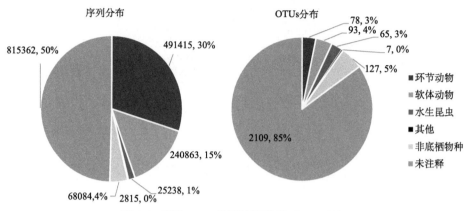

图 6-7 环境 DNA 监测注释结果（2019 年）

确定各个环境样品中的第一优势物种，发现以下物种作为第一优势物种的次数最多：
①颤蚓科某种（*Tubificinae* sp.），25 次；②环棱螺属（*Bellamya*），13 次；③苏氏尾鳃蚓
（*Branchiura sowerbyi*），8 次。在科级别，检出种次数最高的 3 个科分别为：①仙女虫科，
334 种次；②摇蚊科，253 种次；③田螺科，240 种次。在属级别，检出种次最高的 3 个
属分别为：①环棱螺属，202 种次；②蚬属，81 种次；③仙女虫属，73 种次。

环境 DNA 监测结果中，检出频次和第一优势物种次数的前五名非常一致（表 6-1）。
注意到颤蚓科某种这一分类单元，可能是由于寡毛纲动物的参考序列相对缺乏，尤其是
没有本土数据库，因此将一些颤蚓科的物种统一注释到了颤蚓科一级。事实上，"颤蚓科
某种"可能涵盖了水丝蚓属、尾鳃蚓属等多个动物类群。另外，用于注释的公共数据库
中，部分水丝蚓属和尾鳃蚓属的序列被归类为仙女虫科中，这可能是仙女虫科检出种次
数最高，但仙女虫属检出种次数略少的原因。总体而言，环境 DNA 监测结果表明了包含
水丝蚓属、尾鳃蚓属在内的颤蚓科、环棱螺属、蚬属是太湖流域广泛分布的底栖动物类群。

表 6-1 优势物种对照表（2019 年）

检出频次前五名				第一优势物种前五名				科种次数前五名				属种次数前五名			
形态学		环境 DNA		形态学		环境 DNA		形态学		环境 DNA		形态学		环境 DNA	
物种名	次数	物种名	次数	物种名	次数	物种名	次数	物种名	次数	物种名	次数	物种名	次数	物种名	次数
霍甫水丝蚓	53	颤蚓科某种	65	霍甫水丝蚓	21	颤蚓科某种	25	摇蚊科	113	仙女虫科	334	水丝蚓属	71	环棱螺属	202
苏氏尾鳃蚓	36	苏氏尾鳃蚓	61	梨形环棱螺	7	环棱螺属某种	13	颤蚓科	109	摇蚊科	253	环棱螺属	53	蚬属	81
铜锈环棱螺	26	环棱螺属某种	57	河蚬	7	苏氏尾鳃蚓	8	田螺科	53	田螺科	240	尾鳃蚓属	35	仙女虫属	73
梨形环棱螺	25	单向蚓目某种	47	绒铗长足摇蚊	6	单向蚓目某种	5	蚬科	31	蚬科	81	蚬属	31	颤蚓科某属	65
河蚬	23	蚬属某种	46	前突摇蚊	4	河蚬	3	蚌科	27	颤蚓科	65	前突摇蚊属	20	尾鳃蚓属	61

6.2.2　底栖动物多样性监测结果与形态学方法的比对

为了证明环境 DNA 方法用于监测底栖动物，特别是物种识别的有效性和可靠性，需要将环境 DNA 监测的结果与形态学监测的结果进行比对。这里，将在检出的分类单元数、优势物种的识别、物种检出频次等方面，对两种方法的监测结果进行比较，以确定两种方法在多大程度上具有一致性。无论是环境 DNA 方法还是形态学鉴定方法，在物种识别上都有一定的误差，种级别的鉴定结果可能是不准确的，一些 OTUs 未被注释到具体的物种，一些标本也未被明确到种。考虑到结果的可比性，应当在同一明确的分类水平上对物种识别结果进行比较，故主要采用属或科级别的分类信息进行后续的数据分析和比对。

1. 分类单元数的比较

环境 DNA 方法能够比形态学方法检出更多物种，且分辨率更高。在太湖流域 2019 年 8 月的监测中，环境 DNA 方法共计检出 107 个物种，隶属 35 科 73 属，形态学监测方法共计检出 69 个物种，隶属 33 科 55 属。在科、属、种级别，环境 DNA 方法的检出分类单元数都高于传统形态学方法（图 6-8）。在 2020 年 5 月的监测中，也呈现出相同的情况，环境 DNA 方法检出 40 科 74 属 105 种底栖动物，传统形态学方法检出 38 科 62 属 79 种底栖动物。注意到随着分类级别的细化，两种方法检出分类单元数的差距也不断增加，说明环境 DNA 方法在同科、同属的物种鉴别上，可能比形态学方法具有更高的分辨率，这也是环境 DNA 方法主要的优势之一。环境 DNA 方法除了在总体上比形态学结果监测到更多物种外，在各个点位识别的物种数也普遍更高。2019 年监测中，形态学方法在每个监测点位平均识别底栖动物 7.7 种，而环境 DNA 方法平均识别底栖动物 20.5 种，是形态学的近 3 倍。2020 年监测中，形态学方法在每个点位平均识别底栖动物 8.4 种，环境 DNA 方法平均识别底栖动物 16.6 种，是形态学的近 2 倍。这可能是由于环境 DNA 方法识别到了更多仙女虫科的物种，如仙女虫属、尾盘虫属、盘丝蚓属等，这些物种往往体型极小，肉眼难以分辨，形态学监测往往不能识别或将其排除在挑拣范围之外。事实上，仙女虫科动物在水体中分布非常广，且具有一定的生态指示意义。

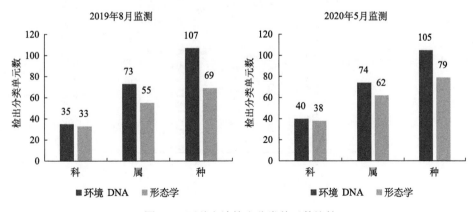

图 6-8　两种方法检出分类单元数比较

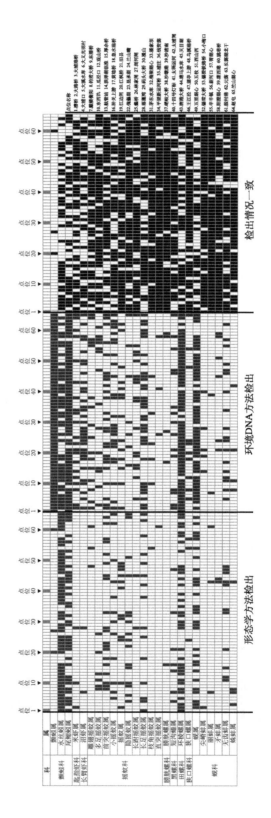

图 6-9　两种方法对各属物种检出表（2019 年）

左侧区域为传统形态学方法的底栖动物监测热图，中间部分为环境 DNA 方法的底栖动物监测热图，右侧区域表示两者检出情况一致的点位种物
种（均检出或均未检出）

环境 DNA 方法在物种存在与否的判断上，与形态学方法一致性高达 72.3%。如图 6-9 所示，左侧区域为传统形态学方法的底栖动物监测热图，中间部分为环境 DNA 方法的底栖动物监测热图，右侧区域表示两者检出情况一致的点位和物种（均检出或均未检出）。由图可知，底栖动物流域分布特征存在较高的一致性，1625 个点位-物种单元格中，共有 1175 个在两种方法中获得了一致的检出结果，一致率达到了 72.3%。同时，热点图也直观地表明，水丝蚓属、尾鳃蚓属、环棱螺属、蚬属、前突摇蚊属、长足摇蚊属等类群，是太湖流域较为普遍存在的类群，分别被两种监测方法高频率地检出。

2. 检出频次和种次数的比较

对于流域大规模监测而言，除了单一点位的群落特征，在流域范围内某些物种出现的频率也是值得关注的信息之一。在这里，本书评估了两种方法共同检出的属在检出频率上的相关性，分别采用了检出频次和种次两个指标进行比较。检出频次表示某分类单元在多少个点位被检出；检出种次进一步考虑了隶属的分类单元的数目，将隶属于某一属的所有物种在所有点位出现的次数进行加和，作为一项指标进行比较。

环境 DNA 方法在流域常见种的识别上与形态学方法具有较高一致性，对同一物种的检出频率与形态学方法高度相关。对于环境 DNA 和形态学方法共同检出的属，将基于两种方法算得的检出频次和检出种次分别进行线性回归，结果表明：同一个属在环境 DNA 方法中的检出频次或检出种次，与其在形态学方法中的检出频次或检出种次呈现出显著的线性相关（$p<0.001$），2019 年和 2020 年的监测结果都呈现出这一规律（图 6-10）。其中最强的相关性出现在 2019 年两种方法检出种次的关系上，R^2 达到了 0.7824。此外，2019 年和 2020 年的检出频次，R^2 分别为 0.7509 和 0.7215。2020 年两者的检出种次关系相对较弱，$R^2=0.6519$，但关系仍然是非常显著的（$p<0.001$）。由此可见，在形态学监测中检出频率较高的分类单元，在环境 DNA 检测中同样被高频检出，即环境 DNA 方法在对流域常见种的识别上与形态学方法具有较高的一致性，对于判断物种是否在流域范围内广泛存在具有相近的效果。

总结而言，环境 DNA 方法比形态学方法识别出了更多的物种，既体现在总数上，也体现在点位平均值上。环境 DNA 能够识别出形态学鉴定中通常难以识别的物种，例如仙女虫科。在优势物种的鉴别上，环境 DNA 识别的结果与形态学是较为一致的。在科和属的水平上，尽管两种方法共同检出的分类单元数并不多，但都具有较高的重要性，共同检出的科或属能够代表形态学结果中大部分的物种数、绝大部分的个体数和生物量。在形态学鉴定中，检出较为频繁的分类单元，在环境 DNA 方法中同样被高频率地检出；形态学结果中较为罕见的分类单元，在环境 DNA 方法中同样较少检出，即对于物种在太湖流域分布的广泛性，能够通过两种监测方法得到类似的识别结果。至此可以认为，环境 DNA 方法在物种识别，包括优势种的识别上是有效的，与形态学方法具有较高的一致性，能够用于太湖流域尺度的底栖动物多样性监测。

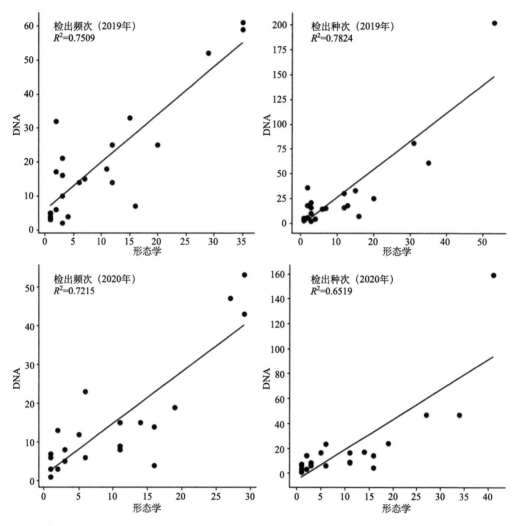

图 6-10 两种方法对各属检出率的比较

环境 DNA 方法与形态学方法对各属物种检出频次、检出种次的相关性,每个散点代表一个属,横坐标为被形态学方法检出的频次或种次,纵坐标为被 DNA 方法检出的频次或种次。上方为 2019 年结果,下方为 2020 年结果。两种方法的检出频次和检出种次,在两期监测中均有显著相关性($p < 0.001$)

6.3 环境 DNA 宏条形码评价太湖底栖动物完整性状态

6.3.1 底栖动物完整性指数计算

对于太湖流域底栖动物监测而言,不仅要对流域和各点位的底栖动物物种进行识别,在此基础上进行生态健康的评价同样重要。只有对流域和点位的生态健康状况进行评价,才能为管理和决策提供更直观、更有价值的参考。目前为止,尚没有研究比较过环境 DNA 方法和形态学方法用于底栖动物生态健康评价的一致性。本节将在生物指数的计算和流域生态健康状况的评价两方面,比较环境 DNA 方法与形态学方法的一致性,进而确定环境 DNA 方法用于生态评价的有效性和可靠性。本书以底栖动物完整性指数（B-IBI）为例，比较环境 DNA 结果和形态学结果在各个单项指数和复合指数上的相关性，探究利用环境 DNA 结果进行 B-IBI 指数计算，或替代部分单项指数的可行性。基于物种鉴别结果，分别计算 B1——软体动物分类单元数，B2——第一优势度（基于生物密度/reads 数），B3——底栖动物快速评价指数（BMWP）（基于科水平的打分值）。综合上述 3 个指数计算 B-IBI 指数。将各点位经两种方法算得的单项指数、B-IBI 指数进行线性回归分析。同时，根据形态学 B-IBI 指数划分点位生态健康等级，检验环境 DNA 方法算得的 B-IBI 值能否区分不同生态健康等级的点位。

基于环境 DNA 监测结果的 B-IBI 指数与形态学结果显著相关，可以区分生态健康的优劣。经计算和比较发现（图 6-11），2019 年监测中两种方法的结果在 B1——软体动物分类单元数（$R^2=0.381$）、B3——BMWP 打分值（$R^2=0.287$）、B-IBI 指数（$R^2=0.235$）方面有显著的线性相关性（$p<0.0001$），其中 B3、B-IBI 两对关系最为显著（$p<0.0001$）。而 B2——第一优势度则未呈现出相关性。由图中箱型图可知，环境 DNA 方法得到的

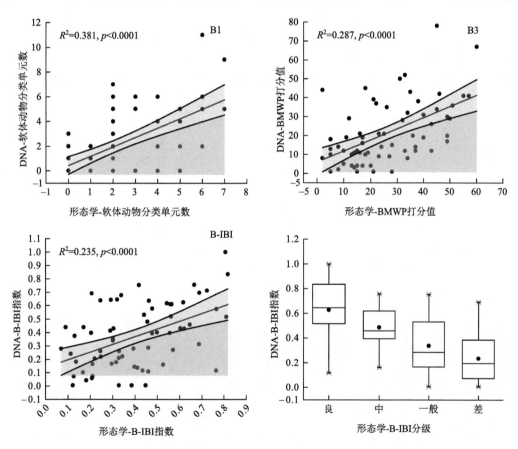

图 6-11 两种方法计算生物指数的相关性

环境 DNA 方法与形态学方法对生物指数计算的相关性，每个散点代表一个采样点，横坐标为基于形态学方法的生物指数计算结果，纵坐标为基于 DNA 方法的计算结果。B1、B3、B-IBI 指数在两种方法间存在显著相关性（$p<0.0001$）。右下箱形图中，每个点代表一个点位，横坐标为基于形态学结果划分的生态等级，纵坐标为基于环境 DNA 结果计算的 B-IBI 指数

B-IBI 指数，能够较好地区分基于形态学结果划分的不同生态健康等级的点位，对于参考点（良）、受损点（差）能够很好地进行区分。同样的结论也出现在 2020 年监测结果中：B1（R^2=0.3587）、B3（R^2=0.217）、B-IBI（R^2=0.3312）在两种方法之间具有显著的相关性。

使用环境 DNA 结果计算的单项指数部分替代形态学结果，可以区分生态健康的优劣。使用环境 DNA 结果计算得到的单项指数，对形态学结果中 3 个单项指数进行替换，计算经调整后的 B-IBI 指数，比较与形态学 B-IBI 指数的相关性，并检验其能否区分基于形态学结果划分的不同生态健康等级的点位（图 6-12）。由图可知，所有替换组合算得的 B-IBI 值，均与形态学 B-IBI 值显著线性相关（p<0.0001），其中同时替换 B1 和 B3，得到的结果与形态学相关性最强（R^2>0.5），并且能够较好地区分不同生态健康等级的点位，这与 B1、B3 两个单项指数良好的一致性有关。值得关注的是，同时替换 B2 和 B3 指数后，B-IBI 指数间仍然具有显著的相关性（R^2=0.372，p<0.0001），相关性略高于完全使用环境 DNA 结果计算的 B-IBI 值（R^2=0.235）。这在实践中可能具有一定价值，即通过形态学鉴定结果算得 B1，结合环境 DNA 结果算得的 B2 和 B3 指数，计算最终的 B-IBI 值。由于 B2 和 B3 的计算都需要将物种至少鉴定至科级别，而 B2 的计算更需要将物种鉴定至种并计数，工作量巨大，使用环境 DNA 结果进行替代可以节省大量时间和人力。软体动物个体大，易于挑拣和鉴定，因此形态学鉴定较容易据此确定 B1。两者

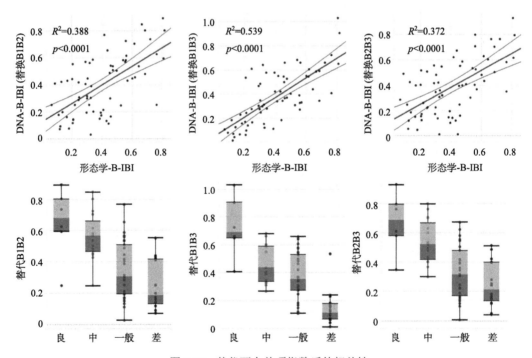

图 6-12　替代两个单项指数后的相关性

从左到右分别为替代 B1B2、B1B3、B2B3 后，新 B-IBI 计算值与原始结果的比较，图中每个点代表一个采样点。上方散点图为线性回归结果，横坐标为形态学计算值，纵坐标为环境 DNA 计算值。下方箱形图为基于生态等级划分的新 B-IBI 计算值分布，横坐标为基于形态学结果划分的生态质量等级，纵坐标为基于环境 DNA 结果的 B-IBI 计算值

结合，既能减少一定工作量，又能快速得到一个可用的评价结果，在未来高频度例行监测中可以用于初步区分生态健康状况较好和较差的点位，为管理提供依据。

6.3.2　底栖动物完整性空间格局

利用基于环境 DNA 结果计算的 B-IBI 值，对点位进行生态质量等级划分，并与形态学结果比较。结果表明，40%的点位取得了与形态学一致的 B-IBI 等级，绝大多数点位（94%）的基于环境 DNA 的 B-IBI 等级和形态学方法评价结果的偏差在 1 级以内。同时，利用插值法绘制 B-IBI 值的核密度地理分布图，揭示整个太湖流域江苏片区基于底栖动物的生态质量状况，并比较两种方法高值区域的重合情况，结果显示两种方法在流域尺度底栖动物完整性空间格局的描绘上高度重合。

环境 DNA 监测结果揭示出太湖流域底栖动物完整性的空间分布（灰度深浅表示 B-IBI 值的高低）。2019 年的监测结果（图 6-13）显示，在太湖东西两岸、太湖东北（钓渚大桥周边）、太湖流域西侧（大溪水库周边）底栖动物完整性较好。形态学监测结果呈现出类似的格局，图 6-13（C）中灰度斑块表示形态学评价结果的高值区，阴影斑块表示环境 DNA 评价结果的高值区。可以直观地发现，两者分布高度一致。2020 年的监测结果呈现出与 2019 年不同的空间格局（图 6-14），在太湖东岸、太湖西北岸、太湖流域东北（大义光明村周边）、太湖流域西北（厚余周边）底栖动物完整性较好。同期的形态学监测结果呈现出类似的格局。经比较发现，同期进行的环境 DNA 与形态学监测的结果，在太湖流域底栖动物完整性的空间分布上，呈现出高度一致性，而 2019 年和 2020

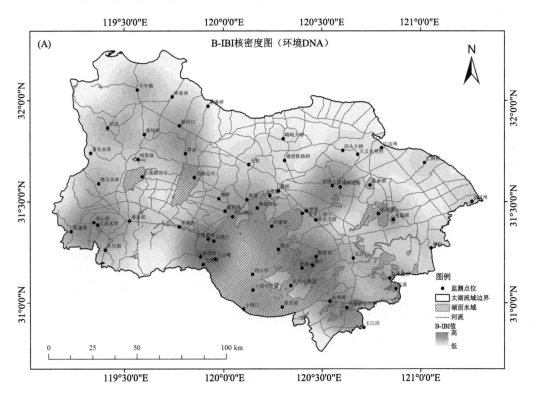

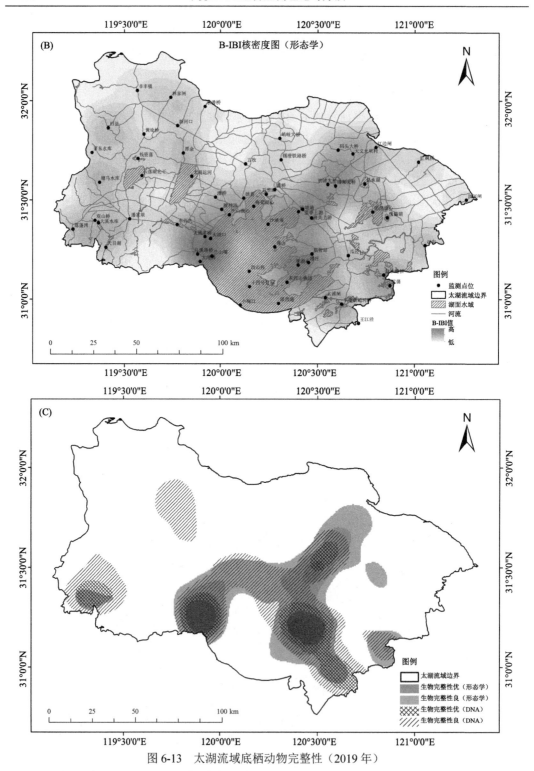

图 6-13　太湖流域底栖动物完整性（2019 年）

图（A）与图（B）的灰度深浅表示 B-IBI 核密度值的高低，代表附近区域基于底栖动物完整性的生态质量优劣。图（C）的灰度代表形态学监测结果的底栖动物完整性高值区，两种阴影表示环境 DNA 监测结果的高值区，灰度斑块与阴影重合说明两种方法具有一致性

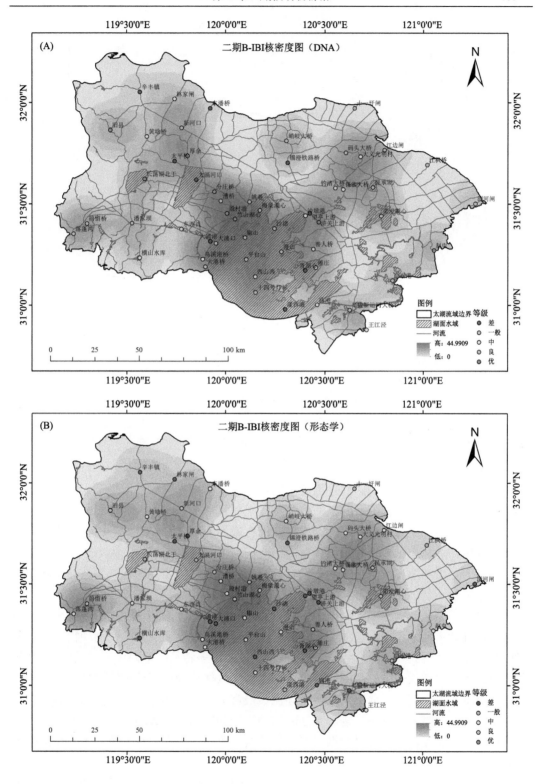

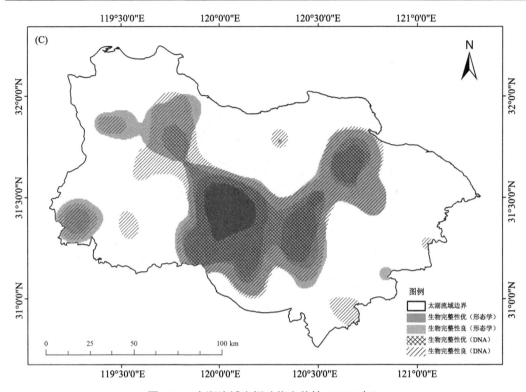

图 6-14　太湖流域底栖动物完整性（2020 年）

图（A）与图（B）的灰度深浅表示 B-IBI 核密度值的高低，代表附近区域基于底栖动物完整性的生态质量优劣。图（C）的灰度代表形态学监测结果的底栖动物完整性高值区，两种阴影表示环境 DNA 监测结果的高值区，灰度斑块与阴影重合说明两种方法具有一致性

年两期监测之间又有明显的区别。因此可以认为，将环境 DNA 结果用于太湖流域的底栖动物完整性评价是可行的，并且在很大程度上与目前形态学评价的结果是一致的。尽管在物种识别的层面有时略有出入，但这并没有成为环境 DNA 宏条形码技术应用于点位生态健康评价和揭示流域生态健康格局的障碍。本节的结论可以作为下一步环境监测和管理部门采用环境 DNA 技术进行例行监测的参考，在需要快速判断生态健康状况但对于物种识别不苛刻的场景，环境 DNA 方法被证明是非常有效的。

　　本书基于底栖动物 DNA 条形码研究中常用的 COI 基因，利用太湖流域收集的大型底栖无脊椎动物标本，在形态学鉴定的基础上，建立了太湖流域本土底栖动物 DNA 条形码数据库，获得共计 58 种太湖流域底栖动物的 105 条特征条形码序列，其中 40 个物种条形码为国内首次记录。数据库涵盖了摇蚊科、软体动物、寡毛纲等主要指示物种，包括霍甫水丝蚓、河蚬、前突摇蚊等太湖流域最常见的优势物种。本土数据库的完善和应用，将大大提高基于分子生物学方法的物种识别的准确性、成功率、可靠性，为太湖底栖动物快速高通量监测提供数据支撑。相关成果可为太湖乃至我国淡水生物监测的全面开展提供参考案例。

　　本书基于标准化的底栖动物环境 DNA 宏条形码技术，对整个太湖流域的共计 77 个点位进行了底栖动物监测，与同步进行的形态学监测结果对比，揭示了太湖流域底栖动物多样性，验证了环境 DNA 方法用于太湖流域底栖动物监测的有效性和可靠性。环境 DNA 方法比形态学方法发现了更多的物种数，在同科或同属的不同物种识别上具有更高的分辨率。环境 DNA 方法检出的物种，能够代表形态学结果中绝大多数的个体数、生物量和大部分的物种数，即能很好地识别优势物种或主要物种。在同一物种的检出频率上，环境 DNA 方法与形态学方法呈现出较好的一致性，两种方法的检出频次、种次显著正相关（$R^2>0.7$，$p<0.001$），总体检出一致性高达 72%。在生态健康评价方面，两种方法在 B-IBI 指数的计算上呈现出显著相关性，可以很好地区分生态质量的优劣，在流域底栖动物完整性空间格局的描绘上高度一致。本书率先开展了底栖动物环境 DNA 方法的大规模监测应用，为监测和管理部门采用该方法提供了重要的参考案例，为环境 DNA 宏条形码监测的有效性和可靠性提供了有力证明。环境 DNA 宏条形码具有快速、高通量的先天优势，且成本正在不断降低，在未来可以作为底栖动物监测的一种新方法，作为形态学监测的一种补充，或是部分取代形态学监测，在快速监测和生态评价中发挥更大的作用。

参 考 文 献

耿世伟, 渠晓东, 张远, 等. 2012. 大型底栖动物生物评价指数比较与应用. 环境科学, 33(7): 2281-2287.

许木启, 张知彬. 2002. 我国无脊椎动物生态学研究进展概述. 动物学报, (5): 689-694.

Carew M E, Pettigrove V J, Metzeling L, et al. 2013. Environmental monitoring using next generation sequencing: rapid identification of macroinvertebrate bioindicator species. Frontiers in Zoology, 10: 15.

Emilson C E, Thompson D G, Venier L A, et al. 2017. DNA metabarcoding and morphological macroinvertebrate metrics reveal the same changes in boreal watersheds across an environmental gradient. Scientific Reports, 7: 11.

Gibson J, Shokralla S, Porter T M, et al. 2014. Simultaneous assessment of the macrobiome and microbiome in a bulk sample of tropical arthropods through DNA metasystematics. Proceedings of the National Academy of Sciences of the United States of America, 111(22): 8007-8012.

Hajibabaei M, Shokralla S, Zhou X, et al. 2011. Environmental barcoding: a next-generation sequencing approach for biomonitoring applications using river benthos. PLoS One, 6(4).

Hebert P D N, Cywinska A, Ball S L, et al. 2003. Biological identifications through DNA barcodes. Proceedings of the Royal Society B-Biological Sciences, 270(1512): 313-321.

Rosi-Marshall E J, Wallace J B. 2002. Invertebrate food webs along a stream resource gradient. Freshwater Biology, 47(1): 129-141.

Vander Zanden M J, Vadeboncoeur Y. 2002. Fishes as integrators of benthic and pelagic food webs in lakes. Ecology, 83(8): 2152-2161.

第7章 鱼类群落环境 DNA 监测

鱼类作为水生食物链的高级消费者，是生态系统重要的组成部分，也是评估水生态健康状况的重要指标。传统鱼类调查通常需要首先获取鱼类个体（使用刺网、地笼等），然后基于形态学进行物种鉴定，调查过程具备侵入性，与生态保护的初衷相悖。此外，出于对人员和资金的考虑，传统鱼类监测在空间和时间上都受到很大限制。高通量 DNA 测序为快速监测鱼类提供了一种非侵入性手段（Thomsen and Willerslev, 2015; Nevers et al., 2018）。环境 DNA 测序还可以识别大量常规技术无法检测到的生物，如稀有物种、隐匿种，从而提供更完整的生物多样性信息。此外，环境 DNA 技术具有样本采集和处理的高通量属性，加上不断降低的测序成本（Evans et al., 2017），使这种方法未来非常适合于流域尺度下高频度、高密度的鱼类调查。

国外对环境 DNA 鱼类监测已经做了大量探索。2016 年 Olds 等（2016）在某次调查中发现电捕鱼可检测到 12 种鱼类，而环境 DNA 可以检测到 16 种。该研究认为，尽管环境 DNA 无法提供有关种群数量的具体数据，但该方法在不干扰鱼类栖息地的情况下，提高了鱼类群落调查的潜力，能更好地为管理决策提供依据。同年，Civade 等（2016）使用环境 DNA 技术研究了不同水深的鱼类群落变化，发现环境 DNA 不仅能更有效地检测鱼类物种，且环境 DNA 宏条形码识别的鱼类与传统方法所识别的鱼类具有高度一致性。Hanfling 等（2016）将湖泊环境 DNA 宏条形码鱼类监测结果与长期监测进行了比较，发现环境 DNA 在一次采样中就检测到了湖中 16 种鱼类中的 14 种，而最新的传统采样工作仅检测到 4 种。Nakagawa 等（2018）则利用环境 DNA 宏条形码监测溪流鱼类，测试了上游和下游采样位置之间的检测偏差，发现上游环境 DNA 数据与观测数据最相似，检测到 86.4％的已知物种，同时环境 DNA 结果与形态学调查结果一致。然而，这些结论是否可以推广到更大、更复杂的生态系统，仍有待确定。

作为一种新的监测手段，环境 DNA 逐渐获得大家的认可。2020 年我国的《"十四五"生态环境监测规划》中提出可将环境 DNA 技术纳入未来生态监测体系，尤其是 2021 年长江开始严格施行全面"十年禁渔"，禁渔后如何了解鱼类资源成为大家迫切关心的问题。而环境 DNA 的非侵入特性恰恰为评估禁渔效果提供了绝佳的手段。本书中，我们详细比较了传统鱼类调查（网捕法）与环境 DNA 宏条形码调查对鱼类群落解析的差异，以此来评估环境 DNA 宏条形码方法的可靠性，并比较传统方法与环境 DNA 宏条形码监测的成本和工作量。

本章分别以太湖、鸭绿江口和南澳岛为例，介绍环境 DNA 在淡水、河口和海洋鱼类群落监测调查的应用示范。

7.1　淡水鱼类环境 DNA 调查

7.1.1　研究背景

　　本书中以太湖为主要研究对象开展淡水鱼类环境 DNA 宏条形码鱼类监测研究。太湖是长江流域最典型的，江苏最大的淡水湖泊。太湖湖泊面积 2338 km²，平均水深 1.89 m，水系发达，渔业资源丰富。1953 年左右，伍献文记述鱼类 63 种，隶属于 18 科；1959 年孙帼英记述鱼类 57 种，隶属 18 科、11 目；1980 年王玉芬在综合先前学者记述种类的基础上，记述鱼类 106 种，隶属 24 科、15 目。此后，基于前人研究报告，2005 年《太湖鱼类志》一书成文，该书共记述鱼类 107 种，隶属 73 属、25 科、14 目。自 20 世纪 80 年代后期开始，由于蓝藻水华频繁发生，湖泊水环境质量不断下降，以及过度捕捞等原因使太湖渔业产量和群落结构发生了巨大变化，近十几年的太湖鱼类资源调查都没有超过 50 种，大量历史文献中记录的鱼类未能检出。

　　本书调查共设置 24 个调查点位，均匀覆盖整个湖体水域（图 7-1）。环境 DNA 样本采集：利用采水器采集水面以下 20 cm 的水样，装进 1 L 采样瓶中；水样过滤之前避光、4℃储存；利用不同尺寸微孔滤膜过滤水样；过滤后将滤膜放入 5 mL 的样品管中，−20℃低温储存。每个点位独立采集 3 L 水样，每个点位均以纯净水作为空白对照。传统鱼类调查方法：每个点位使用 3 顶多目刺网和 3 顶定制地笼相结合的方式定量采集鱼类。多目刺网和地笼规格为：浮刺网（高 1.5 m×长 50 m，网目 12 cm）；半沉刺网（高 1.2 m×长 50 m，网目 7 cm）；沉刺网（高 1.0 m×长 50 m，网目 3 cm）；地笼（高 30 cm×宽

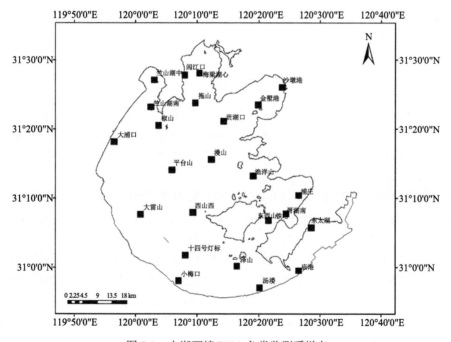

图 7-1　太湖环境 DNA 鱼类监测采样点

30 cm×长 10 m，网目 1.6 cm），单点总计网长 180 m。每次网具放置 20～24 h。采集获得的大型鱼类现场鉴定种类，测量和记录鱼全长、体长、体质量。现场无法进行准确物种鉴定的个体在实验室内依据《生物多样性观测技术导则 内陆水域鱼类》（HJ 710.7—2014）和《生物遗传资源采集技术规范（试行）》（HJ 628—2011）进行鱼类解剖分析，依《太湖鱼类志》《江苏鱼类志》鉴定鱼类至种，依据解剖状况、文献记录标明其生活垂直位置、产卵状况、原产属性、食性等生理学特性。

7.1.2　滤膜和采水深度对鱼类环境 DNA 监测的影响

表层水和底层水检出的鱼类数目均为 29 种，沉积物检出鱼类 28 种，水样和沉积物检出的物种数量并无显著差异。考虑到采样的工作量和安全性，表层水的采集更加简单方便，可以作为取样的标准操作。在同一个点位上，0.45 μm 孔径的滤膜检测到的物种数有 31 种，1.2 μm 孔径滤膜检出 28 种，5 μm 孔径滤膜检出鱼类 25 种，3 种方法的结果差异不显著（图 7-2）。考虑到孔径越小，截留环境 DNA 越多，建议优先采用 0.45 μm 孔径的滤膜进行环境 DNA 的富集。

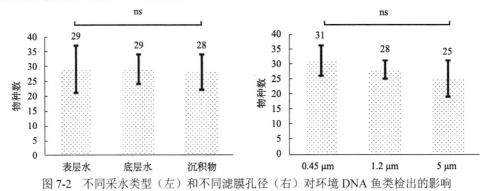

图 7-2　不同采水类型（左）和不同滤膜孔径（右）对环境 DNA 鱼类检出的影响

7.1.3　不同引物对鱼类环境 DNA 监测的影响

目前，环境 DNA 监测中需要首先进行 PCR 扩增，因此，选择合适的扩增引物是环境 DNA 监测的关键。为建立更适合我国鱼类区系特点的扩增引物，我们根据太湖 79 种常见鱼类线粒体保守区共设计了 12 对引物，并以此来评估引物的实际应用效果（引物的分布区域长度和序列信息如图 7-3 所示）。

为了验证引物的有效性，我们在太湖流域采集到 29 种鱼类样本，将其 DNA 混合作为标准样品。共有 10 对引物能成功扩增，其中产物长度为 196 bp 的 F1 引物可扩增出 24 种鱼类（83%的检出率），其中似鳊、黄鳝、麦穗鱼、蛇鮈和棒花鱼未检出（图 7-4）。产物长度为 123 bp 的 F2 引物可扩增出 26 种鱼类（90%的检出率），间下鱵、草鱼、黄鳝并未检出。F8 可以扩增出 23 种鱼类，大鳞副泥鳅、兴凯鱊、彩副鱊和团头鲂等未检出。F12 可以扩增 22 种鱼类，大鳞副泥鳅、团头鲂、似鳊、棒花鱼等未检出。黄颡鱼和须鳗虾虎鱼可以被所有引物检测到，而草鱼和青鱼分别只能被其中 2 对和 4 种引物检出（图 7-4）。由此可见，不同引物对鱼类存在明显的扩增偏好性，采用多引物组合可能是未来鱼类监测重点考虑的方向。

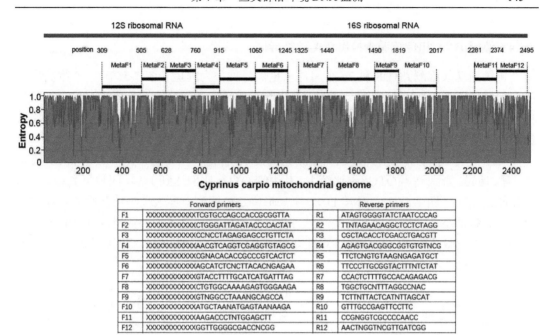

	Forward primers		Reverse primers
F1	XXXXXXXXXXXXTCGTGCCAGCCACCGCGGTTA	R1	ATAGTGGGGTATCTAATCCCAG
F2	XXXXXXXXXXXXCTGGGATTAGATACCCCACTAT	R2	TTNTAGAACAGGCTCCTCTAGG
F3	XXXXXXXXXXXXCCNCCTAGAGGAGCCTGTTCTA	R3	CGCTACACCTCGACCTGACGTT
F4	XXXXXXXXXXXXAACGTCAGGTCGAGGTGTAGCG	R4	AGAGTGACGGGCGGTGTGTNCG
F5	XXXXXXXXXXXXCGNACACACCGCCCGTCACTCT	R5	TTCTCNGTGTAAGNGAGATGCT
F6	XXXXXXXXXXXXAGCATCTCNCTTACACNGAGAA	R6	TTCCCTTGCGGTACTTTNTCTAT
F7	XXXXXXXXXXXXGTACCTTTTGCATCATGATTTAG	R7	CCACTCTTTTGCCACAGAGACG
F8	XXXXXXXXXXXXCTGTGGCAAAAGAGTGGGAAGA	R8	TGGCTGCNTTTAGGCCNAC
F9	XXXXXXXXXXXXGTNGGCCTAAANGCAGCCA	R9	TCTTNTTACTCATNTTAGCAT
F10	XXXXXXXXXXXXATGCTAANATGAGTAANAAGA	R10	GTTTGCCGAGTTCCTTC
F11	XXXXXXXXXXXXAAGACCCTNTGGAGCTT	R11	CGCNNGGTCGCCCCAACC
F12	XXXXXXXXXXXXGGTTGGGGCGACCNCGG	R12	AACTNGGTNCGTTGATCGG

图 7-3　太湖鱼类线粒体 12S rRNA 和 16S rRNA 标志基因示意图和引物序列信息

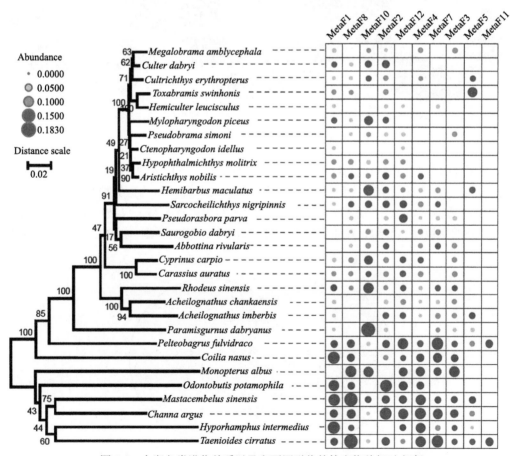

图 7-4　太湖鱼类进化关系以及和不同引物的检出物种相对丰度

7.1.4 环境 DNA 和传统调查检出鱼类种类异同

传统捕捞共监测到有 8 科 26 个属，重量优势种类为鲤鱼（图 7-5 左），个体优势种类为刀鲚（图 7-5 中）。鲤、鲫和鲢占绝对生物量优势，占了总捕捞重量的 60% 以上，其中鲤的重量占了总重量的 38% 以上。刀鲚、鳌和大银鱼具有数量优势，占了总捕捞数目的 60% 以上，其中刀鲚更是占了鱼类总数目 37% 以上。

利用环境 DNA 宏条形码技术共监测到鱼类 37 种，包括 1 门 1 纲 5 目 8 科 35 属。鲫、鲤、乌鳢、彩副鱊等 OTUs 占比较大，其中鲫 OTUs 比例达到 14%，四种鱼类总 OTUs 占比超过 50%（图 7-5 右）。环境 DNA 宏条形码还检测到一种入侵物种食蚊鱼。食蚊鱼是一种勇猛的小鱼，雄鱼极具攻击性，其攻击其他鱼类，造成了大量相似鱼类的灭绝。太湖中发现食蚊鱼的 DNA 说明该物种即有可能已经入侵该区域，后期应多加关注该物种入侵可能产生的负面影响。

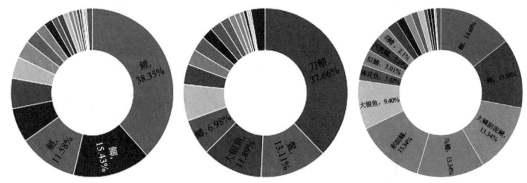

图 7-5　鱼类传统调查与环境 DNA 调查结果（太湖为例，调查时间为 2019 年）

左：鱼类生物量比例；中：鱼类个体数比例；右：环境 DNA 宏条形码检出鱼类 OTUs 比例

环境 DNA 检出的鱼类总物种数与传统极为接近，而且两种方法在共有种检出中具有较强的一致性（图 7-6）。两种方法共有检出鱼类 27 种，占总鱼类种类的 60%，仅被环境 DNA 检出的鱼类有 10 种，仅被形态学检出的鱼类有 8 种。仅被环境 DNA 宏条形码监测到的是似鱎、似鳊、扁体原鲌、乌鳢、刺鳅、细鳞斜颌鲴、褐吻虾虎鱼、食蚊鱼、

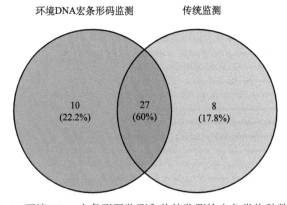

图 7-6　环境 DNA 宏条形码监测和传统监测检出鱼类物种数比较

彩副鱊、小黄黝鱼等 10 种。仅被传统检测的鱼类是鲂、贝氏䰾、圆吻鲴、蛇鮈、长蛇鮈、瓦氏黄颡鱼、陈氏短吻银鱼、大眼鳜等 8 种。

环境 DNA 监测和传统捕捞方法对共有检出物种的流域分布存在较强一致性(图 7-7)。环境 DNA 监测中，棒花鱼、鲫、鲤、兴凯鱊、大银鱼、刀鲚、花鰶的检出率高，传统监测中，刀鲚、大银鱼、鲫、鲤、花鰶的检测率较高。相同点位两种方法检出的鱼类物种总数存在一定相关性，同一个点位中，环境 DNA 宏条形码监测到的物种数更高。环境 DNA 监测和传统捕捞在各个点位监测到的共有属中，一致的属数目占比>60%，一致属序列数占比>50%。

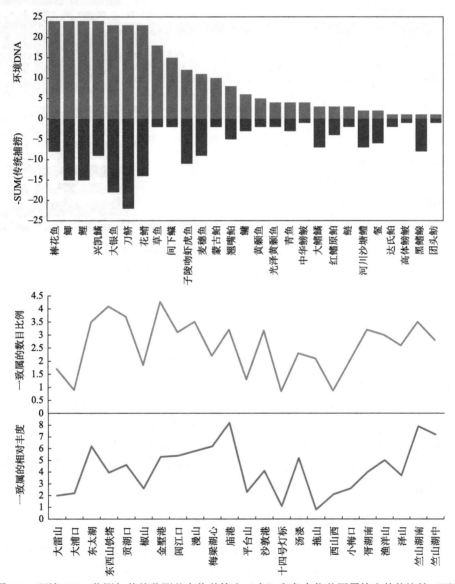

图 7-7 环境 DNA 监测与传统监测共有物种检出（上）和各点位共同属检出趋势比较（下）

一致属的数目比例：传统方法在每个点位检出鱼类属水平与两种方法检出鱼类共有属的比值；一致属的相对丰度：在某个点位环境 DNA 检出和传统方法鱼类检出共有属在此点位的 OTUs 相对丰度

　　如图 7-8 所示，两种方法发现的物种流域分布特征一致性为 76%。环境 DNA 宏条形码作为一种新兴的生物多样性监测技术，与传统监测手段的结果比对尤为重要。本书发现，相比于传统鱼类捕捞，环境 DNA 宏条形码监测大大提升了监测人员的采样效率和监测的物种数量。

图 7-8　环境 DNA 和传统方法监测结果检出的一致性

第一列为环境 DNA 鱼类监测热图；第二列为传统捕捞的鱼类监测热图，黑/灰代表该点位该物种有检出；第三列为两种监测方法的一致性，黑色代表该物种在该点位同时被两种方法检出或者同时没被两种方法检出

7.1.5　环境 DNA 和传统监测的鱼类多样性指数比较

　　环境 DNA 监测和传统捕捞的鱼类多样性指数基本一致，相关性 R^2 均大于 0.8（图 7-9），说明在物种多样性水平，DNA 宏条形码监测与传统监测存在很强的正相关。利用 R 中的"vegan"包计算了 6 种常见的多样性指标，分别是 Shannon entropy、Shannon diversity、Simpson diversity、Hill Simpson、Hill Shannon 和 Pielou evenness。多样性指标运算后进行多样性关联分析，横坐标是形态学方法所得到的多样性指数，纵坐标是对应点位基于鱼类 OTUs 所计算的多样性指数。在计算的 6 个多样性指数中，环境 DNA 监测和传统调查间均高度正相关。

7.1.6　环境 DNA 和传统监测的效率和成本对比

　　环境 DNA 宏条形码作为一种新型监测手段存在用时短、生境破坏性低等优点。渔业资源调查中通常通过捕获抽样进行评估，但由于预算限制，管理人员经常无法进行广泛的调查。鱼类释放的环境 DNA 采样是一种低成本高效益的方法，可以提高单位工作量的物种检测能力（Nathan et al., 2015）。国外学者比较了使用电鱼和环境 DNA 评估流

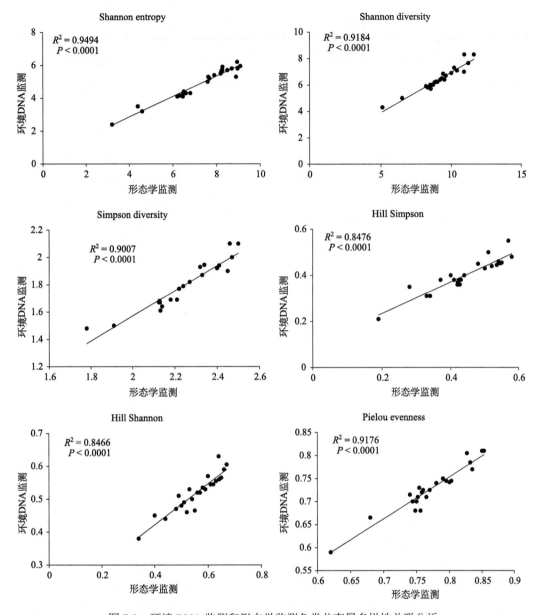

图 7-9　环境 DNA 监测和形态学监测鱼类共有属多样性关联分析

域中的鳟鱼分布所需的成本和工作量。与 3 次电鱼相比，环境 DNA 分析所需的采样工作更少，成本降低了 67%。从在 2018 年的太湖鱼类捕捞过程来看，采样人员需要提前一晚乘船到目标点位下网，次日去收网，行程远、成本高、工作量大、危险系数高。而环境 DNA 的采样简单快捷，只需要在传统监测的同时采集一瓶水即可，工作量小（表 7-1）。所以从目前来看，环境 DNA 宏条形码监测可以作为传统监测方法的有效补充。

表 7-1　传统捕捞方法和环境 DNA 宏条形码技术的比较

对比项	传统鱼类检测方法		环境 DNA 监测方法
	网补法	电捕鱼法	
法律允许程度	部分地方法律允许	非法	法律允许
采样时间	>36 h/点位	>1～2 h/点位	<0.5 h/点位
物种辨识	>1～2 h/点位	>1～2 h/点位	<5 min/点位
使用工具及价格	丝网, 刺网, 价格低廉	专业工具, 价格中等	专业工具, 价格昂贵
优点	简单	实时, 快速	简单, 多样性高
缺点	不全面	禁用	需要设备
生境被破坏程度	轻微	严重	无
重复性	极差	差	好
总成本	低	低	高

7.2　河口与海洋鱼类环境 DNA 监测

7.2.1　研究背景

为了实现联合国关于水下生物保护的可持续发展目标 14（SDG.14）（United Nations General Assembly, 2015），亟须加强对海洋生物多样性变化的监测。人类活动（尤其是海洋污染和渔业）导致了一连串不利的生态后果，包括海洋鱼类物种减少、鱼类多样性空间格局变化、海洋生态系统功能不稳定以及生态系统服务丧失等。

将环境 DNA 与生态特征相结合，可以从当前生物多样性模式中建立与人类活动相关的环境变化的关系（Pollock et al., 2020）。鱼类物种的生态特征，如摄食、运动和营养，可进一步用于了解鱼类群落对环境变化的生态响应。在过度开发的水域，由于污染和人类活动，鱼类物种生态特征的多样性会大大减少（Duffy et al., 2016）。最近的研究表明，环境 DNA 是唯一能够同时展现鱼类序列多样性、分类多样性和功能多样性这些基本生物多样性变量（EBVs）（Pereira et al., 2013）的状态和变化的方法。因此，开发一个可靠的综合"环境 DNA+生态特征"生物监测系统将对海洋鱼类生物多样性评估及污染和水产养殖的整体影响评估具有重要价值。

中国海岸线横跨温带、亚热带和热带，在生态系统服务方面提供了巨大的价值，监测和评估生物多样性的变化是保护中国沿海生态系统的前提。为了缓解大规模沿海工业发展和过度开发的多方面影响，恢复受损的海洋环境，中国政府在"十四五"规划中实施了"建设可持续海洋生态环境"的系统措施。

中国黄海鸭绿江口（YLJK）是东北亚重要的航运枢纽和生物多样性研究的热点地区，其具有潜在的富营养化风险和重金属污染。中国南海南澳岛地区也是生物多样性研究的热点，但其中的大规模海水养殖对鱼类多样性的生态影响仍不确定。结合这两个海区的特征，笔者将环境 DNA 与中国海洋鱼类 12S rDNA 条形码和鱼类特征数据库相结合，提出了一种综合环境 DNA 和生态特征的整体评价方法（Zhong et al., 2022），评估人类活动（污染和水产养殖）对中国沿海环境鱼类生物多样性的影响（图 7-10），从而支持和管理涵盖鱼类三个多样性维度（分类、功能和序列多样性）的沿海环境。

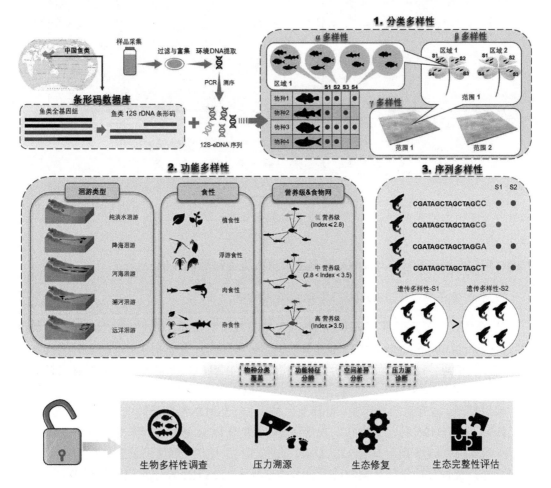

图 7-10　结合环境 DNA 和生态特征的中国沿海地区鱼类生物多样性监测和评估框架

笔者于 2020 年和 2021 年分别在鸭绿江口（39.600~39.920°N，123.705~124.240°E）和南澳岛（23.032~23.726°N，116.740~117.468°E）各布设 22 个采样点位（图 7-11）。通过采集对应点位表层水样品，经过水样混合、过滤富集环境 DNA 后，使用鱼类通用 12S rDNA 区段引物进行扩增并生成独特的扩增子序列变异（ASVs）。结合中国海洋鱼类 12S rDNA 条形码数据库对 ASVs 进行鱼类物种注释，分别计算两个海区检出鱼类的序列（Miraldo et al., 2016）、分类（物种）和功能多样性（Villeger et al., 2008）。

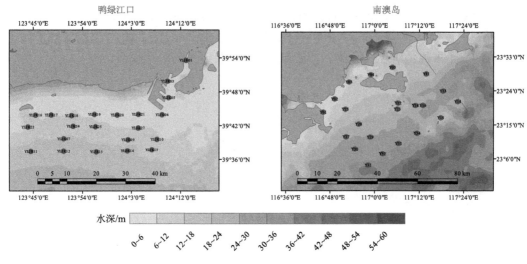

图 7-11　鸭绿江口和南澳岛采样点位图

水深数据来自 topex.ucsd.edu

7.2.2　河口与海洋鱼类环境 DNA 监测结果与人类活动影响评价

1. 中国海洋鱼类 12S rDNA 条形码数据库构建

从 EMBL 开源数据库（www.embl.org）中下载所有发布的序列，从 NCBI 开源数据库（www.ncbi.nlm.nih.gov）中获得每个物种的分类信息，并使用 OBITOOLS 工具整合序列和分类信息。随后，使用该研究中鱼类的通用 12S rDNA 区段引物对所有物种的标准序列进行模拟 PCR 分析。仅保留可以通过模拟 PCR 扩增的分类群。

根据整理，在开源数据库中，世界上已被上传 12S rDNA 条形码的海洋鱼类包括 402 科、1992 属和 5496 种，其中 33.17% 可以通过模拟 PCR 进行扩增。中国海洋鱼类共有 891 种（243 科，575 属）具有 12S rDNA 条形码，占中国海鱼总记录数量的 44.22%。在中国海洋鱼类种类数量排名前 20 的目中，鲈形目的 12S rDNA 条形码数量最多。通过模拟 PCR，70.25% 鱼类的 12S rDNA 条形码可以通过鱼类通用 12S rDNA 区段引物进行扩增。同时，中国海洋鱼类分别有 93.83% 的科和 91.30% 的属可被鱼类通用 12S rDNA 区段引物进行扩增。

2. 河口与海洋鱼类环境 DNA 注释及物种累积曲线

环境 DNA 监测结果表明，南澳岛的鱼类物种丰富度和 ASVs 分别是鸭绿江口的 1.76 倍和 1.74 倍。两个海区各自 22L 表层海水（每个采样点 1L）的环境 DNA 结果不仅分别达到了鸭绿江口（共检出 53 种鱼类）和南澳岛（共检出 85 种鱼类）中物种分类多样性渐近线的 86.79% 和 95.29%，也达到了鸭绿江口（共检出 85 个 ASVs）和南澳岛（共检出 139 个 ASVs）中 ASVs 渐近线的 85.88% 和 91.37%（图 7-12）。

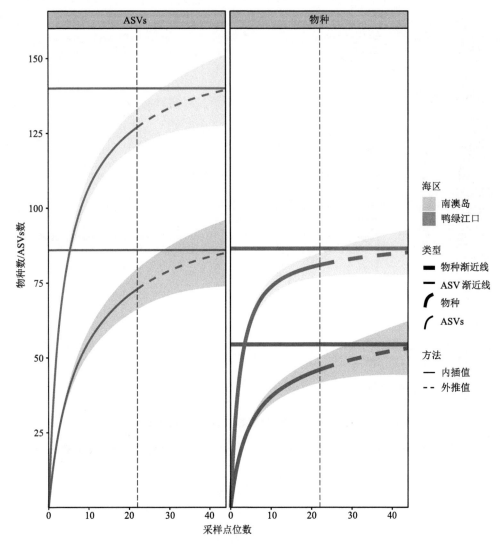

图 7-12　两个海区检测到的鱼类 ASVs 数量和物种数量的累积曲线

垂直虚线表示采样达到的最大点位

3. 海区间与海区内不同鱼类多样性维度的差异

研究还发现，鸭绿江口每种物种的平均 ASVs 数量大于 NAO[图 7-13(A)，配对 Kruskal-Wallis 检验，$p<0.033$]。南澳岛的中、低营养级鱼类的检测信号显著增加，这些物种的平均检出率比鸭绿江口高 1.64 倍[图 7-13(B)]。同时，环境 DNA 还显著区分了两个海区的不同优势鱼类。例如，作为中营养级鱼类，日本鳗鲡（*Anguilla japonica*）在鸭绿江口占优势（在所有采样点检测到较高的相对丰度），但在南澳岛区域中几乎没有该物种的环境 DNA 信号[图 7-13(C)]，这与两个海区的历史渔获量记录[图 7-13(D)]一致。

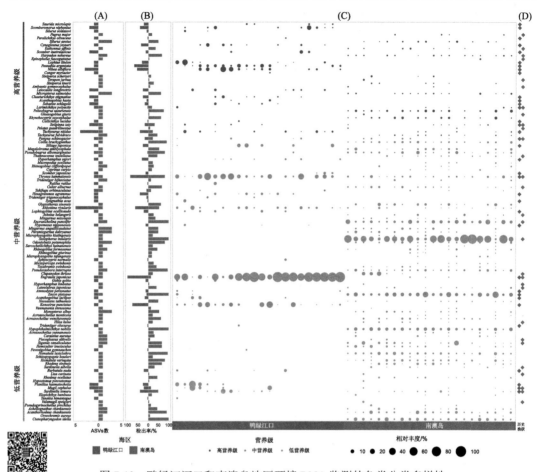

图 7-13　鸭绿江河口和南澳岛地区环境 DNA 监测的鱼类分类多样性

各海区的 22 个采样点中每种鱼类的 ASVs 数量（A）、检出率（B）和相对丰度（C）及环境 DNA 信号与
两个海区历史渔获量记录的一致性（D）。对于每个海区，从左到右的点表示距海岸的距离越来越远

4. 海区内不同鱼类多样性维度的关系

随着离岸距离的增加，各海区相应的分类多样性和功能多样性的趋势是相似的，即鸭绿江口和南澳岛的分类多样性和功能多样性之间存在显著的正相关（图 7-14，鸭绿江口：Pearson R=0.54，p=0.009；南澳岛：Pearson R=0.73，p<0.0001）。

5. 人类活动对河口与海洋鱼类多样性的影响评价

考虑到鸭绿江口存在潜在河口污染，在鸭绿江口采样的同时，在每个采样点额外测量了 18 个环境因子，包括水文因子（检测方法：快速监测探头）、营养因子（检测方法：化学方法）和重金属（检测方法：光谱法），通过 Mantel 检验以确定与鸭绿江口不同鱼类多样性维度间显著相关的环境因子。

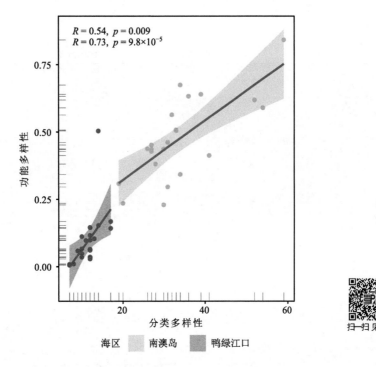

图 7-14　鸭绿江口与南澳岛鱼类分类多样性与功能多样性之间的相关性

在鸭绿江口，与序列多样性显著相关的环境因素是 COD（$p<0.001$，Mantel's $r = 0.607$）和 Zn（$p<0.001$，Mantel's $r = 0.602$），其次是盐度（$p<0.06$，Mantel's $r = 0.304$）和硝酸盐（$p<0.01$，Mantel's $r = 0.311$）。分类多样性主要与 pH 和 Zn 有关，其中 pH 相关性最强（$p<0.008$，Mantel's $r = 0.318$）。与功能多样性相关的环境因素最少，只有石油类具有显著相关性（$p<0.023$，Mantel's $r = 0.347$）。

考虑到南澳岛的大规模海水养殖的潜在影响，基于《汕头市养殖水域滩涂规划（2018～2030 年）》（www.shantou.gov.cn）所划分的不同养殖管理区域，将采样点归类为养殖区（$n=4$）、限制养殖区（$n=6$）和禁止养殖区（$n=12$）（图 7-15）。

与南澳岛中的养殖区相比，禁养区的序列多样性显著更高（Wilcoxon 检验，$p<0.020$），但这两个地区的分类多样性没有显著差异。除此之外，养殖区的功能多样性显著高于禁养区（Wilcoxon 检验，$p<0.013$）。限养区的所有多样性维度均与养殖区和禁养区没有显著差异（图 7-16）。

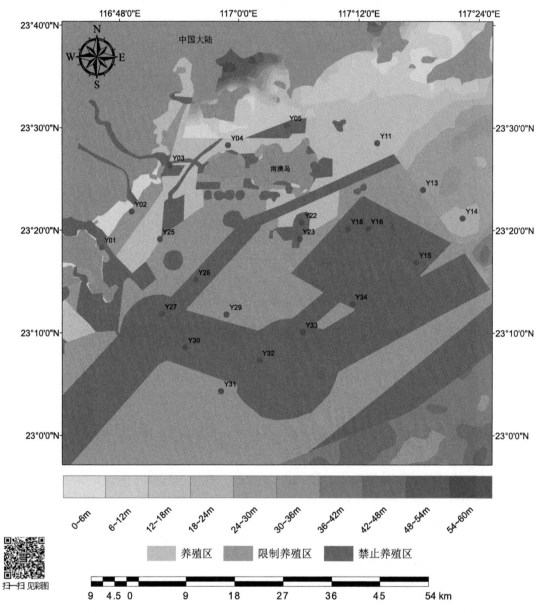

图 7-15 基于《汕头市养殖水域滩涂规划（2018～2030 年）》的南澳岛不同的养殖管理区域划分

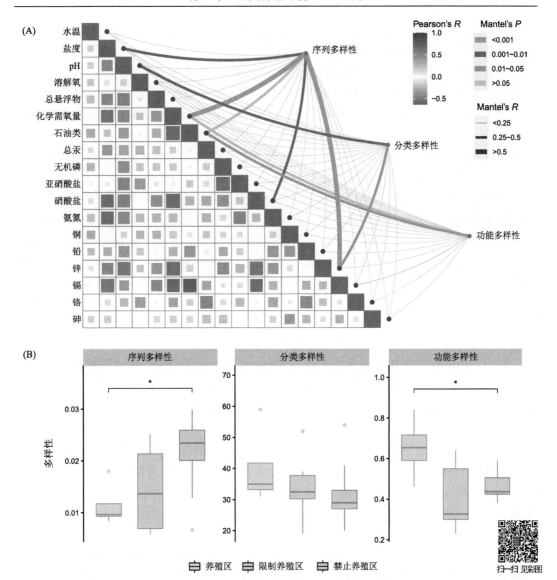

图 7-16　鸭绿江口（A）的河口污染因素和南澳岛地区（B）的海水养殖对鱼类序列、分类和功能多样性的影响

在鸭绿江口，环境变量之间的关系通过 Spearman 相关系数和不同多样性维度的 Mantel 检验得出；通过 Wilcoxon 检验得出南澳岛不同养殖管理区中的不同多样性维度的差异

7.3　环境 DNA 鱼类监测发展趋势

环境 DNA 宏条形码技术整合到日常鱼类监测中是有益的。在太湖流域，利用 DNA 宏条形码技术比传统捕捞检出的鱼类总数更多，对于数量少、个体小的物种，如虾虎鱼等，DNA 宏条形码技术的检出率高于丝网和地笼等传统方法。环境 DNA 比基于捕获的采样方法在检测稀有物种、入侵生物、不常见物种等方面更敏感（Lodge et al., 2012; Xu et al., 2015; Balasingham et al., 2018)。因此，环境 DNA 与传统检测相结合可以增加监测调查的可靠性，特别是对稀有和濒危物种而言。

　　渔业管理和保护是通过频繁收集鱼类数据获得的，有限的预算和时间导致相关数据的收集极为困难。太湖鱼类多样性调查中，环境 DNA 宏条形码技术可以准确监测不同区域水体的鱼类多样性，并且与传统检测结果较为一致。本书结果和国内外文献报道的结论一致（Shaw et al., 2016; Nakagawa et al., 2018）。当调查面积较大，所获得的数据与评估需求相一致时，环境 DNA 宏条形码方法相比于传统方法的总成本更低。此外，如果目标是尽量减少对生境的破坏，环境 DNA 比捕获有明显的优势。

　　环境 DNA 宏条形码监测结果还不能完全覆盖传统鱼类监测结果。原因来自多个方面，例如数据库不完整、采样量不足、引物扩增存在偏好性等。其中，引物的偏好性是目前研究的热点。未来，为了更大程度检测不同种类鱼类，正在把线粒体不同区域的标志基因结合起来提高基因覆盖度（Leray et al., 2013; Freeland, 2017）。季节性变化也会影响环境 DNA 的监测结果，Turner 等（2014a）在 2014 年春季调查中，每个地点处理了 6 个 2 L 的水样，发现鲤鱼的环境浓度是 2015 年秋季调查的 10 倍。在实际应用中，还需要充分考虑温度、季节、光照等不同因素对环境 DNA 宏条形码监测结果的影响，这样才能更全面地验证快速监测技术的完整性和准确性。

　　环境 DNA 的发展尚需解决鱼类物种生物量定量监测的问题。传统的鱼类生态评估指标 F-IBI 应用在淡水生态健康评估中已经十分普遍，但是 F-IBI 是基于鱼类的个体数，肉食性鱼类的个数比例，耐受性鱼类个体百分比等）来计算的。鱼类生物量监测对于环境 DNA 宏条形码快速监测技术是个巨大的挑战。由于生物和非生物因素对环境 DNA 的释放、持久性和降解的影响，环境 DNA 浓度与丰度/生物量之间的关系在自然系统中不断变化（Goldberg et al., 2016）。目前大部分的环境 DNA 定量实验集中于定量 PCR 而不是 DNA 宏条形码。单一物种检测与 DNA 宏条形码的相比而言采用了不同监测策略。当监测目标是一个或几个已知物种的情况下，定量 PCR 具有显著的优势，为此可以开发物种特异性引物和探针（Thomsen et al., 2012）。也有实验室内研究利用 DNA 宏条形码计算了鱼缸内鱼类的相对丰富，但是能否将这种模型推演到野外大型生态系统中还不确定。有些研究将环境 DNA 检测的 OTUs 转化成每种鱼所占的比例，再和传统检测进行对比，结果表明环境 DNA 宏条形码的结果并不能简单的代表传统捕捞的鱼类数量。国际上也有研究发现，环境 DNA 的 OTUs 和鱼类的生物量存在关系（Hanfling et al., 2016; Sassoubre et al., 2016; Jo et al., 2019）。特别是在大型、复杂的水体生态系统中，环境 DNA 在水中可能并不呈现均匀性分布。已有研究表明，在同一地点的样本中，鲤鱼的 DNA 浓度从零到数千个不等，这也为定量带来了极大的难度（Turner et al., 2014b）。

　　环境 DNA 技术为开展大规模海洋生物多样性监测开辟了道路。累积曲线表明，仍需在鸭绿江口检测到超过 10%的鱼类，才能达到累积曲线的渐近线。因此，富集较大体积的海水可以减少采集样本的数量，从而更全面地揭示特定海区的鱼类多样性组成。此外，通过环境 DNA 宏条码技术将多个通用引物组合在一起，可以提高未来研究中鱼类物种覆盖率。另外，通过环境 DNA 在南澳岛沿海水域中检测到较强信号的淡水鱼类（例如，鲤形目鱼类）很可能是由养殖逃逸、水产养殖、旅游和餐饮造成的，从而混淆了南澳岛当地本土鱼类的空间分布模式。因此，需要通过水下视频进一步调查，以在未来的研究中确认南澳岛鱼类的相关变化。

尽管环境 DNA 有助于获取鱼类物种信息，但在获取鱼类个体生长阶段方面仍有局限性，这可以通过其他可视化方法加以补充（Marques et al., 2021）。总体而言，研究结果突出了环境 DNA 效率高和覆盖面广的优势，为未来的沿海环境监测和管理提供了强大的实用工具。

参 考 文 献

Balasingham K D, Walter R P, Mandrak N E, et al. 2018. Environmental DNA detection of rare and invasive fish species in two Great Lakes tributaries. Molecular Ecology, 27(1): 112-127.

Civade R, Dejean T, Valentini A, et al. 2016. Spatial representativeness of environmental DNA metabarcoding signal for fish biodiversity assessment in a natural freshwater system. PLoS One, 11(6).

Duffy J E, Lefcheck J S, Stuart-Smith R D, et al. 2016. Biodiversity enhances reef fish biomass and resistance to climate change. Proceedings of the National Academy of Sciences of the United States of America, 113 (22): 6230-6235.

Evans N T, Shirey P D, Wieringa J G, et al. 2017. Comparative cost and effort of fish distribution detection via environmental DNA analysis and electrofishing. Fisheries, 42(2): 90-99.

Freeland J R. 2017. The importance of molecular markers and primer design when characterizing biodiversity from environmental DNA. Genome, 60(4): 358-374.

Goldberg C S, Turner C R, Deiner K, et al. 2016. Critical considerations for the application of environmental DNA methods to detect aquatic species. Methods in Ecology and Evolution, 7(11): 1299-1307.

Hanfling B, Handley L L, Read D S, et al. 2016. Environmental DNA metabarcoding of lake fish communities reflects long-term data from established survey methods. Molecular Ecology, 25(13): 3101-3119.

Jo T, Murakami H, Yamamoto S, et al. 2019. Effect of water temperature and fish biomass on environmental DNA shedding, degradation, and size distribution. Ecology and Evolution, 9(3): 1135-1146.

Leray M, Yang J Y, Meyer C P, et al. 2013. A new versatile primer set targeting a short fragment of the mitochondrial COI region for metabarcoding metazoan diversity: application for characterizing coral reef fish gut contents. Front Zool, 10(1): 34.

Lodge D M, Deines A, Gherardi F, et al. 2012. Global introductions of crayfishes: evaluating the impact of species invasions on ecosystem services. Annual Review of Ecology, Evolution, and Systematics, 43: 449-472.

Marques V, Castagne P, Fernandez A P, et al. 2021. Use of environmental DNA in assessment of fish functional and phylogenetic diversity. Conservation Biology, 35 (6): 1944-1956.

Miraldo A, Li S, Borregaard M K, et al. 2016. An Anthropocene map of genetic diversity. Science, 353 (6307): 1532-1535.

Nakagawa H, Yamamoto S, Sato Y, et al. 2018. Comparing local- and regional-scale estimations of the diversity of stream fish using eDNA metabarcoding and conventional observation methods. Freshwater Biology, 63(6): 569-580.

Nathan L R, Jerde C L, Budny M L, et al. 2015. The use of environmental DNA in invasive species surveillance of the Great Lakes commercial bait trade. Conservation Biology, 29(2): 430-439.

Nevers M B, Byappanahalli M N, Morris C C, et al. 2018. Environmental DNA (eDNA): A tool for quantifying the abundant but elusive round goby (Neogobius melanostomus). PLoS One, 13(1).

Olds B P, Jerde C L, Renshaw M A, et al. 2016. Estimating species richness using environmental DNA. Ecology and Evolution, 6(12): 4214-4226.

Pereira H M, Ferrier S, Walters M, et al. 2013. Essential biodiversity variables. Science, 339 (6117): 277-278.

Pollock L J, O'Connor L M J, Mokany K, et al. 2020. Protecting biodiversity (in all its complexity): new models and methods. Trends in Ecology & Evolution, 35 (12): 1119-1128.

Sassoubre L M, Yamahara K M, Gardner L D, et al. 2016. Quantification of environmental DNA (eDNA) shedding and decay rates for three marine fish. Environmental Science & Technology, 50(19): 10456-10464.

Shaw J L A, Clarke L J, Wedderburn S D, et al. 2016. Comparison of environmental DNA metabarcoding and conventional fish survey methods in a river system. Biological Conservation, 197: 131-138.

Thomsen P F, Kielgast J, Iversen L L, et al. 2012. Detection of a diverse marine fish fauna using environmental DNA from seawater samples. PLoS One, 7(8).

Thomsen P F, Willerslev E. 2015. Environmental DNA-An emerging tool in conservation for monitoring past and present biodiversity. Biological Conservation, 183: 4-18.

Turner C R, Barnes M A, Xu C C Y, et al. 2014a. Particle size distribution and optimal capture of aqueous macrobial eDNA. Methods in Ecology and Evolution, 5(7): 676-684.

Turner C R, Miller D J, Coyne K J, et al. 2014b. Improved methods for capture, extraction, and quantitative assay of environmental DNA from Asian bigheaded carp (Hypophthalmichthys spp.). PLoS One, 9(12).

United Nations General Assembly. 2015. Transforming our world: The 2030 agenda for sustainable development. https://www.un.org/ga/search/view_doc.asp?symbol=A/RES/70/1&Lang=E.

Villeger S, Mason N W H, Mouillot D. 2008. New multidimensional functional diversity indices for a multifaceted framework in functional ecology. Ecology, 89 (8): 2290-2301.

Xu C C Y, Yen I J, Bowman D, et al. 2015. Spider web DNA: A new spin on noninvasive genetics of predator and prey. PLoS One, 10(11): e0142503.

Zhong W, Zhang J, Wang Z, et al. 2022. Holistic impact evaluation of human activities on the coastal fish biodiversity in the Chinese coastal environment. Environmental Science & Technology, 56 (10): 6574-6583.

第 8 章　两栖动物群落

两栖动物是一类从水生到陆生的过渡性脊椎动物，幼体生活在水中，短期内完成变态发育，长成能营陆地生活的成体。处于生态系统营养级中间层的两栖动物，是生态系统物质循环和能量流动中的重要环节，同时，该种群对外界环境变化特别敏感，一直被作为生态环境监测的重要指示类群。在全球生物多样性丧失的大背景下，两栖动物被认为是世界上受威胁程度最大的脊椎动物，根据世界自然保护联盟（IUCN）红色名录统计，全球目前约有 40%的两栖动物面临灭绝的风险，其生存状况极不乐观。加强两栖动物多样性监测，有效评估物种分布与受威胁程度是物种保护的关键，以环境 DNA 为代表的新型生态基因组学技术为两栖动物多样性监测开辟了新的途径。

环境 DNA 宏条形码技术已经初步用于两栖动物的生物多样性监测，而且在检测概率与成本效益上比传统监测方法更有优势。如 Valentini 等对地中海附近池塘中的两栖动物开展环境 DNA 监测，与传统调查方法和历史数据相比，环境 DNA 宏条形码显示出的检测概率为 0.97，而传统调查仅为 0.58，表明了宏条形码技术将成为下一代标准化监测水生生物多样性的有效工具（Valentini et al., 2016）；在生物多样性高度丰富的地区，如巴西的大西洋森林，4 天的环境 DNA 采样足以检测到在 5 年的监测过程中记录的几乎所有两栖动物物种（Sasso et al., 2017），这种方法的高成本效益可以使监测方案扩大到更广泛的空间、时间或分类学范围（Balint et al., 2018）。然而在方法应用的过程中，不同国家和地区的物种组成差异很大，国外文献记录的扩增引物对本土两栖动物的扩增效率很低，中国两栖动物数量达 500 多种，其中三分之二都为国内特有种，缺乏适用于本土的高效通用引物，成为宏条形码用于大规模两栖动物监测的重要限制条件之一。

本章我们将针对中国的两栖动物开展宏条形码的监测引物研究，探索出适合于本土两栖动物的扩增引物，并将其应用于后续环境样本的检测过程中，为建立标准化的两栖动物监测方法奠定基础。

8.1　两栖动物宏条形码监测引物设计与评估

本书作者通过比对现生中国两栖动物线粒体基因序列，旨在设计出通用性强、物种扩增率高，且不存在明显物种偏好性的两栖动物扩增引物，提高引物对两栖动物群落的扩增能力与低丰度物种的检测能力。具体研究路线（图 8-1）为通过公共数据库下载和测序得到中国两栖动物线粒体基因序列，经过序列比对，分析两栖动物线粒体基因的变异度和保守性，筛选出合适区域并进行引物设计，通过计算机模拟和体外实验对引物的扩增效果进行评估，并确定最适合本土两栖动物的宏条形码扩增引物。

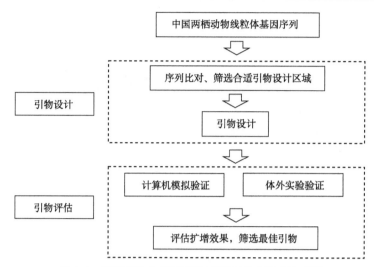

图 8-1　两栖动物宏条形码监测引物研究技术路线图

8.1.1　用于筛选的引物信息

基于对 150 个中国两栖动物全线粒体组序列比对发现（图 8-2），符合通用引物设计的点位主要分布在两栖动物 16S 基因区域，该区域存在较多的长度为 18～30 bp 的保守

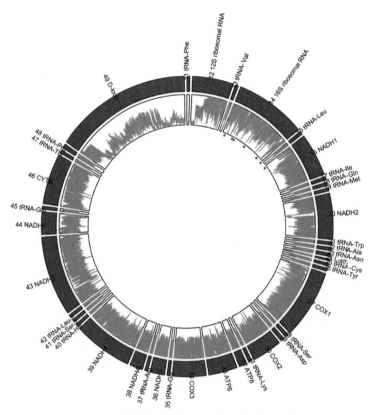

图 8-2　中国两栖动物线粒体标志基因设计区域

序列区，而且两个保守序列区之间存在较大变异，物种分辨率较高，满足条形码分类鉴定需求。结合国际上以往研究与引物设计的需求，本次的引物设计区域选定为线粒体 12S～16S 区域。在此区域上，设计了 5 对宏条形码扩增引物，分别为位于 12S 区域的 Am312，位于 16S 区域的 Am246、Am250、Am305 和 Am387。其中 Am250、Am305 和 Am387 有着共同的上游引物序列，只是在扩增长度上有差异；Ac16s 与 Metafish 来源于文献中记载的对两栖动物种群具有良好扩增效果的通用引物（Evans et al., 2016; 杨江华和张效伟, 2019），将和本书设计的引物一起参与评估筛选，7 对待评估引物的具体位置以及详细信息如图 8-3 所示。

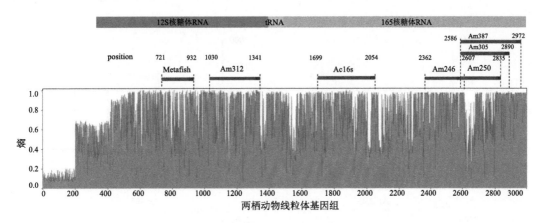

图 8-3　两栖动物线粒体 12S～16S 区域引物设计位置

8.1.2　不同引物扩增效果的计算分析

用于计算评估的数据库来源于 NCBI 公共数据库中国两栖动物线粒体序列，经过计算，引物的扩增片段长度均符合预期值（图 8-4），Metafish 的扩增片段长度为 180～190 bp，Am246 和 Am250 为 200 bp 左右，Am305 和 Am312 为 250～270 bp，Ac16s 除了能够扩增出 320 bp 左右的目标长度片段之外，还扩增出少量的短片段（<200 bp），说明该引物与目标片段结合位点的特异性不强，Am387 的扩增片段长度最长，达到了 340 bp 左右。

每对引物成功扩增的序列数和识别物种数之间的表现差异很大（图 8-5、图 8-6），最佳的物种覆盖度和分辨率很难在一对引物上体现：从成功扩增序列数来看，位于 12S 基因的 Am312 优于 Metafish，位于 16S 基因的 Am305 扩增序列数最多，覆盖度达到了 60.28%，Ac16s 的扩增序列数最少，覆盖度仅有 12.56%；从成功扩增与识别物种数来看，位于 12S 基因的两对引物，虽然 Metafish 扩增物种数小于 Am312，但是成功识别到物种的个数却远远超出了 Am312，位于 16S 基因的引物扩增物种数最多的是 Am305，成功识别物种数最多的是 Am250。

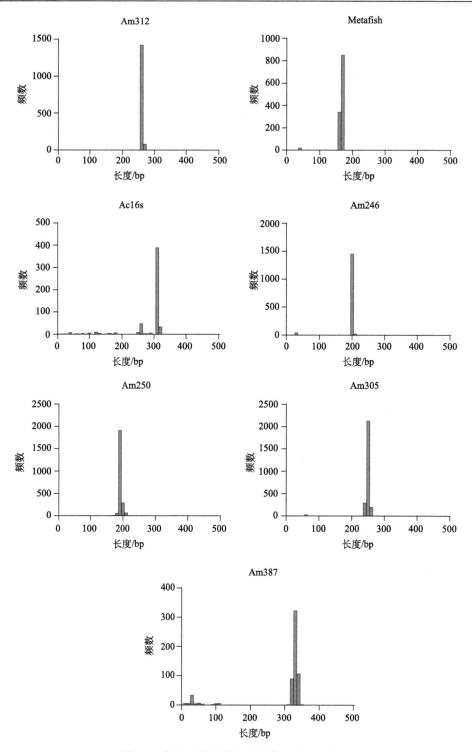

图 8-4　每对引物扩增片段长度（不含引物）

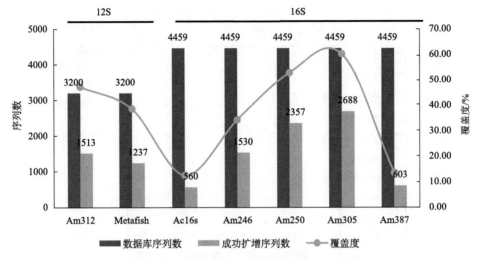

图 8-5　各对引物成功扩增的序列数和覆盖度

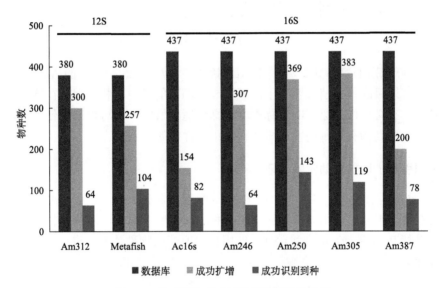

图 8-6　各对引物成功扩增和识别的物种数

Am250 成功识别的物种数最多，且覆盖科的数目最多，Ac16s 覆盖的科数目最少（图 8-7）。Am312、Metafish、Am246、Am250 和 Am387 均覆盖了 10 个科，Am305 覆盖了 9 个科，Ac16s 覆盖了 8 个科。从整体来看，蚓螈目、有尾目的扩增效果明显不如无尾目，无尾目中蛙科、树蛙科和角蟾科被扩增出的物种个数最多。位于 12S 基因上的两对引物似乎更适合扩增蚓螈目和有尾目：其中，鱼螈科仅有 Am312 可以扩增识别，隐鳃鲵科仅有 Metafish 可以扩增识别，但以上两对引物均无法扩增出雨蛙科。位于 16S 基因上的引物 Am246、Am305 和 Am387 扩增出的科是相同的，Ac16s 无法扩增出小鲵科和叉舌蛙科，Am305 无法扩增出铃蟾科。

以上计算机模拟 PCR 的结果表明，综合扩增效果表现最佳的引物是 Am250，其在识别物种数和科水平上的覆盖度方面均优于其他引物，Am305 的扩增序列数虽然最多，

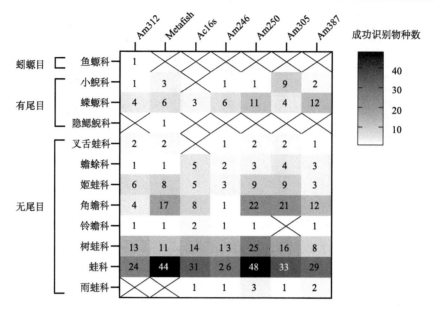

图 8-7　各对引物在各科成功识别的物种数

但是比 Am250 识别的物种数少,且未扩增出铃蟾科。位于 12S 基因上的 Am312、Metafish 对蚓螈目和有尾目的覆盖情况要好于位于 16S 基因上的各对引物,因此在选择引物进行物种监测时,有必要根据监测的目标类群选择合适的引物,也可以同时使用多对引物进行扩增,从而提高稀有物种的发现概率和物种多样性的识别能力。

8.1.3　不同引物扩增效果的实验验证

将 28 种两栖动物(表 8-1)组织 DNA 等摩尔混合在一起,形成标准溶液,用来模拟两栖动物群落组成,使用本次设计的引物和之前文献中记载的两栖动物扩增引物分别对该溶液进行 PCR 扩增、高通量测序,使用自己所建的物种数据库进行注释,并对注释结果进行评估。

表 8-1　用于验证扩增引物的 28 种两栖动物信息

序号	目	科	属	种	拉丁名
1	有尾目	小鲵科	拟小鲵属	宽阔水拟小鲵	*Pseudohynobius kuankuoshuiensis*
2	有尾目	蝾螈科	肥螈属	黑斑肥螈	*Pachytriton brevipes*
3	无尾目	铃蟾科	铃蟾属	大蹼铃蟾	*Bombina maxima*
4	无尾目	角蟾科	齿突蟾属	西藏齿突蟾	*Scutiger boulengeri*
5	无尾目	蟾蜍科	蟾蜍属	中华蟾蜍	*Bufo gargarizans*
6	无尾目	蟾蜍科	头棱蟾属	黑眶蟾蜍	*Duttaphrynus melanostictus*
7	无尾目	雨蛙科	雨蛙属	三港雨蛙	*Hyla sanchiangensis*
8	无尾目	姬蛙科	狭口蛙属	北方狭口蛙	*Kaloula borealis*
9	无尾目	姬蛙科	姬蛙属	合征姬蛙	*Microhyla mixtura*

续表

序号	目	科	属	种	拉丁名
10	无尾目	叉舌蛙科	虎纹蛙属	虎纹蛙	*Hoplobatrachus chinensis*
11	无尾目	叉舌蛙科	陆蛙属	泽陆蛙	*Fejervarya multistriata*
12	无尾目	叉舌蛙科	大头蛙属	福建大头蛙	*Limnonectes fujianensis*
13	无尾目	叉舌蛙科	倭蛙属	高山倭蛙	*Nanorana parkeri*
14	无尾目	叉舌蛙科	倭蛙属	双团棘胸蛙	*Nanorana phrynoides*
15	无尾目	叉舌蛙科	棘胸蛙属	九龙棘蛙	*Quasipaa jiulongensis*
16	无尾目	叉舌蛙科	棘胸蛙属	棘腹蛙	*Quasipaa boulengeri*
17	无尾目	叉舌蛙科	浮蛙属	尖舌浮蛙	*Occidozyga lima*
18	无尾目	蛙科	蛙属	中国林蛙	*Rana chensinensis*
19	无尾目	蛙科	蛙属	寒露林蛙	*Rana hanluica*
20	无尾目	蛙科	水蛙属	沼水蛙	*Hylarana guentheri*
21	无尾目	蛙科	臭蛙属	花臭蛙	*Odorrana schmackeri*
22	无尾目	蛙科	臭蛙属	竹叶蛙	*Odorrana versabilis*
23	无尾目	蛙科	侧褶蛙属	黑斑侧褶蛙	*Pelophylax nigromaculatus*
24	无尾目	蛙科	琴蛙属	滇蛙	*Nidirana pleuraden*
25	无尾目	树蛙科	原指树蛙属	锯腿原指树蛙	*Kurixalus odontotarsus*
26	无尾目	树蛙科	泛树蛙属	布氏泛树蛙	*Polypedates braueri*
27	无尾目	树蛙科	泛树蛙属	斑腿泛树蛙	*Polypedates megacephalus*
28	无尾目	树蛙科	树蛙属	大树蛙	*Rhacophorus dennysi*

Am250、Am305 和 Am387 三对引物的扩增物种数最多（图 8-8），能够将 DNA 标准溶液中存在的所有物种全部扩增出来，检出率在各个分类水平上都达到了 100%；Am246

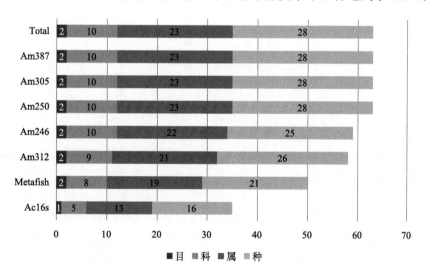

图 8-8 各对扩增引物检出的两栖动物物种数量

三个重复样本中有两个以上的 Reads>10 即认定为该物种被检出；Total 表示不同分类水平上能够检出的所有物种数

可以扩增出 2 目 10 科 22 属 25 种，在目与科分类水平上检出率为 100%，有 1 属 3 种未被检出；Am312 可以扩增出 2 目 9 科 21 属 26 种，有 1 科 2 属 2 种未被检出；Metafish可以扩增出 2 目 8 科 19 属 21 种，有 2 科 4 属 7 种未被检出；Ac16s 的扩增效果最差，只扩增出 1 目 5 科 13 属 16 种，有尾目的小鲵科和蝾螈科均未检出，无尾目的铃蟾科、角蟾科和雨蛙科未检出。黑眶蟾蜍、虎纹蛙、泽陆蛙、福建大头蛙、黑斑侧褶蛙等 11个物种可以被所有引物检出（图 8-9），未检出的主要集中在有尾目的小鲵科，无尾目的角蟾科、树蛙科以及蛙科水蛙属。

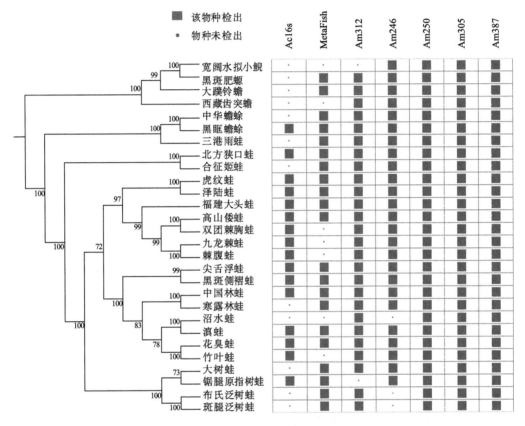

图 8-9　28 种两栖动物进化关系以及引物扩增物种

从累计丰度曲线（图 8-10）可以得出，Ac16s 与 Metafish 的物种偏好性比以 Am 命名的各对引物偏好性强。在理想情况下，每个物种的丰度是相等的，累计连线是一条过原点斜率不变的线段，而实际情况是每个物种的丰度并不相等，按照从高到低排序是一条变化幅度减小的曲线，两者之间的所围成的面积越小，意味着引物的扩增偏好性越小。Ac16s 计算出的面积最大为 10.95，其次是 Metafish（8.76），再次是 Am312（6.26），其余几对引物的曲线间面积差别较小，依次是 Am250（5.62）、Am246（5.61）、Am387（5.49）、Am305（5.4）。

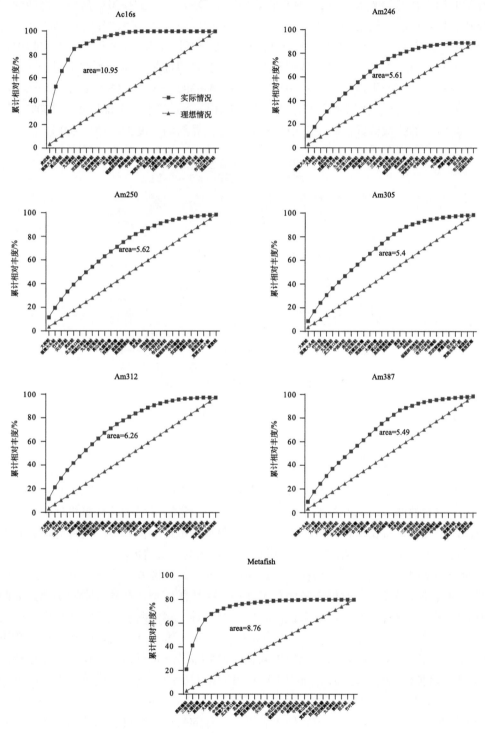

图 8-10　各对引物检出物种的累计相对丰度

物种均匀度是指一个群落或环境中的全部物种个体数目的分配状况，是对不同物种在数量上接近程度的衡量。在 28 种两栖动物组织 DNA 组成的模拟群落中，物种均匀度是反映引物扩增能力的重要指标之一。将所有引物扩增得到的序列数进行 Pielou 均匀度指数计算（图 8-11），得出此次研究设计的引物均匀度指数都在 0.9 以上，而文献中记载的 Ac16s 和 Metafish 的均匀度指数明显偏低，这与计算面积法所得到的结果一致。

体外实验验证结果显示，Am250、Am305、Am387 三对引物能够将 DNA 标准溶液中存在的 28 种两栖动物全部扩增出来，检出率在各个分类水平上都达到了 100%，而且以上三对引物的扩增偏好性较小，根据相对丰度计算的均匀度指数都在 0.9 以上。

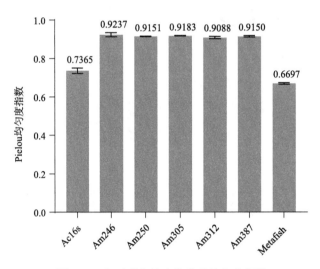

图 8-11　各对引物检出物种的均匀度指数

8.1.4　不同引物扩增效果评估

本章在线粒体 12S～16S 基因区域上设计了 5 对宏条形码扩增引物（以 Am 命名），和文献中记录的两对引物（Ac16s 与 Metafish）一起进行了引物的计算机评估和体外实验验证，主要的评价指标包括物种覆盖度、分辨率以及扩增偏好性。两种验证方式得出的结果相一致的地方在于 Am250 这对引物无论是在物种覆盖度、分辨率以及扩增偏好性方面的表现都很好，其他引物都存在一定程度上的不足，例如，经计算分析 Ac16s 在科水平上的覆盖度最差，只能覆盖两栖动物 12 个科中的 8 个，在体外实验中也是如此，Ac16s 扩增出的物种数最少，且未检出有尾目的物种。然而两种验证方式得出的结果也存在出入，例如，Am387 经计算分析成功扩增的序列数很少，成功识别的物种数不及 Metafish，然而在体外实验中，Am387 对两栖动物的检出率达到了 100%，远远超出了 Metafish，这种情况可能是因为 Am387 这对引物扩增出的片段处在线粒体 16S 区域的末端，而用于计算机模拟 PCR 的数据库中收录的 16S 序列长度不一，导致 Am387 的下游引物不能和目标片段相结合，而体外实验用于注释的数据库是自己构建的，每条序列的长度足以覆盖所有的引物扩增区域，因此所有的测序数据都得到了很好的注释。

8.1.5　实际应用中的引物选择

通过计算机评估可以发现，不同引物对两栖动物科水平的覆盖程度差异很大，例如，位于 12S 基因上的 Am312、Metafish 可以分别检出鱼螈科和隐鳃鲵科，而位于 16S 基因上的各对引物均不能检出以上两科。同时，不同引物对某些科有非常高的物种分辨率，例如，Am305 对小鲵科的分辨率明显高于其他引物，也有文献报道，COI 基因对于蝾螈科的分辨率要优于 16S（Xia et al., 2012），因此在进行物种监测时，有必要根据监测的目标类群选择合适的引物，也可以同时使用多对引物进行扩增，从而提高稀有物种的发现概率和物种多样性的识别能力（Drummond et al., 2015）。在引物扩增长度的选择上，二代测序平台限制片段长度一般在 100～400 bp 之间，虽然环境 DNA 极易发生降解，以往文献中关于两栖动物的扩增长度片段也集中在 100～200 bp 之间，但是扩增片段长度的增加毕竟更有利于亲缘物种的辨识，本次研究设计的 Am387 引物的扩增片段（含引物）在 370～400 bp 之间，在体外实验中物种检出率达到了 100%，这是一次较长片段扩增的有效尝试，也是未来的引物研究中一个重要的方向。

8.2　环境 DNA 宏条形码监测两栖动物的准确性

本实验在室外进行（图 8-12），通过向水池中投放不同种类的两栖动物，间隔采集

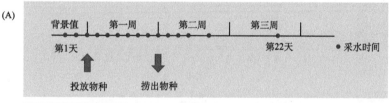

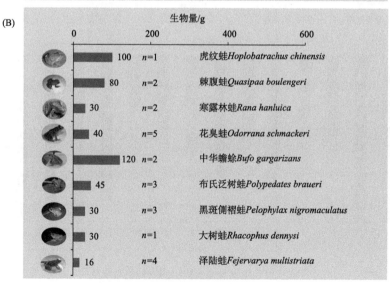

图 8-12　实验设计

（A）物种投放及采样时间；（B）投放物种种类及数量组成

水样进行宏条形码的分析，研究检测出的两栖动物种类、相对丰度以及随时间的变化情况，从而验证宏条形码监测两栖动物的准确性，所使用的引物为上一节筛选出的 Am250、Am387。

8.2.1　各个物种的相对丰度变化

两对引物均能成功扩增出水池中投放的所有两栖动物，并在投放和去除物种的时间节点处都显示出明显的物种丰度变化，可见宏条形码方法对于两栖动物监测的准确性和灵敏性。具体体现在（图 8-13）：在未投放物种时，第 1 天和第 2 天显示得到的序列 99%以上属于非两栖类，说明在背景观测期未有其他外源两栖动物 DNA 的混入；由引物 Am250 检测得出，从第 3 天投放开始，两栖动物在水池中环境 DNA 的占比迅速升高至 85%，并在后续的几天中逐渐上升至 97%，第 10 天捞出所有物种后，两栖动物的占比开

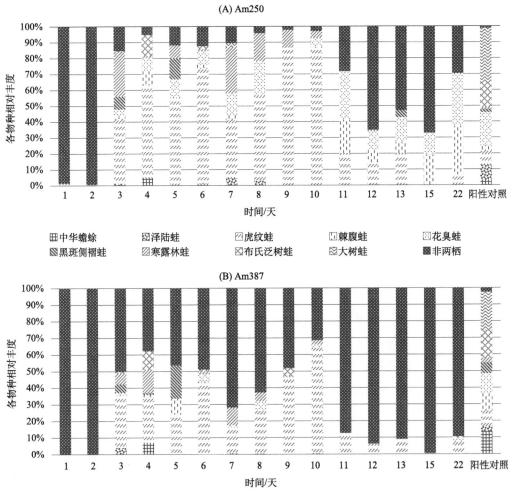

图 8-13　微宇宙实验检出的物种相对丰度

（A）Am250 引物检出结果；（B）Am387 引物检出结果

始下降, 5 天内衰减至 33%, 在第 22 天检测时该比例有所上升; 引物 Am387 检测结果与 Am250 相比, 两栖动物的整体占比明显偏少, 但总体的环境 DNA 的释放与降解规律与 Am250 相同, 在物种投放与去除的时间节点处, 环境 DNA 占比的变化非常明显, 第 11 天两栖动物的占比已经降低到 12.7%, 并在 5 天内迅速衰减至 0.5%, 在第 22 天检测时该比例有所上升。

三个平行样本之间的相对丰度变化很大 (图 8-14), 特别是在 DNA 释放的这一段时间内, 说明在网箱周边取水时, 物种释放的 DNA 在水中的扩散并不均匀。在物种投放前, 各个物种均未检出, 从第 3 天开始, 各物种的相对丰度开始升高, 其中变化比较明显的是虎纹蛙和寒露林蛙, 而其他物种由于在整个水池中的占比偏低, 因此相对丰度的变化趋势并不十分明显, 例如中华蟾蜍、泽陆蛙、布氏泛树蛙以及大树蛙等, 以上几种检出的平均最高丰度均未超过 10%, 因此即使在物种存在的这段时间内, 也有检测不到 DNA 信号的情况出现, 在去除物种之后, 大部分物种相对丰度都会下降直至 DNA 信号不再被检出, 也有少数情况, 如 Am250 引物检出棘腹蛙和花臭蛙相对丰度在经历短暂下降后又有所回升, 甚至超过物种存在时的水平, 这说明以上两种蛙的 DNA 在水中的降解较慢, 而且这种特征随着其他物种 DNA 的降解逐渐显现出来。

8.2.2 物种相对丰度与生物量的相关关系

两对引物检出各物种的相对丰度变化相似度最高的是虎纹蛙, 图 8-15 显示, 两对引物检出虎纹蛙相对丰度呈明显正相关, $R^2=0.7109$, 但这种相关性并不存在于其他物种, 特别是对于丰度很低的物种来说。通过对物种存在的时间段与物种生物量进行线性拟合发现, 各个物种的生物量与检出的相对丰度之间不存在线性相关关系 (图 8-16, 表 8-2), 本次实验并未设置每个物种的生物量梯度, 因此无法获悉单个物种的丰度特征与其生物量的相关关系, 但是此次的实验也说明, 由于物种生理特性和栖息环境的不同, 其向水中释放的 DNA 浓度以及降解时间存在很大差异, 充分了解各个物种的生理特性和生活史特征以及与环境中 DNA 产生的关系将有助于真实环境中物种丰度的准确估计 (Ficetola et al., 2019; Harper et al., 2019)。

表 8-2 相对丰度与生物量的相关关系

生物量	Am250			Am387		
	F	DFn, DFd	P	F	DFn, DFd	P
相对丰度_day3	0.6784	1, 7	0.4373	1.009	1, 7	0.3486
相对丰度_day4	3.76	1, 7	0.0937	0.5089	1, 7	0.4987
相对丰度_day5	1.188	1, 7	0.3117	0.2812	1, 7	0.6123
相对丰度_day6	2.104	1, 7	0.1902	1.841	1, 7	0.2169
相对丰度_day7	0.1362	1, 7	0.723	0.9583	1, 7	0.3602
相对丰度_day8	0.8811	1, 7	0.3791	1.22	1, 7	0.3058
相对丰度_day9	1.802	1, 7	0.2214	1.888	1, 7	0.2118
相对丰度_day10	1.672	1, 7	0.237	1.766	1, 7	0.2255

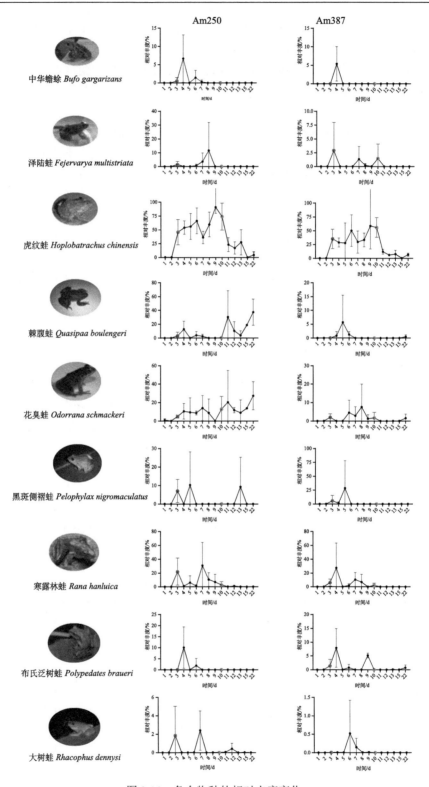

图 8-14　各个物种的相对丰度变化

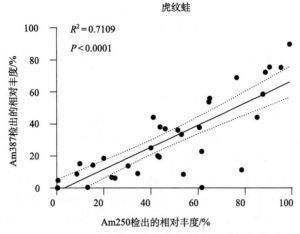

图 8-15　两对引物检出虎纹蛙相对丰度的相关关系

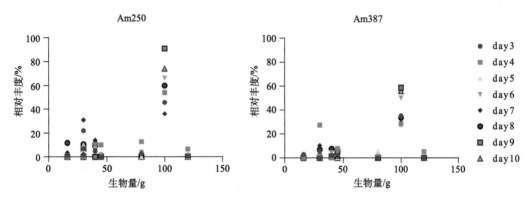

图 8-16　相对丰度与生物量的相关关系

8.3　小　　结

本章通过两栖动物宏条形码扩增引物设计与评估，发现线粒体 16S 基因 Am250 引物最适合本土两栖动物的多样性监测，该引物实现了本土测试物种 100% 的物种检出率；12S 基因更有利于鱼螈科和隐鳃鲵科等稀有物种的检出，多对引物联合使用可以提高对两栖动物群落的扩增能力与低丰度物种的检测能力。微宇宙实验使用的两对引物成功扩增出了水池中投放的所有两栖动物，并在投放和去除物种的时间节点处都显示出明显的物种丰度变化，体现了所开发方法的可靠性和灵敏性。

本章的介绍主要聚焦于宏条形码监测的实验室分析，该方法在应用于两栖动物野外监测时，需要注意的是环境 DNA 的有效性会随着季节的变化而变化，尤其对于大型水生生物来讲，繁殖期是物种检测的最佳时期；在设计环境 DNA 调查时，从业人员和研究人员必须考虑并利用现有的物种行为或活动知识，并对样本的稀疏性、取样数量和覆盖范围做出谨慎评估，制定出严格和可重复的现场采样程序，以尽量减少假阳性和假阴性，最大限度地提高检测概率。

参 考 文 献

杨江华, 张效伟. 一种淡水鱼类线粒体12S通用宏条形码扩增引物及其应用方法. 2019. 中国 Patent No. CN109943645A.

Balint M, Nowak C, Marton O, et al. 2018. Accuracy, limitations and cost efficiency of eDNA-based community survey in tropical frogs. Mol. Ecol. Resour., 18(6): 1415-1426.

Drummond A J, Newcomb R D, Buckley T R, et al. 2015. Evaluating a multigene environmental DNA approach for biodiversity assessment. Gigascience, 4: 19.

Evans N T, Olds B P, Renshaw M A, et al. 2016. Quantification of mesocosm fish and amphibian species diversity via environmental DNA metabarcoding. Mol. Ecol. Resour., 16(1): 29-41.

Ficetola G F, Manenti R, Taberlet P. 2019. Environmental DNA and metabarcoding for the study of amphibians and reptiles: species distribution, the microbiome, and much more. Amphibia-Reptilia, 40(2): 129-148.

Harper L R, Buxton A S, Rees H C, et al. 2019. Prospects and challenges of environmental DNA (eDNA) monitoring in freshwater ponds. Hydrobiologia, 826(1): 25-41.

Sasso T, Lopes C M, Valentini A, et al. 2017. Environmental DNA characterization of amphibian communities in the Brazilian Atlantic forest: Potential application for conservation of a rich and threatened fauna. Biol. Conserv., 215: 225-232.

Valentini A, Taberlet P, Miaud C, et al. 2016. Next-generation monitoring of aquatic biodiversity using environmental DNA metabarcoding. Mol. Ecol., 25(4): 929-942.

Xia Y, Gu H F, Peng R, et al. 2012. COI is better than 16S rRNA for DNA barcoding Asiatic salamanders (Amphibia: Caudata: Hynobiidae). Molecular Ecology Resources, 12(1): 48-56.

第 9 章　海洋多营养级水生生物群落

海洋是生命的诞生和孕育之地，它不但占了地球表面积的 71%及生物栖地体积的 99%，更在人类文明的演进中扮演着重要的角色（Barrett et al., 2018）。海洋拥有比陆地更加多样化的生物资源，在目前发现的 34 个门的生物中海洋有 33 个门，且其中 15 个门的生物只能生活在海洋中。但随着全球变暖、海洋酸化、富营养化等自然或人类活动的不断加剧，海洋生态系统遭到严重破坏，众多生物类群赖以生存的栖息地受到了严重影响（Cordier, 2020）。海洋生物多样性的现状令人担忧。因此，迫切需要在大尺度下对海洋生态系统开展生物多样性监测。

海洋栖息着多样化的生物类群，从肉眼难以识别的细菌到长达几十米的鲸鱼均是海洋丰富多彩的生物多样性的一部分（Blanchard et al., 2017）。这也造成传统基于光学和声学的监测体系难以完成大尺度的全生物类群的多样性监测（Pawlowski et al., 2018）。环境 DNA 宏条形码技术通过扩增目标 DNA 片段可以从单一的环境 DNA 样品中提取不同生物类群的群落组成信息，为实现全生物多样性监测提供了一种有效的途径。

9.1　从细菌到海洋哺乳动物的生物多样性监测

基于环境 DNA 的宏条形码技术为在大尺度下进行从细菌到海洋哺乳动物的全生物多样性监测提供了新的技术和方案（Zhang, 2019）。目前使用的传统光学和声学生物多样性监测手段存在群落监测方法不一致、费时费力、成本高和鉴定准确性不高等缺点，难以在大尺度下进行全生物群落的长期监测（Aylagas et al., 2016）。而基于环境 DNA 的宏条形码技术通过扩增目标 DNA 片段可以从单一的环境 DNA 样品中提取不同生物类群的群落组成信息，为实现全生态系统的生物多样性监测提供了一种有效且有效率的途径（Yang et al., 2017; Li et al., 2019）。近年来，环境 DNA 宏条形码技术使用不同的 DNA 条形码区域，实现了细菌（16S）、真菌（18S）、硅藻（18S, *rbcL*）、大型无脊椎动物（COI）、鱼类（12S）、鸟类（12S, 18S）和哺乳动物（12S, 16S）的群落监测（Deiner et al., 2017）。尽管不同的引物区域对生物类群有偏好性，使用一对引物难以进行多类群的生物多样性监测，但使用多种引物区域的基于 tree-of-life 的宏条形码技术（TOL-宏条形码技术）已被证明可以用于获取全生物类群的多样性信息（Stat et al., 2017）。Tara expedition 项目成功使用宏条形码技术对几个微型生物类群在全球海洋中的组成和分布进行监测，但是未把所有的类群纳入一个体系从生态系统的角度进行分析（Vargas et al., 2015）。因此，基于 ToL 的宏条形码技术为实现在大尺度下海洋的全生物多样性监测提供了一种有效的手段。

为了验证 TOL-宏条形码技术进行海洋多生物类群监测的能力，本书作者在 2017 年参与黑海联合调查（JOSS），在 12 个点位收集了 109 个海水样本，其中 6 个位于陆架上，6 个位于黑海的开阔水域（图 9-1）。在 4 个不同深度（表面；SOT：温跃层的开始；FM：荧光最大值；BOT：温跃层底部）采取水样环境 DNA 样品。然后，使用原核生物、真核生物和脊椎动物的 3 对通用引物扩增 16S、18S 和 12S rRNA 基因的靶区（Zhang et al.，2020）。

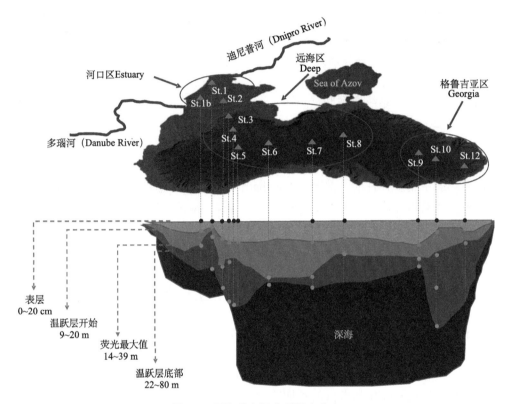

图 9-1　黑海联合调查采样点分布

3 对通用引物共注释出 75 个门、211 个纲、326 个目、547 个科、761 个属和 630 个种，实现了从细菌到海洋哺乳动物多营养级生物群落的分类和相对丰度监测（图 9-2）。将得到的 OTUs 根据物种分类信息划分为异养型细菌（CE-bacteria）、蓝细菌（cyanobacteria）、真核藻类（algae）、真菌（fungi）、原生动物（protozoa）、无脊椎后生动物（inv-metazoan）、鱼类（fish）和海洋哺乳动物（mammal）8 个类群。其中明确注释到物种的有 137 种异养型细菌、4 种蓝细菌、185 种真核藻类、146 种原生动物、34 种无脊椎后生动物、76 种鱼和 4 种海洋哺乳动物。

共有 93 个生物类别被检出，包括 33 个细菌门、3 个蓝细菌纲、7 个真核生物门、6 个真菌门、10 个原生动物类别、12 个无脊椎后生动物类别、15 个硬骨鱼目和 2 个海洋哺乳动物科。根据序列数和 OTUs 数［图 9-2（B）］，各类群中主要的生物类别包括 Proteobacteria、Actinobacteria、Bacteroidetes、Synechococcophycideae、Dinophyta、

Ochrophyta、Basidiomycota、Ascomycota、Cercozoa、Stramenopiles-X、Ciliophora、Arthropoda、Mollusca、Cypriniformes 和 Balaenopteridae。

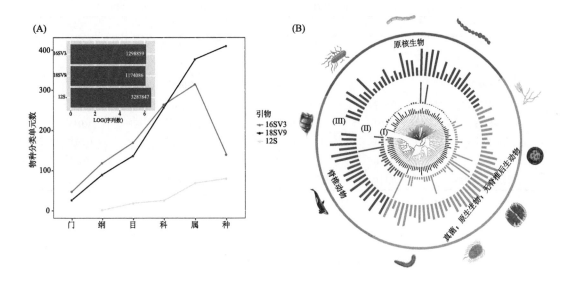

图 9-2　引物测序信息总结

（A）三对引物（16SV3，18SV9，12S）的物种注释信息；（B）获得分类单元信息：（I）系统发生树；（II）分类单元 OTUs 数目；（III）分类单元测序总序列数（对数转化）

9.2　多营养级生物群落分布格局

由于所有的生命有机体都能在环境中留下 DNA 的痕迹，直接从环境样品（即水、土壤、沉积物或空气）中提取 DNA 提供了一种非侵入性工具，用于跟踪目标物种或整个群落多样性（Deiner et al., 2017）。此外，环境 DNA 在水体的降解周期从几个小时到两周不等，这正好可以证明水环境 DNA 可以捕捉实时的生物群落动态（Sansom and Sassoubre, 2017）。更为重要的是，环境 DNA 的信号可以在更大的空间距离上被检测到，这使得环境 DNA 在重建河流生物多样性和捕获群落空间层次结构方面具有独特的优势（Mächler et al., 2019）。

有关黑海的环境 DNA 生物调查显示，黑海中 8 个不同营养级生物类群的 α 多样性（species richness）在不同的区域和分层上没有显著性差异（$p > 0.05$），但对于 β 多样性，低营养级生物群落（细菌、蓝细菌、真核藻类、真菌、原生动物和无脊椎后生动物）的垂直分层比水平差异更明显（垂直方向 $p < 0.02$，水平方向 $p < 0.05$），而高等动物群落（鱼类和海洋哺乳动物）没有明显的垂直和水平差异（$p > 0.4$，表 9-1）。

表 9-1　α 多样性与 β 多样性差异性分析

类群	α 多样性		β 多样性	
	深度	区域	深度	区域
异养型细菌	0.484	0.461	0.001***	0.232
蓝细菌	0.151	0.617	0.002**	0.046*
真核藻类	0.779	0.035	0.001***	0.048*
真菌	0.977	0.506	0.013*	0.024*
原生动物	0.794	0.472	0.001***	0.033*
无脊椎后生动物	0.184	0.500	0.001***	0.003**
鱼类	0.790	0.657	0.637	0.477
海洋哺乳动物	0.118	0.511	0.494	0.401

*: $0.01 < p < 0.05$；**: $0.001 < p < 0.01$；***: $p < 0.001$。

9.3　多营养级生物群落的生物相互作用网络

人类活动造成水生生物多样性急剧下降，引发了复杂的级联效应，如物种相互作用和生态网络的改变（Best, 2019）。这种改变对生态系统的威胁程度已等同于水污染、气候变暖等其他因素（Valiente-Banuet et al., 2015; Sanders et al., 2018）。物种相互作用的改变已被视为"最隐匿的生物多样性变化类型"，往往伴随或先于物种灭绝，并且属于"生物多样性变化的缺失部分"（Valiente-Banuet et al., 2015）。此外，生物多样性、群落动态和生态系统功能都受到复杂的物种相互作用网络的直接或间接调控（Morrison et al., 2019）。环境 DNA 获取的大量物种和 OTUs 数据为重构物种相互作用网络以及环境变量-物种相互作用网络提供了高分辨的数据支持。本书作者借助 TOL-宏条形码数据，构建了黑海 OTUs-OTUs 以及环境变量-OTUs（env-OTUs）相互作用网络，以研究各生物群落通过食物网或其他关系网络的生物间相互作用和调控，帮助识别维持生态系统稳定的重要生物类群（Zhang et al., 2020）。

整体上，黑海中低营养级生物群落（细菌、蓝细菌、真核藻类、真菌、原生动物和无脊椎后生动物）间的相互作用十分显著，而高等动物（鱼类和海洋哺乳动物）的群落结构受其他类群的影响较小。细菌和藻类作为食物网的底层营养生物与其他生物（OTUs）的相互作用最为密切（图 9-3）；99.1%的鱼类和 66.7%的哺乳动物的相互作用是类群内的相互作用（intra-group interaction）。其中 Clupeiformes、Cypriniformes 和 Perciformes 等鱼类之间发现大量的正相关作用，这可能是由于这些物种生态位的重叠导致的竞争效应。

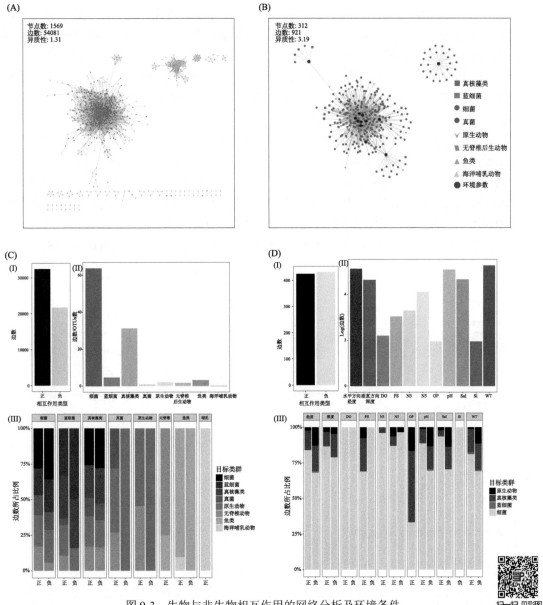

图 9-3　生物与非生物相互作用的网络分析及环境条件

（A）（OTUs-OTUs 网络）和（B）（env-OTUs 网络）显示了高质量 OTUs 的生物和非生物相互作用（总丰度>1%，占有率>1%）；（C）和（D）分别为 OTUs-OTUs 和 env-OTUs 网络的总结；非生物因素缩写：DO-溶解氧，FS-荧光性；ON-有机氮；N3-亚硝态氮, N5-硝态氮, OP-有机磷, pH-酸碱度，Sal-盐度，Si-硅, WT-水湿

9.4　解析造成生物群落分布格局的生态过程

　　解析环境因素和生态过程如何相互作用，以确定在精细地理尺度上不同地方群落的结构是生态学研究的主要问题之一（Xiong et al., 2017）。选择效应（species sorting）和扩散效应（dispersal）被广泛认为是决定生物群落结构及其生态地理分布的两个基本竞

争过程（Jiao et al.，2020）。环境变化的人为因素，如富营养化、化学污染或气候变暖，是群落动态的主要驱动因素。环境变化影响群落结构的方式取决于本地过程（local processes），即当地物种的响应及其相互作用。环境变化通过对物种的不同影响而改变群落结构，这就对本地群落产生选择效应。此外，区域过程（regional processes）——扩散也可以改变群落的动态，如果扩散率很低，扩散的限制会阻碍新物种的引入；在足够高的扩散率下，新物种可以引入到本地。

为了区分扩散（由空间参数决定）和选择（由生境条件决定）过程的效应，本书作者首先基于 OTUs 矩阵的 Bray-Curtis 或 Jaccard 差异性，用 Mantel 检验（9999 个排列）来展示群落之间或与 11 个共线性的非生物因子[图 9-4（A）]的相互作用；然后使用 permutation 和 bootstrap 方法构建 OTUs-OTUs 和环境变量-OTUs 共现网络；最后，通过部分冗余分析（pRDA），计算 3 个空间变量（扩散过程）和 11 个非共线生境因子（选择过程）对组成变化的总解释方差比例（[A]），分别估算了扩散解释比例（[D]）和选择解释比例（[S]）。

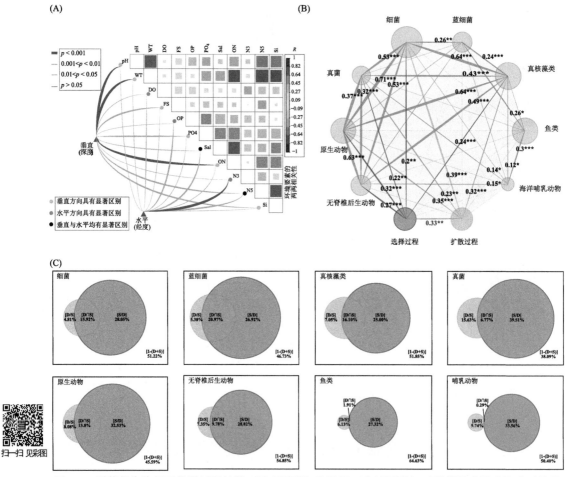

图 9-4　群落的生物相互作用以及扩散（地理因素）和选择（生境因素）对群落组成影响的成对检验
（A）扩散和选择相关参数的成对 Spearman 相关性；（B）群落间相互作用的 Mantel 检验；（C）扩散和选择过程对生物类群群落组成影响的 pRDA 结果：扩散效应解释的群落组成差异比例；选择效应解释比例；两种效应共有的解释比例；未解释比例

$$[D/S]=[A]-[S] \tag{9-1}$$

$$[S/D]=[A]-[D] \tag{9-2}$$

$$[D\cap S]=[D]-[D/S] \tag{9-3}$$

$$[1-(D+S)]=1-[A] \tag{9-4}$$

群落组成的总体变化分为四个部分：[D/S]为与选择效应无关的扩散过程解释的方差；[S/D]为独立于扩散的选择过程解释方差；[D∩S]为两者共同作用的解释部分；[1-（D+S）]为未解释变异（Zhang et al., 2020）。

结果显示，在群落水平，细菌、真核藻类、真菌和原生动物群落受到选择和扩散效应的共同影响，无脊椎后生动物仅受到选择效应的影响，而这两种生态过程对高营养级生物（鱼类和海洋哺乳动物）群落没有显著影响[图 9-4(B)]。通过 pRDA 分析，发现选择效应对各类群群落结构的净影响比扩散效应平均多 15%。而扩散效应对真菌的影响最大（15.63%），比其他类群高出一半左右[图 9-4(C)]。

参 考 文 献

Aylagas E, Borja A, Irigoien X, et al. 2016. Benchmarking DNA metabarcoding for biodiversity-based monitoring and assessment. Frontiers in Marine Science, 3.

Barrett M, Belward A, Bladen S, et al. 2018. Living planet report 2018: Aiming higher, 1-144.

Best J. 2019. Anthropogenic stresses on the world's big rivers. Nature Geoscience, 12(1): 7-21.

Blanchard J L, Heneghan R F, Everett J D, et al. 2017. From bacteria to whales: Using functional size spectra to model marine ecosystems. Trends in Ecology & Evolution, 32(3): 174-186.

Cordier T. 2020. Bacterial communities' taxonomic and functional turnovers both accurately predict marine benthic ecological quality status. Environmental DNA, 2: 175-183.

Deiner K, Bik H M, Machler E, et al. 2017. Environmental DNA metabarcoding: Transforming how we survey animal and plant communities. Mol. Ecol., 26(21): 5872-5895.

Jiao S, Yang Y, Xu Y, et al. 2020. Balance between community assembly processes mediates species coexistence in agricultural soil microbiomes across eastern China. The ISME Journal, 14(1): 202-216.

Li F, Zhang X, Xie Y, et al. 2019. Sedimentary DNA reveals over 150 years of ecosystem change by human activities in Lake Chao, China. Environment International, 133: 105214.

Mächler E, Little C J, Wüthrich R, et al. 2019. Assessing different components of diversity across a river network using eDNA. Environmental DNA, 1: 290-301.

Morrison B M L, Brosi B J, Dirzo R. 2019. Agricultural intensification drives changes in hybrid network robustness by modifying network structure. Ecol. Lett., 23(2): 359-369.

Pawlowski J, Kelly-Quinn M, Altermatt F, et al. 2018. The future of biotic indices in the ecogenomic era: Integrating (e)DNA metabarcoding in biological assessment of aquatic ecosystems. Sci. Total Environ., 637-638: 1295-1310.

Sanders D, Thebault E, Kehoe R, et al. 2018. Trophic redundancy reduces vulnerability to extinction cascades. Proc. Natl. Acad. Sci. USA, 115(10): 2419-2424.

Sansom B J, Sassoubre L M. 2017. Environmental DNA (eDNA) shedding and decay rates to model freshwater mussel eDNA transport in a river. Environmental Science & Technology, 51(24): 14244-14253.

Stat M, Huggett M J, Bernasconi R, et al. 2017. Ecosystem biomonitoring with eDNA: metabarcoding across the tree of life in a tropical marine environment. Scientific Reports, 7(1): 1-11.

Valiente-Banuet A, Aizen M A, Alcántara J M, , et al. 2015. Beyond species loss: the extinction of ecological interactions in a changing world. Functional Ecology, 29(3): 299-307.

Vargas C D, Audic S, Henry N, et al. 2015. Eukaryotic plankton diversity in the sunlit ocean. Science, 348(6237): 1261605.

Xiong W, Ni P, Chen Y, et al. 2017. Zooplankton community structure along a pollution gradient at fine geographical scales in river ecosystems: The importance of species sorting over dispersal. Mol. Ecol., 26(16): 4351-4360.

Yang J, Zhang X, Xie Y, et al. 2017. Zooplankton community profiling in a eutrophic freshwater ecosystem-Lake Tai Basin by DNA metabarcoding. Sci. Rep., 7(1): 1773.

Zhang X. 2019. Environmental DNA shaping a new era of ecotoxicological research. Environ. Sci. Technol., 53(10): 5605-5613.

Zhang Y, Pavlovska M, Stoica E, et al. 2020. Holistic pelagic biodiversity monitoring of the Black Sea via eDNA metabarcoding approach: From bacteria to marine mammals. Environment International, 135: 105307.

第10章　微宇宙试验评估毒害污染物生态群落效应

随着人类活动的加剧，海洋尤其是海湾及河口等近岸海域的重金属污染已成为全球性的环境问题之一（Ruiz et al., 2014）。我国东海、渤海等海域也遭受到 Cu、Pd、Cd、Hg 等重金属污染的长期危害（王长友，2008）。其中铜是生物体的必需元素之一，但在高于其环境本底浓度下会对生物体产生氧化应激等毒害作用。近年来随着铜使用量的增加，铜污染问题日益严重，已有报道表明铜污染已经威胁到我国沿海地区的生态健康（潘科等，2014）。

铜的群落效应体现在生物群落的"组成-功能-稳定性"方面：①组成多样性，包括物种丰富度和群落结构的变化；②功能多样性，体现在功能丰富度、功能均匀度、功能差异性和功能冗余度等方面（Carmona et al., 2016）；③生物间相互作用，其复杂程度决定着生物群落的稳定性和恢复性（Baert et al., 2016）。传统的单物种毒性测试方法可以评价重金属在个体/种群层面的直接效应，但不能代表群落及以上层面的效应（Saavedra et al., 2018）。而基于微宇宙实验的群落测试方法可以有效地评估重金属对本土生物的群落效应（Corcoll et al., 2018; Zhang, 2019）。其中生物膜是一种理想的群落测试材料（Weitere et al., 2018），可以研究污染物在不同的生物组织水平上的效应（Desrosiers et al., 2013）。底栖藻类是生物膜的重要组成部分之一，是近岸海域重要的初级生产者，也是海洋中受重金属污染影响最大的生物类群之一（王长友, 2008）。探究铜污染对海岸底栖藻类群落的组成多样性、功能多样性和群落稳定性的影响是我国近岸海域重金属污染管理的重要工作之一。

藻类群落的鉴定受到传统形态学物种鉴定方法耗时耗力、成本高、对操作人员专业要求高及易发生错误鉴定等缺陷的限制（Yang et al., 2018）。因此需要一种简单、快速、经济和准确的物种鉴定方法以提高物种鉴定的准确性、覆盖率和时间效率。环境 DNA 宏条形码技术是一种可以高通量监测和量化生物群落多样性的强大工具（Zhang, 2019）。宏条形码技术通过扩增目标 DNA 片段，可以从单一环境 DNA 样品中获得不同生物类群的生物多样性信息。近年来，18S rRNA 和 *rbcL* 等条形码区域被用于识别河流、湖泊、水库和海洋中的真核藻类（Zimmermann et al., 2015; Nakov et al., 2018）。环境 DNA 宏条形码技术为评估重金属对海岸底栖藻类的群落效应提供了技术支持。本书作者通过构建生物膜群落测试体系，探究了环境浓度下 Cu^{2+} 对底栖藻类的群落效应，并比较了群落测试数据与单一物种毒性数据的敏感性（张颜等，2019）。

10.1　Cu^{2+}对生物膜群落效应的微宇宙试验

Cu^{2+}的暴露实验于 2015 年 8 月 18 日至 9 月 6 日在 SvenLovén 海洋科学中心（SvenLovén Centre for marine sciences）的温室内进行，实验周期共 18 天（图 10-1）。

18 个独立的微宇宙系统由矩形玻璃容器制成,沿着底部长边依次放置 22 个 PETG 载玻片,通过固定在底部的长玻璃棒使之与容器底部和容器壁之间的夹角约为 22°。在每个微宇宙体系中分别添加 300 mL 从附近原始海湾收集并经过 200 μm 筛网过滤的天然海水(覆盖盖玻片表面的一半)。根据近海河口地区 Cu^{2+} 的环境浓度,共设置 1 个对照组和 5 个浓度组,分别为 0.01 μmol/L、0.06 μmol/L、0.32 μmol/L、1.78 μmol/L 和 10 μmol/L($CuCl_2 \cdot 2H_2O$),每个浓度组有 3 个平行样品。微宇宙系统的培养条件为温度 15℃,光/暗周期为 14 h/8 h。实验结束后,将生物膜从载玻片上刮下并置于 150 mL 海水中制成悬浊液。取 10 mL 悬浊液在室温下 6500 g 离心 10 分钟,去除上清液得到底栖生物的沉淀。上述样品–80℃保存用于硅藻宏条形码分析。

图 10-1　微宇宙体系

10.2　生物膜中藻类群落的分类和丰度信息

从 18 个微宇宙生物膜样品中,共检测到 154 810 条 DNA 序列,划分为 161 个 OTUs,其中 137 307 条(88.7%)DNA 序列和 90 个(55.9%)的 OTUs 注释为藻类(表 10-1)。通过去除潜在的假阳性 OTUs,共有 88 个注释为藻类的核心 OTUs 被保留,对应 61 个物种分类单元(表 10-1)。以物种分类单元表示的稀释性曲线(图 10-2)显示对照组和 5 个处理组的测序通量均达到饱和,可以满足后续的分析要求。

表 10-1　样品测序信息

样品	Cu^{2+}/（μmol/L）	序列数		OTUs 数			物种数	
		总计	藻类	总计	藻类	核心	藻类	核心
Cu.1.1		6203	5871	105	75		52	
Cu.1.2	0	11394	10911	109	78	68	53	47
Cu.1.3		8668	8104	114	80		54	

续表

样品	Cu²⁺/ (μmol/L)	序列数		OTUs 数			物种数	
		总计	藻类	总计	藻类	核心	藻类	核心
Cu.2.4		8896	8109	119	80		53	
Cu.2.5	0.01	11195	10369	119	80	75	55	50
Cu.2.6		10853	9977	124	82		54	
Cu.3.7		9201	8204	103	81		55	
Cu.3.8	0.06	5952	5135	92	73	69	50	47
Cu.3.9		7089	6271	98	75		52	
Cu.4.10		9046	8706	98	71		45	
Cu.4.11	0.32	17136	16802	105	81	68	55	43
Cu.4.12		12213	11662	111	79		51	
Cu.5.13		9754	7395	91	67		47	
Cu.5.14	1.78	5235	3165	87	61	54	43	39
Cu.5.15		9136	4113	100	71		51	
Cu.6.16		4125	3893	43	26		24	
Cu.6.17	10	6446	6389	49	33	15	29	14
Cu.6.18		2268	2231	30	18		16	
总计		154810	137307	161	90	88	61	61

注：核心 OTUs 和核心物种分别指在各组的三个平行样品中均有检出的 OTUs 或物种。

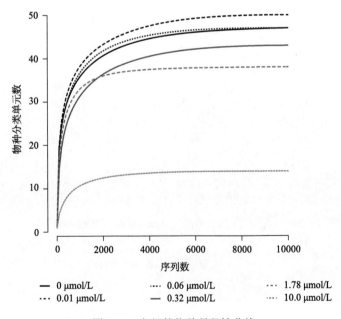

图 10-2　各组的物种稀释性曲线

　　所检出的真核藻类分类单元共包含 5 个门、17 个纲、33 个目、41 个科、45 个属和 54 个种（表 10-2）。优势类群包括硅藻门的 *Cyclophora* 属、双眉藻属（*Amphora*）和细柱藻属（*Cylindrotheca*），以及绿藻门的狭带藻属（*Percursaria*）和石莼属（*Ulva*）。褐藻门总序列数 8868，共注释出 10 个属和 11 个种，而甲藻门仅检出 245 条序列，注释出 3 个种和 2 个属（图 10-3）。此外，还有 2 个 OTUs 注释到红藻门，共有 176 条序列。宏条形码技术被广泛应用于藻类的群落分析，其中 18S rRNA 区域被认为是分析藻类群落最有效的条形码区域之一（张宛宛，2017）。本书使用的长约 400 bp 的引物与其他引物相比在种属水平上有较好的区分度（Corcoll et al., 2018; Nakov et al., 2018）。本书进一步证明了宏条形码技术快速有效检测和量化底栖藻类群落的能力，为探究 Cu^{2+} 对底栖藻类的群落效应提供了条件。

表 10-2　底栖藻类的物种分类单元统计

Cu^{2+} / (μmol/L)	门	纲	目	科	属	种
0	5	14	25	32	34	42
0.01	5	15	28	34	39	46
0.06	4	15	27	32	37	44
0.32	4	12	24	29	31	39
1.78	4	13	22	25	28	37
10	3	6	9	9	13	14
总计	5	17	33	41	45	54

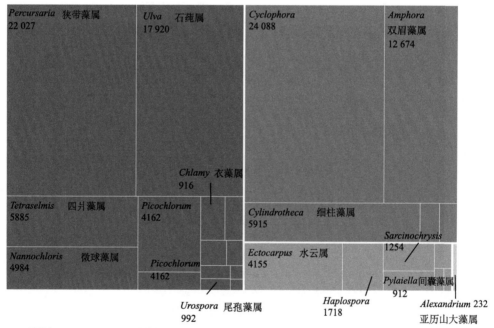

图 10-3　生物膜中在属分类水平的主要底栖藻类

10.3　Cu^{2+}对海水生物膜中藻类群落的效应

10.3.1　敏感型与耐受型藻类类群在 Cu^{2+}的作用下发生显著改变

Pearson 相关性分析表明不同真核藻类对 Cu^{2+}的响应存在差异（图 10-4）。在门分类水平，硅藻门（$R = 0.70$，$p = 0.0012$）和甲藻门（$R = 0.75$，$p < 0.001$）对 Cu^{2+}有耐受性，其相对丰度随着 Cu^{2+}浓度的升高而升高。经过相关性筛查，共有 38.6%（34/88）的 OTUs 与 Cu^{2+}有显著的相关性（$p < 0.05$），分别对 Cu^{2+}产生线性单调负响应、三参数单调正响应、三参数单调负响应和非单调响应（图 10-4）。大部分系统发育关系较近的物种对 Cu^{2+}具有相同的响应模式，但部分物种的不同 OTUs（基因型）可能对 Cu^{2+}有不同的响应模式，例如 *Cyclophora tenuis* 的 2 个不同基因型分别符合线性模型（OTU_16）和高斯模型（OTU_131），而 *Nannochloris* sp.的两个不同 OTUs 分别符合线性负响应模型（OTU_5）和三参数负响应模型（OTU_128）。有研究发现赫氏圆石藻（*Emiliania huxleyi*）的不同菌株对 Cu^{2+}的响应有差异（Mella-Flores et al., 2018），这可能与不同菌株的基因型有关。此外，单一物种的毒性测试发现不同底栖藻类物种对 Cu^{2+}均会产生负响应，包括在本书中表现为耐受的硅藻门及以下分支。这是因为在群落水平，Cu^{2+}等环境胁迫会导致敏感性物种被对环境压力较为耐受的物种所替代（Yang et al., 2018）。这种情况下耐受性物种相对于敏感性物种而言会随着环境压力的增加而增加。当环境压力大于某一阈值时，耐受性物种也会受到严重的抑制，此时表现为生态系统的"崩溃"。而单物种毒性测试以 EC50 或 NOEC 为测试终点，得到的效应浓度可能远远大于环境中该污染物的最大浓度。还有研究证明具有不同 Cu^{2+}暴露历史的底栖藻类群落对相同浓度的 Cu^{2+}产生不同的响应（McElroy et al., 2016）。因此，单一物种毒性测试不能简单地代表群落层面的毒性效应。

10.3.2　铜改变生物膜藻类群落的组成、功能和稳定性

生物膜中真核藻类的组成多样性受到 Cu^{2+}的显著影响（表 10-3 和图 10-5）。OTUs 丰富度、香农指数和 Pielou 均匀度与 Cu^{2+}浓度有显著的负相关关系（表 10-3，$p < 0.001$）。1.78 μmol/L 浓度组中，虽然物种丰富度对比 0.32 μmol/L 浓度组发生下降，但多样性指数和均匀度均升高。这主要是因为 1.78 μmol/L 浓度组比 0.32 μmol/L 浓度组的物种分配更均匀（图 10-6 和表 10-3），导致对优势物种敏感的香农指数和 Pielou 均匀度指数较高。底栖藻类的群落结构发生显著改变（图 10-5）。PC1 解释了各处理组藻类群落差异的 58.4%，且与 Cu^{2+}的浓度有显著相关性（$R^2 = 0.82$，$p < 0.001$）。1.78 μmol/L 和 10 μmol/L 浓度组在 PC1 轴上与其他浓度组明显分开，说明在这两个处理组中优势类群发生显著改变，表现为敏感性物种被耐受性物种所取代（Corcoll et al., 2018）。

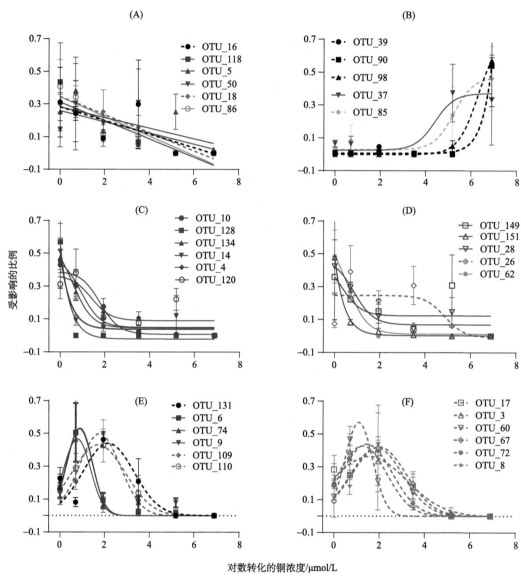

(A) 线性单调负响应；(B) 三参数单调正响应；(C)、(D) 三参数单调负响应；(E)、(F) 非单调响应

| - - - · 硅藻门 | —— 绿藻门 | - - - 褐藻门 | —— 红藻门 | - - - 甲藻门 |

图 10-4　底栖藻类对 Cu^{2+} 的响应特征

表 10-3　各组底栖藻类群落的组成多样性与功能多样性

Cu^{2+} / （μmol/L）	组成多样性			功能多样性			
	OTUs 丰富度	香农指数	Pielou 均匀度	FRic	FEve	FDiv	功能冗余
与 Cu^{2+} 的相关性（Pearson R）	-0.81^{***}	-0.75^{***}	-0.72^{***}	-0.82^{***}	-0.08	-0.82^{***}	-0.64^{**}
0	53.00（± 1.00）	12.80（± 1.31）	0.64（± 0.03）	1.24×10^{-3}（± 0）	0.55（± 0）	0.89（± 1.36×10^{-16}）	0.65（± 0.08）

续表

Cu²⁺ / (μmol/L)	组成多样性			功能多样性			
	OTUs 丰富度	香农指数	Pielou 均匀度	FRic	FEve	FDiv	功能冗余
0.01	54.00	13.15	0.65	1.98×10^{-3}	0.64	0.89	0.72
	(±1.00)	(±0.44)	(±0.01)	(±0)	(±0)	(±0)	(±0.01)
0.06	52.33	12.45	0.63	1.16×10^{-3}	0.57	0.87	0.68
	(±2.52)	(±2.03)	(±0.04)	(±0)	(±0)	(±0)	(±0.02)
0.32	50.33	5.66	0.44	7.55×10^{-4}	0.55	0.87	0.42
	(±5.03)	(±0.66)	(±0.03)	(±0)	(±0)	(±0)	(±0.09)
1.78	47.00	13.36	0.67	1.04×10^{-3}	0.7	0.87	0.77
	(±4.00)	(±3.11)	(±0.06)	(±0)	(±0)	(±1.36×10^{-16})	(±0.03)
10	23.00	1.49	0.13	3.86×10^{-7}	0.5	0.89	0.06
	(±6.56)	(±0.11)	(±0.04)	(±0)	(±0)	(±0)	(±0.05)

***: $p<0.001$；**：$0.001<p<0.01$。

注：　括号中的数字代表参数的标准差。

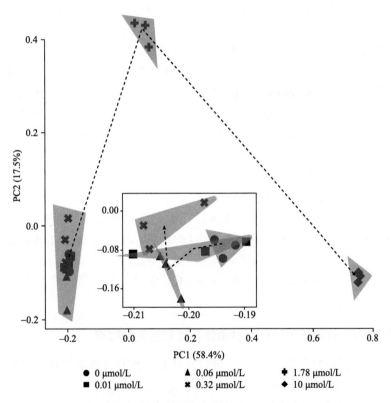

图 10-5　底栖藻类群落的 PCoA 分析

　　生物膜中底栖藻类的功能多样性也受到 Cu²⁺ 的显著影响（表 10-3）。FRic 与 Cu²⁺ 具有显著的相关性（$R=-0.82$，$p<0.001$），FEve 与 Cu²⁺ 无显著的相关性，而 FDiv 和功能冗余度与 Cu²⁺ 有显著的负相关关系（$p<0.004$）。1.78 μmol/L 浓度组的 FRic、FEve、FDiv

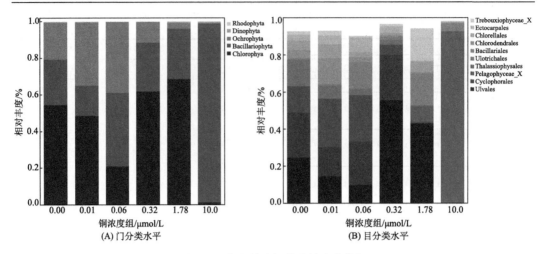

图 10-6　各组的底栖藻类的丰度特征

和功能冗余度比 0.32 μmol/L 和 10 μmol/L 浓度组都高，说明 1.78 μmol/L 浓度组的真核藻类主要以一种或几种优势功能为主，即功能较为单一。已有研究发现当 Cu^{2+} 达到 1.78 μmol/L 时，生物膜中的叶绿素 a 含量显著下降（Corcoll et al., 2018），进一步证明在该浓度组底栖藻类的特征即功能多样性发生显著改变。

　　Cu^{2+} 暴露改变底栖藻类的相关性网络（图 10-7 和表 10-4），说明各浓度组底栖藻类群落稳定性不同。0~0.06 μmol/L 浓度组的网络结构相似，均以索囊藻属 *Choricystis*、*Haplospora* 属和双眉藻属 *Amphora* 为主，平均相邻节点数在 15 以上。0.32 μmol/L 浓度组虽然节点数与低浓度组相似，网络密度和平均相邻节点数分别降低至 0.214 和 14.119。1.78 μmol/L 浓度组发生显著变化，表现为中心节点的改变，节点数、最短路径和平均相邻节点数的减少，以及网络密度、网络异质性和聚类系数的升高。10 μmol/L 浓度组生态系统发生崩溃，藻类间相互作用明显减少（Godoy et al., 2018），群落的稳定性降低（Corcoll et al., 2018）。在暴露实验结束后，以光合作用强度为指标测定对照组以及 0.32 μmol/L 和 1.78 μmol/L 浓度组的生物膜 PICT（Pollution-Induced Community Tolerance）发现在 1.78 μmol/L 浓度组群落对 Cu^{2+} 的耐受性显著提高。这说明在一定浓度范围内，底栖藻类可以通过改变群落结构和群落间相互作用改变群落的稳定性和对 Cu^{2+} 的耐受性。

10.3.3　藻类 OTUs 数据比传统单物种毒性测试数据更加敏感

　　在 Cu^{2+} 的生态健康评价中，OTUs 数据比传统急性和毒性数据更加敏感，三种测试数据的敏感性排序为 OTUs > 慢性毒性数据 > 急性毒性数据（图 10-8）。急性毒性和慢性毒性数据的差异说明 SSD 方法受到所选用的毒性终点的影响。基于 OTUs、慢性毒性和急性毒性数据推导而出的 HC10 即 Cu^{2+} 的阈值浓度分别为 8.79 nmol/L、9.91 nmol/L 和 25.51 nmol/L。2016 年美国环境保护署给出的最新 Cu^{2+} 的阈值浓度为 31.5 nmol/L，更接近于急性毒性数据的结果。而 OTUs 数据与慢性毒性数据更接近。在过去的几十年里，

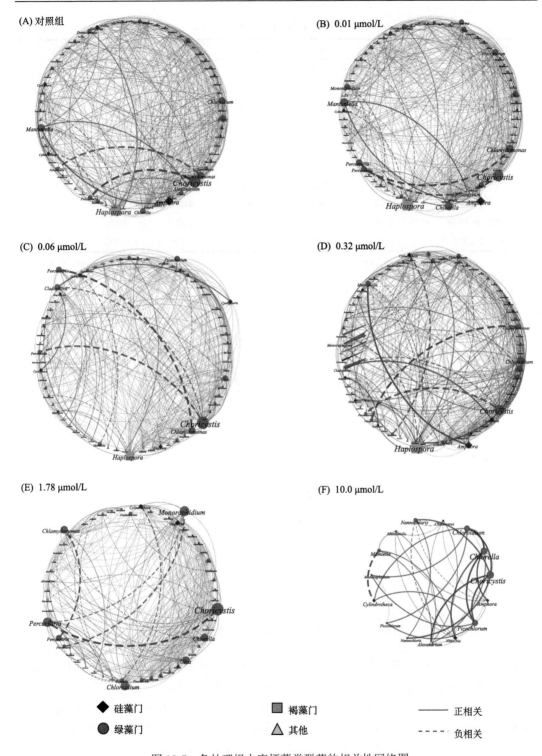

图 10-7　各处理组中底栖藻类群落的相关性网络图

节点的大小正比于中介中心度（betweeness centrality）

表 10-4　相关性网络图参数总结

Cu^{2+}/（μmol/L）	0	0.01	0.06	0.32	1.78	10
节点数	66	71	69	67	54	15
网络密度	0.243	0.226	0.224	0.214	0.253	0.352
网络异质性	0.381	0.384	0.369	0.363	0.397	0.309
聚类系数	0.635	0.637	0.615	0.636	0.649	0.622
连通域	1	1	1	1	1	1
网络直径	4	4	4	5	4	4
网络中心度	0.241	0.238	0.254	0.217	0.247	0.17
最短路径	4290	4970	4692	4422	2862	210
特征路径长度	2.063	2.125	2.049	2.22	2.082	1.933
平均相邻节点数	15.788	15.803	15.246	14.119	13.407	4.933

注：节点数为 OTUs 的数量；网络密度为网络连接的密集程度；网络异质性为网络包含集结节点的趋势；聚类系数为聚类程度；连通域为拥有不同网络结构的域；网络直径为两个节点之间的最大距离；网络中心度为网络密度的分布；最短路径为两个节点之间的最短长度；特征路径长度为两个连接节点之间的预期距离；平均相邻节点数为网络中每一个节点的平均连接数（Yang et al. 2018）。

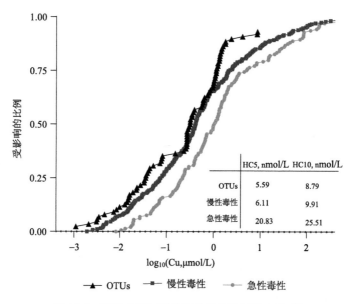

图 10-8　基于 OTUs 和单物种毒性数据的 SSD 图

生态毒理学家花费了大量的时间和精力评价了重金属对多种底栖藻类物种的影响（Xu et al., 2016; Saavedra et al., 2018）。而基于宏条形码技术的群落测试方法可以在短期内获得大量底栖藻类物种/OTUs 对重金属的响应，可以节约大量的时间、金钱和精力（Yang et al., 2018）。此外，宏条形码数据比单物种毒性测试数据更敏感，且更能代表自然环境中本土物种的响应。因此，基于宏条形码技术的群落测试方法在重金属群落效应评估中起到重要的作用。

宏条形码技术可以有效分析不同浓度的 Cu^{2+} 暴露的微宇宙体系生物膜中真核藻类的

分类和丰度信息,同时识别出 Cu^{2+} 对海岸底栖藻类的群落效应。与单物种毒性测试相比,群落测试数据更能反映群落层面的响应。宏条形码技术可以较为快速准确地分析特定生物群体的种群结构,能够为污染物生态效应评估提供一个较好的群落效应测试平台,推动其朝着生态有意义的科学评估方法的方向发展。

参 考 文 献

潘科, 朱艾嘉, 徐志斌, 等. 2014. 中国近海和河口环境铜污染的状况. 生态毒理学报, 9(4): 618-631.

王长友. 2008. 东海 Cu、Pb、Zn、Cd 重金属环境生态效应评价及环境容量估算研究. 青岛: 中国海洋大学.

张宛宛. 2017. 基于 DNA 宏条形码技术的浮游植物群落多样性监测研究. 南京: 南京大学.

张颜, 杨江华, 张效伟. 2019. 铜对海岸生物膜中底栖藻类的群落效应研究. 中国环境科学学会 2019 年科学技术年会——环境工程技术创新与应用分论坛. 中国陕西西安.

Baert J M, Janssen C R, Sabbe K, et al. 2016. Per capita interactions and stress tolerance drive stress-induced changes in biodiversity effects on ecosystem functions. Nat. Commun., 7: 12486.

Carmona C P, de Bello F, Mason N W H, et al. 2016. Traits without borders: integrating functional diversity across scales. Trends in Ecology & Evolution, 31(5): 382-394.

Corcoll N, Yang J, Backhaus T, et al. 2018. Copper affects composition and functioning of microbial communities in marine biofilms at environmentally relevant concentrations. Front. Microbiol., 9: 3248.

Desrosiers C, Leflaive J, Eulin A, et al. 2013. Bioindicators in marine waters: benthic diatoms as a tool to assess water quality from eutrophic to oligotrophic coastal ecosystems. Ecological Indicators, 32: 25-34.

Godoy O, Bartomeus I, Rohr R P, et al. 2018. Towards the integration of niche and network theories. Trends in Ecology & Evolution, 33(4): 287-300.

McElroy D J, Doblin M A, Murphy R J, et al. 2016. A limited legacy effect of copper in marine biofilms. Marine Pollution Bulletin, 109(1): 117-127.

Mella-Flores D, Machon J, Contreras-Porcia L, 2018. Differential responses of Emiliania huxleyi (Haptophyta) strains to copper excess. Cryptogamie Algologie, 39(4): 481-509.

Nakov T, Beaulieu J M, Alverson A J. 2018. Insights into global planktonic diatom diversity: The importance of comparisons between phylogenetically equivalent units that account for time. Isme Journal, 12(11): 2807-2810.

Ruiz F, González-Regalado M L, Muñoz J M, et al. 2014. Distribution of heavy metals and pollution pathways in a shallow marine shelf: assessment for a future management. International Journal of Environmental Science and Technology, 11(5): 1249-1258.

Saavedra R, Muñoz R, Taboada M E, et al. 2018. Comparative uptake study of arsenic, boron, copper, manganese and zinc from water by different green microalgae. Bioresource Technology, 263: 49-57.

Weitere M, Erken M, Majdi N, et al. 2018. The food web perspective on aquatic biofilms. Ecological Monographs, 88(4): 543-559.

Xu Y, Wang C, Hou J, et al. 2016. Effects of ZnO nanoparticles and Zn^{2+} on fluvial biofilms and the related toxicity mechanisms. The Science of the Total Environment, 544: 230-237.

Yang J, Jeppe K, Pettigrove V, et al. 2018. Environmental DNA metabarcoding supporting community assessment of environmental stressors in a field-based sediment microcosm study. Environmental Science and Technology, 52(24): 14469-14479.

Zhang X. 2019. Environmental DNA shaping a new era of ecotoxicological research. Environ. Sci. Technol., 53(10): 5605-5613.

Zimmermann J, Gloeckner G, Jahn R, et al. 2015. Metabarcoding vs. morphological identification to assess diatom diversity in environmental studies. Molecular Ecology Resources, 15(3): 526-542.

第 11 章　流域尺度下污染物环境基准与水生态健康状况评价

环境污染和全球气候变化造成水生生物多样性下降、生物完整性缺失甚至物种灭绝，最终导致生态系统功能和健康受损。淡水生态系统是人类赖以生存和发展的重要资源，也是受人类活动干扰最严重的生态系统之一。生物多样性是生态系统维持稳定和健康的关键因素，因此迫切需要对水生生态系统的生物多样性状况进行快速监测，以评估生态系统健康状况。

本章采用分子生态学的理论与方法系统研究了典型淡水生态系统太湖流域的浮游动物物种多样性，评估富营养化污染对浮游动物群落的生态效应，甄别太湖流域浮游动物群落的关键胁迫因子，并采用基于野外浮游动物群落物种多样性分布的方法，建立太湖流域浮游动物关键胁迫因子的环境基准，为流域生态管理提供科学依据。

11.1　基于野外浮游动物群落效应推导太湖流域氨氮环境基准

环境管理面临的其中一个巨大的挑战就是如何制定科学合理的污染物环境基准来保护生态系统和生物多样性。传统对污染物的生态毒性评价往往是基于实验室单一物种的毒性测试数据（Xing et al., 2014），通过实验室培养的"受试物种"的毒性效应来衡量污染物可能的生态毒性，利用物种对污染物的敏感性差异（SSD）推导环境基准。用于传统敏感性测试的物种往往是标准模式物种，并不能完全代表本土物种对污染物的毒性效应，而且这种方法也缺乏对现实生境条件的考量（Calow and Forbes, 2003）。即便进行微宇宙模拟，同时进行多物种的毒性测试，这些实验室培养的"标准模式物种"也不能完全代表"真实环境"中的物种组成。

随着高通量测序技术的发展，获得大量测序数据变得越来越容易，如何利用庞大的生态基因组学数据来进行物种、种群结构甚至环境健康的监测，为环境基准推导提供帮助，已经成为未来生态毒理领域研究的重点之一。生态基因组学技术，例如宏条形码监测技术（利用 DNA 序列的差异来区分物种进而表征环境中的物种组成）提供了一个新的、更加全面快速的生物多样性评价方法（Ji et al., 2013）。由于样品中物种的多少决定了 DNA 的含量，因此宏条形码技术还能实现物种的半定量监测（Geisen et al., 2015）。

氮是构成生命基础物质（如生物大分子蛋白质和核酸）的必需元素，在生命活动中发挥着重要的作用。在环境中，氮主要以无机氮和有机氮的形式存在，其中无机氮又包括气态氮（N_2）、铵盐、硝酸盐和亚硝酸盐。氨氮（NH_3）作为氮素主要的组成成分，广泛存在于所有水生态系统中，是水生态系统中最主要的天然污染物之一（Russo, 1985）。非离子态的氨氮（NH_3^0）对大多数水生生物存在较强的生物毒性，包括浮游动物和鱼类

（USEPA, 2013）。随着人类活动对全球氮循环的影响，氨氮对水生态系统的危害日益严重，各个国家也不断地加大对氨氮污染的重视。在过去 30 多年中，美国环境保护署（USEPA）就先后 4 次（1985 年、1999 年、2009 年和 2013 年）修正了淡水生态系统中氨氮的环境基准（USEPA, 2013），重视程度可见一斑。

氨氮能够对浮游动物在个体水平和种群水平上产生急性和慢性毒性效应（Arauzo, 2003）。但是，由于传统形态学浮游动物物种鉴定方法耗时、耗力，我们对野外真实环境中氨氮对浮游动物群落结构的影响还不清楚。在本书中，我们利用宏条形码监测技术分析浮游动物群落组成，研究环境污染（富营养化污染）对太湖流域浮游动物群落的生态效应，评估不同环境因子对浮游动物群落组成的影响，甄别太湖流域浮游动物群落的关键胁迫因子，推导关键胁迫因子（氨氮）的环境基准，为环境关系和生态保护提供科学依据（图 11-1）。

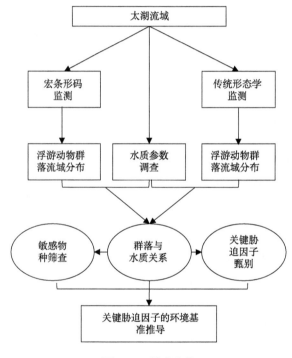

图 11-1　技术路线

11.1.1　太湖流域浮游动物群落监测

太湖流域是中国人口最密集，经济较发达的区域之一。在过去 20 年中，大量的营养物质被排放到太湖流域的水体中，导致了流域内几乎所有水环境水质急剧下降。富营养化产生的环境负效应已经成为太湖流域环境管理部门急需解决的问题之一。在本书中，我们在太湖流域设置 64 个监测点位，分别采集了浮游动物样本和水样（2013 年 11 月 28日～12 月 12 日）。利用宏条形码监测技术对浮游动物群落进行表征（Yang, 2017），研究浮游动物群落对环境污染胁迫的生态响应。

用棕色玻璃瓶采集水面下 0.05 m 处的水样，0～4℃避光储存。利用国标法测定化学耗氧量（chemical oxygen demand，COD_{Mn}）、总磷（TP）、磷酸盐（PO_4^+）、总氮（TN）、硝酸盐（NO_3^-）、亚硝酸盐（NO_2^-）、总氨氮（TAN）、生物需氧量（BOD_5）（国家环境保护总局《水和废水监测分析方法》编委会，2002）。在现场利用多功能水质参数仪（YSI Incorporated, Ohio, USA）对叶绿素 a（Chl a）、水温（WT）、pH、溶解氧（DO）和浊度（SD）进行测定。根据以下公式计算每个点位的综合营养指数（TLI）（Carlson and Robert，1977），我们综合 3 次监测数据，旨在反映一段时期内的水体的综合营养状况。

$$TLI_{(\Sigma)} = \int_{j=1}^{m} W_j TLI(j)$$

$$TLI_{(Chl\ a)} = 10 \times (2.46 + 1.091 \ln(Chl\ a))$$
$$TLI_{(TP)} = 10 \times (7.109 + 0.946 \ln(TP))$$
$$TLI_{(TN)} = 10 \times (4.934 + 1.310 \ln(TN))$$
$$TLI_{(SD)} = 10 \times (4.311 - 2.120 \ln(SD))$$

每一个样点采集两个浮游动物定量样本，一个进行传统形态学物种鉴定，另一个进行宏条形码物种监测。浮游动物形态学鉴定主要参考《中国轮虫志》《中国动物志》甲壳纲淡水枝角类和淡水桡足类（王家辑，1961；中国科学院动物研究所，1979）。宏条形码分析主要包括：用 E.Z.N.A. water DNA 试剂盒（Omega, USA）提取总 DNA，利用线粒体 COI 片段进行浮游动物的物种识别，PCR 产物纯化后由 Ion Torrent 二代测序平台进行测序。测序数据根据 UPARSE 分析流程进行分析，最后得到的 OTUs 由 Statistical Assignment Package（SAP）软件进行物种注释分析（Munch et al., 2008）。基于 OTUs 的相对丰度计算样本浮游动物的香农指数（Shannon）、Simpson 指数（Simpson）和物种均匀度指数（Pielou indicies）。样本间的 Beta 多样性则基于样本间的 UniFrac 距离进行计算。

从 ECOTOX 数据库（https://cfpub.epa.gov/ecotox/）中下载所有关于浮游动物氨氮毒性测试的数据。由于总氨氮需要标准化处理，所有没有准确提供 pH 和实验温度的毒性实验结果不纳入基准的推导。在基准推导前，所有氨氮的浓度值都根据下列公式进行标准化处理（USEPA, 2013）。

$$\log(TAN_{T=20}) = \log(TAN_T) - 0.036(20-T)$$
$$TAN_{pH} = TAN_{pH=7} \left(\frac{0.0489}{1 + 10^{7.204-pH}} + \frac{6.95}{1 + 10^{pH-7.204}} \right)$$

环境因子先进行 $\ln(x + 1)$ 标准化，x 为污染物的环境浓度，之后利用 mental 检验评价群落组成和环境因子之间的关系。用冗余分析（RDA）和主成分分析（PCA）评价水体类型间浮游动物群落差异。在 PERMANOVA 软件中，基于距离的线性模型（distLM）计算每一个环境因子对浮游动物群落差异性的贡献值（Xie et al., 2016）。利用中位数回归分析寻找对氨氮"敏感"的 OTUs，其中 $p < 0.1$ 的 OTUs 被定义为对氨氮"敏感"的 OTUs。

11.1.2 太湖流域关键环境胁迫因子甄别

1. 环境因子间的相关性

营养盐因子 NO_3^-（硝酸盐）、NO_2^-（亚硝酸盐）、TAN（总氨氮）、TN（总氮）、PO_4^+（磷酸盐）和 TP（总磷）之间存在显著的相关性（Spearman's test, Rho > 0.6, $p < 0.001$）。5 天生物需氧量（BOD_5）和化学需氧量（CODs）之间存在明显的正相关（Rho = 0.91, $p < 0.001$）。藻细胞密度、溶解氧和 pH 存在弱负相关（Rho = –0.3, $p < 0.05$）。WT（水体温度）与 DO（溶氧）、Algal（藻密度）、BOD_5 和 CODs 之间呈负相关（图 11-2）。

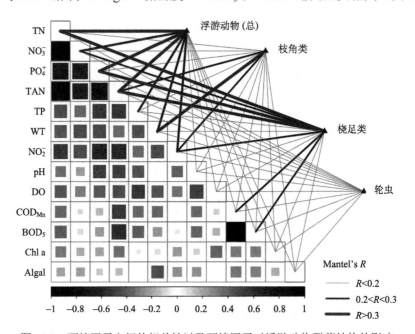

图 11-2 环境因子之间的相关性以及环境因子对浮游动物群落结构的影响

环境因子之间进行皮尔森（Spearman's）相关性分析。环境因子和群落结构进行 mental 分析。TN：总氮；NO_3^-：硝酸盐；NO_2^-：亚硝酸盐；TAN：总氨氮；PO_4^+：磷酸盐；TP：总磷；BOD_5：5 天生物需氧量；COD_{Mn}：化学需氧量；Algal：藻密度；DO：溶解氧；WT：水温；pH：酸碱度；Chl a：叶绿素 a

2. 水体营养盐因子对浮游动物群落结构的影响

浮游动物群落结构在不同水体类型中差异显著（图 11-3）。冗余分析（RDA）显示有 33.1% 的浮游动物群落差异能够被前两个主成分（RDA1 和 RDA2）所解释。总氨氮对浮游动物群落的影响要显著大于其他环境因子。主成分 1（RDA1）（24.7% 方差被解释）主要被总氨氮变量解释，然而主成分 2（RDA2）（8.6% 方差被解释）则主要由其他环境因子解释。Mantel 检验显示大部分营养因子都和浮游动物群落结构存在明显的相关性（mantel's R > 0.2, $p < 0.05$）。其中总氨氮、亚硝酸盐和水温对枝角类群落影响显著。硝酸盐、亚硝酸盐、总氮、磷酸盐和总氨氮对桡足类群落影响显著（图 11-2），而轮虫群落受环境因子的影响较小。

　　无论是传统形态学监测还是宏条形码监测都显示浮游动物的多样性随水体富营养化指数（TLI）的增加而降低。在富营养化程度高的点位，枝角类、桡足类的多样性降低。轮虫的多样性随着富营养化指数的增加而增加（图 11-4）。这表明富营养化污染已经对浮游动物群落产生了明显的生态效应。

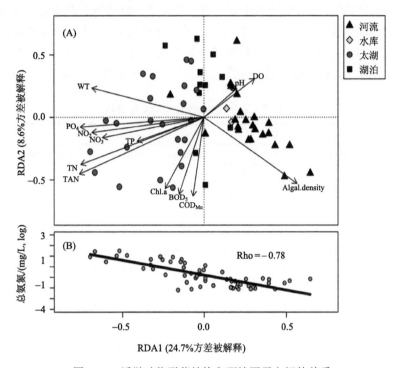

图 11-3　浮游动物群落结构和环境因子之间的关系

箭头代表了环境因子

（A）样本间的相似性；（B）主成分 1 和总氨氮（TAN）之间的相关性

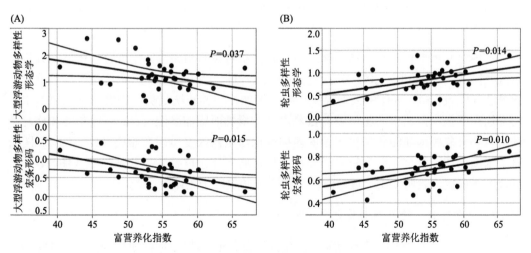

图 11-4　富营养化和浮游动物多样性的关系

（A）枝角、桡足类多样性；（B）轮虫多样性

3. 氨氮与浮游动物群落的相关性

和其他营养因子相比，氨氮是太湖流域浮游动物群落的主要的胁迫因子。DistLM 模型（基于距离的线性模型）显示大约 34% 的浮游动物群落差异能够被环境变量所解释（表 11-1）。根据解释所占比重倒序排列，前三个因子（总氨氮、藻密度和水温）共解释了 25.7% 的浮游动物群落差异（表 11-1；向前选择模式），其中总氨氮单独能够解释约 15% 的方差。水体中总氨氮浓度还和主成分分析的主成分 1（RDA1，24.7%）显著负相关（Rho = –0.78，$p < 0.001$），进一步确定氨氮驱动了太湖流域浮游动物群落的分化。

表 11-1　基于距离-线性模型变差分析

变量	边际测试			向前选择			
	Pseudo-F	解释比例	p	Pseudo-F	解释比例	累计解释比例	p
氨氮	11.5508	14.955	**0.005**	11.551	14.955	14.955	**0.005**[**]
+藻密度	7.1576	9.308	**0.005**	7.0789	7.944	22.899	**0.005**[**]
+水温	8.5149	11.131	**0.005**	3.2025	2.821	25.72	**0.005**[**]
+叶绿素 a	3.4607	3.94	**0.01**	3	2.518	28.238	**0.005**[**]
+磷酸盐	10.2423	13.384	**0.005**	2.539	1.919	30.157	**0.01**[*]
+溶解氧	3.049	3.302	0.015	2.1764	1.463	31.62	0.015
+硝酸盐	6.9639	9.041	**0.005**	1.7033	0.879	32.499	0.065
+总氮	10.8596	14.113	**0.005**	1.6569	0.3969	32.8959	0.09
+亚硝酸盐	8.4262	11.014	**0.005**	1.3922	0.3245	33.2204	0.185
+总磷	3.5807	4.124	0.015	1.1126	0.3029	33.5233	0.32
+pH	2.4763	2.401	0.02	1.0588	0.1999	33.7232	0.395
+化学需氧量	2.5555	2.527	0.02	0.8238	0.1438	33.867	0.65
+生物需氧量	2.6869	2.735	0.03	0.6381	0.1082	33.9752	0.85

注：13 个环境因子与浮游动物群落结构之间重复检验 9999 次。星号和加粗表明环境因子和群落组成的相关性统计学显著水平。

水体氨氮水平和浮游动物群落结构差异存在明显的相关性。主成分（PCA）分析显示低氨氮（< 0.5 mg/L）水体浮游动物群落和高氨氮（> 0.5 mg/L）水体浮游动物群落差异显著（图 11-5）。水体中大型浮游动物（例如枝角类和桡足类）的比例随着氨氮水平的增加而降低，而轮虫的比例随着氨氮水平的增加而增加（图 11-6）。枝角类和桡足类的代表物种象鼻溞和汤匙华哲水蚤的多样性也与氨氮浓度呈现负相关（图 11-6）。随着氨氮浓度增加，整个浮游动物多样性在增加，而多样性贡献者主要是轮虫（图 11-6）。综合上述证据，表明太湖流域浮游动物的主要胁迫因子为氨氮。

4. 对氨氮敏感的浮游动物分类单元

物种在环境中的丰度随着氨氮浓度增加而降低的 OTUs/物种被称为"敏感 OTUs / 物种"（敏感物种的判断依据为分位数回归中 $p < 0.1$ 的物种或者 OTUs）。宏条形码监测中共发现 39 个对氨氮敏感的浮游动物 OTUs，共占了 32.1% 的总浮游动物序列，表明约

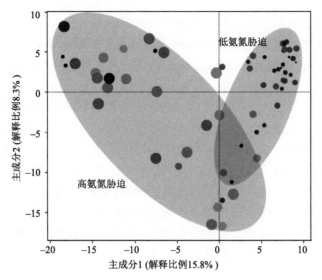

图 11-5　基于浮游动物 COI OTUs 的主成分分析

图中每一个点代表一个监测点位，点的大小和颜色深浅代表氨氮的水平

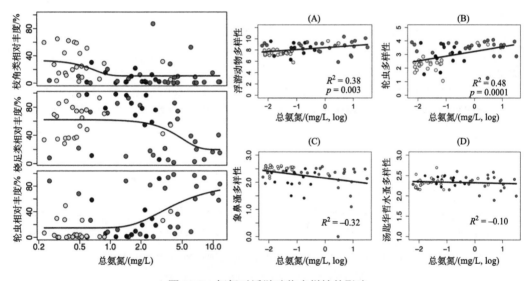

图 11-6　氨氮对浮游动物多样性的影响

左边的 3 幅图显示了轮虫、枝角类和桡足类的比例与氨氮的非线性关系；右边四幅图分别显示了氨氮与（A）浮游动物多样性、（B）轮虫多样性、（C）象鼻潘多样性、（D）汤匙华哲水蚤的多样性的关系

1/3 的浮游动物群落受到氨氮毒性的胁迫。大部分敏感 OTUs 都是枝角类和桡足类，只有 1 个敏感 OTUs 是轮虫。其中枝角类中有超过 40% 的 OTUs 都对氨氮敏感，这些敏感 OTUs 包含的序列占了总枝角序列的三分之二。对于桡足类而言，有 17% 的桡足类 OTUs 对氨氮敏感，占了大约 40% 的总桡足类序列。尽管轮虫 OTUs 占了 55% 的浮游动物 OTUs，但只有 1 个轮虫 OTUs 对氨氮敏感，只占了总轮虫序列的 2.6%。随着氨氮浓度的增加，敏感 OTUs 的比例显著下降（$R^2 = 0.46$，$p < 0.01$），这说明在氨氮污染严重的水体中，对氨氮敏感的浮游动物 OTUs 在逐渐消失。

与本土物种条形码数据库比对后发现宏条形码监测出的 39 个对氨氮敏感 OTUs 来自
6 个类群，分别是 *Bosmina* sp.、*Ceriodaphnia cornuta*、*Schmackeria inpinus*、*Sinocalanus
dorrii*、*Macrothrix* sp.和 *Keratella quadrala*。利用同样的评价标准，形态学监测共发现了
7 个浮游动物类群对氨氮敏感，分别为 *Bosmina* sp.、*Ceriodaphnia cornut*、*Schmackeria
inpinus*、*Sinocalanus dorrii*、桡足类幼体、剑水蚤幼体和哲水蚤幼体。这 7 个对氨氮敏感
类群中有 3 个为桡足类幼体，并没有具体到物种，剩下的 4 个物种（象鼻溞、角突网纹
溞、指状许水蚤、汤匙华哲水蚤）同样被宏条形码监测发现对氨氮敏感，而且两种监测
方法推导的物种对氨氮毒性的 EC50 值很接近（图 11-7），这说明宏条形码监测能够稳定
监测污染物的生态效应，识别对污染物敏感的物种。两种监测方法都发现敏感物种多为
枝角类和桡足类。这和实验室进行的毒性测试结果一致，我们检索了已经报道的浮游动
物对氨氮的敏感性，发现轮虫对氨氮的 LC50 要显著高于枝角类和桡足类，说明轮虫更
加耐受氨氮污染，能在高氨氮污染环境中存活。河流中氨氮水平通常高于湖泊和水库，
高氨氮污染影响了枝角类和桡足类的生存，这可能是河流生态系统中轮虫丰度较高的原
因之一。

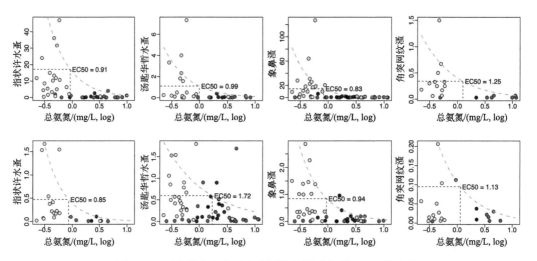

图 11-7　形态学和宏条形码监测推导敏感物种 EC50 的比较

上图为形态学监测结果；下图为宏条形码监测数据

11.1.3　基于敏感浮游动物推导太湖流域氨氮环境基准

我们分别基于形态学监测数据、宏条形码监测数据和实验室毒性测试数据根据 SSD
模型推导了太湖流域的氨氮基准（图 11-8）。在实验室毒性测试中，我们共检索到 16 个
有效的浮游动物氨氮毒性测试结果，SSD 模型推导出的氨氮 HC5 和 HC10 分别为 2.4 mg/L
和 2.9 mg/L。宏条形码监测中共发现 291 个浮游动物 OTUs 在至少三分之一的样本中出
现，其中有 39 个浮游动物 OTUs 对氨氮敏感，占比 13.4%，根据 SSD 模型计算出的氨
氮 HC5 和 HC10 分别为 1.4 mg/L 和 2.9 mg/L。形态学监测共发现了 76 个浮游动物分
类单元，其中有 7 个分类单元对氨氮敏感，占比 9.2%，根据 SSD 模型计算出的氨氮 HC5

为 1.1 mg/L，由于敏感物种的比例低于 10%，因此无法计算出 HC10。实验室毒性测试和宏条形码监测都发现桡足类要比枝角类对氨氮更加敏感，桡足类对氨氮的 EC50 要普遍小于枝角类对氨氮的 EC50。基于原位生物调查推导的氨氮基准要比基于实验室毒性测试推导的环境基准 HC5 小，更加符合太湖流域的实际情况，因为大部分实验室毒性测试都不是太湖流域本土物种，并不能完全代表太湖流域物种对氨氮的敏感性。

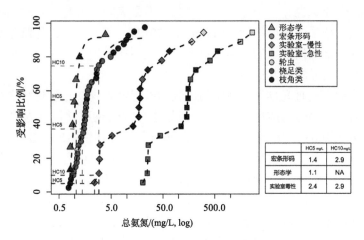

图 11-8　基于实验室毒性测试和监测数据的物种敏感性分布推导的氨氮基准

营养因子，尤其是 TN、NO_3^-、NO_2^- 和 TAN 对太湖流域浮游动物群落的影响要显著大于其他环境因子。太湖流域是我国人口密度最大，经济最发达的区域之一。大量工业和农业源的营养物质过量负荷导致太湖流域大部分地表水都处于富营养化状态，几乎每年都会暴发蓝藻水华。到目前为止，富营养化污染仍然是太湖流域最严重的环境污染问题。研究结果表明，氨氮和其他营养因子（TN、NO_3、NO_2^- 和 TP）对浮游动物群落影响显著。这些因子中，氨氮的生物毒性要远大于其他营养因子（Thurston et al., 1981; Kohn et al., 1994）。变差分析也表明氨氮是太湖流域浮游动物群落分化主要驱动因子。

另外一个支持氨氮是太湖流域浮游动物主要胁迫因子的证据来自浮游动物群落对氨氮敏感性差异。实验室的毒性测试数据表明，与枝角类（如 *Moina micrura*）和桡足类（如 *Acartia tonsa*）相比，轮虫（例如 *Brachionus rubens* 和 *Brachionus rotundiformis*）更耐受氨氮的毒性（de Araujo et al., 2001; Arauzo and Valladoli, 2003; Jepsen et al., 2015）。对氨氮的高耐受性使得轮虫能够在高氨氮污染环境下生存，而枝角类和桡足类则不能。在本书中，我们发现太湖流域的枝角类和桡足类的丰度随着氨氮浓度的增加而降低。相反，轮虫的丰度和多样性都随着氨氮浓度的增加而增加。尽管无法完全确定浮游动物组成的变化是由氨氮引起的，但是太湖流域氨氮的长期生态效应不容忽视。宏条形码监测中有超过一半的 OTUs 都来自轮虫，但是仅有 1 个轮虫 OTU 对氨氮敏感。相反，有超过 40% 的枝角类和超过 15% 的桡足类 OTUs 都对氨氮敏感，说明太湖流域浮游动物群落正明显受到氨氮污染的胁迫，尤其是对大型浮游动物群落而言。基于形态学监测发现的敏感性物种也都来自枝角类和桡足类。因此，本书提供了浮游动物群落对氨氮敏感性差异的野外直接证据。

其他环境压力也可能通过食物链间接作用影响浮游动物对营养因子的响应。然而，目前环境基准推导方法并没有把间接作用考虑在内。基于单一物种的研究也缺乏对野外真实环境和多压力因子相互作用的考量。然而，本书利用野外环境生物调查进行基准推导，考虑了多压力因子交织的复杂环境，能够更好地为环境健康阈值提供参考（Hoke，1990）。这种方法也同时考虑了不同压力因子之间的拮抗效应。之前的研究表明，尽管重金属和农药在太湖流域也存在一定的生态风险，但是风险主要是针对底栖动物，富营养化仍然是该流域最严重的环境问题（Liu et al., 2012）。本书发现野外监测数据推导的基准和实验室毒性测试数据推导的基准很接近，这说明在太湖流域内，氨氮污染并没有与其他环境压力产生明显的相互作用。

宏条形码监测也能研究物种对特定污染物的敏感性差异。尽管传统实验室毒性测试能够控制实验环境、受试动物的年龄等，但是这种方法也通常被认为缺乏环境参考性（Calow and Forbes, 2003），因为很多受测试的物种并不是环境中的主要功能群落。而且，实验室进行的单一物种测试也受测试物种数的限制，无法对所有环境物种都进行毒性测试。通过野外调查数据，建立物种丰度和特定污染物浓度的关系，推导物种间的敏感性（f-SSD），这种方法获得的物种均为环境中真实存在的，污染物浓度为环境暴露浓度，而且考虑的是长期污染效应，具有更好的现实环境意义（Leung et al., 2005）。欧洲水框架协议（European Water Framework Directive）和美国环保署（USEPA）也建议利用 f-SSD 推导沉积物中营养物的环境基准（Cormier et al., 2008; Cormier and Suter, 2013）。尽管 f-SSD 具有更好的环境相关性，但传统形态学鉴定效率低、耗时耗力，严重阻碍了 f-SSD 的应用。在前面的章节中，我们已经详细探讨了宏条形码技术在物种鉴定中的优势，在本书中，我们提出了一个基于物种遗传分类单元（OTUs）的敏感性分布推导环境基准的方法（物种分类单元敏感性分布，f-OSD），这种方法兼顾了 f-SSD 的环境相关性，也结合了宏条形码技术对物种鉴定的敏感性（Brown et al., 2015）。通过宏条形码监测，对氨氮敏感的 OTUs 被有效识别，这些敏感 OTUs 也被用来进行水环境氨氮基准的推导，推导的 HC5 为 1.4 mg/L，这个结果跟用形态学监测推导的结果（1.1 mg/L）具有较好的一致性。这表明我们提出的基于物种分类单元敏感性分布的方法进一步确定了实际环境中的氨氮基准，尽管这个基准的推导是基于环境因子间相互作用。

相比于形态学鉴定，环境 DNA 宏条形码监测能够提供更加全面的物种多样性分析，能够监测到环境压力对生物群落极其微小的影响，也使得所推导的污染物环境基准更能体现实际价值（Gibson et al., 2015）。基于 SSD 模型的基准推导需要尽量考虑更多的物种，而且选用哪些物种进行评价也会影响最后结果。SSD 模型是建立在所有物种敏感性都被覆盖的前提下，因此，受试物种数量不足就会产生较大的系统误差。利用 HC5 或者 HC10 进行基准值推导也存在一些问题，HC5 意味着有 5% 的物种有 50% 的可能会死亡，如果这些物种是关键物种，其群落的下降依旧会导致生态功能的缺失。因此，这些信息需要和生态系统的结构和功能一起考量，综合评价污染物的系统效应，形成矫正后的基准值。

在本书中，宏条形码监测识别出 291 个不同的浮游动物 OTUs，而形态学监测仅发现 76 个形态学种。因为 SSD 模型是基于敏感物种进行基准推导，因此，计算过程包含越多的敏感物种推导的基准也就越准确。宏条形码监测发现 39 个浮游动物 OTUs 对氨氮敏感(敏感被定义为: 物种的环境丰度随着氨氮浓度的增加而降低),占总 OTUs 的 13.4%。然而,形态学监测发现 7 个物种对氨氮敏感,占总物种数的 9.2%。有 4 个物种同时被两个方法检出对氨氮敏感,而且两种监测方法计算的 EC50 也很接近,表明了宏条形码监测对敏感物种的检出具有较好的稳定性。基于物种分类单元敏感性分布能够降低基准推导中由于敏感物种数量的差异导致的计算误差。

基于浮游动物宏条形码监测推导的氨氮基准（HC5=1.4 mg/L）要比基于实验室毒性数据推导的基准值（HC5=2.4 mg/L）稍小。这并不意味着基于实验室毒性数据不适合进行环境基准值的推导,但是,基于野外监测数据是对整个生态系统的综合调查,包括物种多样性和环境因子,更加适合进行特定污染物的区域性基准的建立（Kwok et al., 2008）。因为很多用于基准推导的物种都不是本土物种,而很多本土物种都缺乏相应的实验室毒性测试数据,这些本土物种才是我们要保护的对象。基于浮游动物宏条形码监测推导的氨氮基准（HC5=1.4 mg/L）和基于形态学物种监测推导的基准（HC5=1.1 mg/L）结果很接近。本书是基于浮游动物群落进行水体氨氮基准的推导,这个基准可能并不能完全反映生态系统的整个生物类群。因为浮游动物并不是对氨氮最敏感的水生类群,在未来,更多对氨氮敏感的物种需要考虑,包括软体动物和鱼类。同时,实验室毒性测试数据和野外调查数据之间的平衡也需要在未来基准推导时考虑,因为两种方法拥有各自的优势,要将实验室毒性测试对污染物毒性准确性和野外调查的真实性结合起来。而且,基于野外调查的数据进行基准的推导需要污染物在环境中具有较高的浓度跨度,并不能对所有污染物进行基准推导,在污染物没有产生明确的生态效应时,还是主要依靠实验室毒性测试推导环境基准。

宏条形码监测能全面、快速、敏感的监测物种多样性,敏感地反映生物群落对特定污染物的响应。宏条形码监测也能快速地评价污染物对敏感物种的影响,本书是用浮游动物群落评价氨氮的生态效应,这个方法也同样可以用于浮游植物（Zimmermann et al., 2015）、昆虫（Brandonmong et al., 2015）和鱼类（Evans et al., 2015）,甚至可以用于监测陆生动物和水生鸟类（Ji et al., 2013）,也为一些濒危物种的保护有很好的参考价值。

11.2　基于浮游动物群落环境 DNA 评估水生态健康状况

人类活动所导致的气候变化、环境污染、富营养化等环境压力严重影响了生态系统的功能。人类活动对生态系统的影响可以通过生物多样性调查和生物指数衡量,例如常见的底栖动物完整性指数（Sany et al., 2014）、浮游动物多样性指数（Gannon and Stemberger, 1978）、浮游植物多样性指数（Xu et al., 2010）和鱼类多样性指数（Angermeier, 2008）。尽管生物指数可以很好地反映生态系统的健康状况和人类活动对生态系统的影响程度,但是获得生物数据进行各种生物指数的计算往往需要花费很多的时间和精力,因此亟须一种能够快速进行生物多样性调查的新技术来实现生物多样性分析。

利用高通量测序和 DNA 序列差异进行环境生物多样性调查被认为是一个潜力巨大的下一代生物多样性评价方法（Taberlet et al., 2012）,可以快速、高效、准确和低成本地进行生物多样性评估,极大地提高了物种鉴定的准确性和效率。近年来,宏条形码技术已经被越来越多地应用在淡水和海洋生态系统中。尽管大量研究表明宏条形码技术能够提高我们对地球上各个生物类群的认识，其在物种多样性研究中有巨大优势，但是其定量方式和传统的监测体系存在本质差别，传统形态学调查的检测单位是生物个体，而宏条形码监测的检测单位为 DNA，两者的巨大差异导致传统形态学监测的评价体系并不适合宏条形码监测，因此如何建立基于宏条形码监测的评价体系来评价环境质量是未来环境科学的研究方向之一。而且由于宏条形码监测提供远大于形态学监测的数据维度，如何在纷繁的数据中找到真正"有用的"数据进行评价也面临巨大的挑战。机器学习（machine learning）是对已有的训练数据进行规律探索，进而对未知数据进行预测和评估。近年来，机器学习已经被用于各类研究中，包括生态学（Crisci et al., 2012）、遗传学（Libbrecht and Noble, 2015）和微生物学研究（Martinezgarcia et al., 2016）。宏条形码研究输出的数据结构非常适合通过机器学习建立模型，因为高通量测序会发现大量生态功能未知的序列，这些序列无法用传统的评价模型进行计算。

在本章中，我们尝试利用浮游动物宏条形码监测数据来评价水生生态健康状况。我们基于宏条形码监测的序列数和 OTUs 数来计算生物指数，并利用监督机器学习（supervised machine learning）来预测水体质量（WQI）和水体富营养化（TLI），探索宏条形码监测技术在水生态健康评价中的可能性。由于浮游动物群落受季节影响较大，我们首先评价了季节对浮游动物群落的影响，并针对不同的季节建立不同的机器学习模型预测水质，研究技术路线见图 11-9。

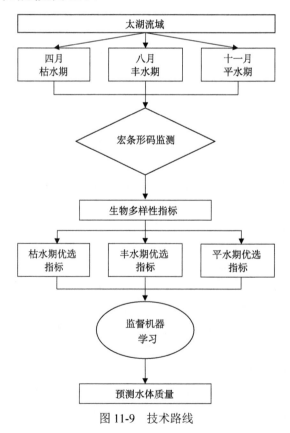

图 11-9 技术路线

11.2.1　多季节浮游动物采样及分析方法

研究对象仍然为太湖流域，根据最新的太湖流域生态功能分区将太湖分为 4 个功能区（生态 1 区～生态 4 区，其中生态 1 区水质最好，生态 4 区水质最差），样点均匀地覆盖整个江苏境内的太湖流域，其中太湖湖体点位 29 个，太湖周边湖泊点位 19 个，水库点位 15 个，河流点位 38 个。分别在 2014 年 4 月份（枯水期）、8 月份（丰水期）和 11 月份（平水期）进行了采样。

1. 生物多样性指数计算

基于宏条形码监测数据计算了 60 个不同生物指数（表 11-2），包括常规生物指数、传统生物多样性指数、指示物种指数和湿地浮游动物指数。其中常规生物指数 24 个，包括小型浮游动物丰度及多样性（Karabin, 1985; Pace, 1986）、大型浮游动物丰度及多样性（Carpenter et al., 2006）和小型浮游动物与大型浮游动物的比例（Gannon and Stemberger, 1978）。传统生物多样性指数 16 个，主要为香农指数和 Simpson 指数（表 11-2）。指示物种是文献报道对富营养化等环境压力高度相关的物种丰度和多样性指数，共计 12 个，具体为捕食性浮游动物的丰度和多样性（Carpenter et al., 2006）、食菌轮虫的丰度和多样性、龟甲轮虫的多样性（Bērzinš and Pejler, 1989），以及富营养化相关轮虫的丰度和多样性（Gannon and Stemberger, 1978）。湿地浮游动物指数 8 个，该指数最先由加拿大科学家 Vanessa 在 2002 年提出评价湿地生态系统浮游动物群落，因此也被称为湿地浮游动物指数（wetland zooplankton index，WZI），其核心是根据每个生态物种对环境因子的响应赋予不同的权重，然后利用式（11-1）进行综合浮游动物指数的计算：

$$\text{WZI} = \frac{\sum\limits_{i=1}^{n} Y_i T_i U_i}{\sum\limits_{i=1}^{n} Y_i T_i} \tag{11-1}$$

式中，WZI 为湿地浮游动物指数；Y_i 为物种丰度；T_i 为物种对应的耐受值（tolerance，赋值范围 1～3）；U_i 为物种对应的最佳值（optimum，赋值范围为 1～5）。物种 T 和 U 的计算是基于环境因子和物种群落的对应分析（CCA），最佳值为物种对 CCA1 的贡献值，被分为 5 个等级，1 代表对环境质量恶化耐受，5 代表对环境质量恶化最不耐受；U 为物种在 CCA1 的方差打分，赋值范围为 1～3，1 代表耐受阈狭窄，2 代表耐受阈适中，3 代表耐受阈广泛。湿地浮游动物指数的优势在于根据物种在环境中的分布对物种的重要性进行打分，给予不同的权重，不同区域的物种可以根据自身的环境状况进行赋值，更能体现当地环境物种的特色。

2. 水体质量指数计算

本书采用水体综合营养指数（TLI）和水体质量指数（WQI）（Pesce and Wunderlin, 2000）来反映水体质量状态。WQI 又分为客观水质指数和主观水质指数，主观水质指数是通过人为对水体质量的主观判断进行打分，存在一定人为主观因素的干扰，本书主要依据客观水质指数进行水体质量表征，依据公式（11-2）进行计算：

表 11-2　环境 DNA 浮游动物指数清单

编号	类型	名称	描述
ZI.1	常规生物指数	ab.zoo	浮游动物丰度
ZI.2		otu.zoo	浮游动物 OTUs 数
ZI.3		ra.zoo	浮游动物 Reads/OTUs
ZI.4		ab.rotifer	轮虫丰度
ZI.5		otu.rotifer	轮虫 OTUs 数
ZI.6		ra.rotifer	轮虫 Reads/OTUs
ZI.7		ab.brach	臂尾轮虫丰度
ZI.8		otu.brach	臂尾轮虫 OTUs 数
ZI.9		ra.brach	臂尾轮虫 Reads/OTUs
ZI.10		ab.kera	龟甲轮虫丰度
ZI.11		otu.kera	龟甲轮虫 OTUs 数
ZI.12		ra.kera	龟甲轮虫 Reads/OTUs
ZI.13		ab.copepod	桡足类丰度
ZI.14		otu.copepod	桡足类 OTUs 数
ZI.15		ra.copepod	桡足类 Reads/OTUs
ZI.16		ab.meso	大型浮游动物丰度
ZI.17		otu.meso	大型浮游动物 OTUs 数
ZI.18		ra.meso	大型浮游动物 Reads/OTUs
ZI.19		ab.microvsmeso	小型/大型浮游动物丰度
ZI.20		otu.microvsmeso	小型/大型浮游动物 Reads/OTUs
ZI.21		ab.covscl	桡足类丰度/枝角类丰度 OTUs
ZI.22		otu.covscl	桡足类 OTUs/枝角类 OTUs
ZI.23		ab.cavscy	哲水蚤丰度/剑水蚤丰度
ZI.24		otu.cavscy	哲水蚤 OTUs/剑水蚤 OTUs
ZI.25	指示物种指数	ab.predator	捕食浮游动物丰度
ZI.26		otu.predator	捕食浮游动物 OTUs
ZI.27		ra.predator	捕食浮游动物 Reads/捕食浮游动物 OTUs
ZI.28		ab.bact	食菌轮虫丰度
ZI.29		otu.bact	食菌轮虫 OTUs 数
ZI.30		ra.bact	食菌轮虫 Reads/OTUs
ZI.31	指示物种指数	ab.share	富营养化相关轮虫丰度
ZI.32		otu.share	富营养化相关轮虫 OTUs
ZI.33		ra.share	富营养化相关轮虫 Reads/OTUs
ZI.34		ab.neshare	其他敏感物种丰度
ZI.35		otu.neshare	其他敏感物种 OTUs
ZI.36		ra.neshare	其他敏感物种 Reads/OTUs
ZI.37	生物多样性指数	ab.ro.shannon	轮虫丰度香农-维纳指数
ZI.38		otu.ro.shannon	轮虫 OTUs 香农-维纳指数
ZI.39		ab.ro.simpson	轮虫丰度 Simpson 指数
ZI.40		otu.ro.simpson	轮虫 OTUs Simpson 指数
ZI.41		ab.co.shannon	桡足类丰度香农-维纳指数
ZI.42		otu.co.shannon	桡足类 OTUs 香农-维纳指数
ZI.43		ab.co.simpson	桡足类丰度 Simpson 指数
ZI.44		otu.co.simpson	桡足类 OTUsSimpson 指数
ZI.45		ab.cl.shannon	哲水蚤丰度香农威纳指数
ZI.46		otu.cl.shannon	哲水蚤 OTUs 香农威纳指数
ZI.47		ab.cl.simpson	哲水蚤丰度 Simpson 指数
ZI.48		otu.cl.simpson	哲水蚤 OTUs 香农-维纳指数
ZI.49		ab.zoo.shannon	浮游动物丰度香农-维纳指数
ZI.50		otu.zoo.shannon	浮游动物 OTUs 香农-维纳指数
ZI.51		ab.zoo.simpson	浮游动物丰度 Simpson 指数
ZI.52		otu.zoo.simpson	浮游动物 OTUs Simpson 指数
ZI.53	湿地浮游动物指数	zoo.wzi.ab	基于物种丰度的浮游动物指数
ZI.54		zoo.wzi.pa	基于有无数据的浮游动物指数
ZI.55		rotifer.wzi.ab	基于物种丰度的轮虫指数
ZI.56		rotifer.wzi.pa	基于有无数据的轮虫指数
ZI.57		copepod.wzi.ab	基于物种丰度的桡足类指数
ZI.58		copepod.wzi.pa	基于有无数据的桡足类指数
ZI.59		cladocera.wzi.ab	基于物种丰度的枝角类指数
ZI.60		cladocera.wzi.pa	基于有无数据的枝角类指数

$$WQI = \frac{\sum\limits_{i} C_i \times P_i}{\sum\limits_{i} P_i} \qquad (11\text{-}2)$$

式中，C_i 为环境因子标准化后的浓度；P_i 为每个环境因子对应的权重值，范围为 1～4，值越大说明此参数越重要。

3. 综合浮游动物完整性指数（IZI）的计算

首先将前面的计算的 60 个生物指数和水体质量（WQI）进行相关性分析（Pearson），筛选出每个季度中与 WQI 明显相关的指标作为候选生物指标，再利用分位数比值法（Blocksom et al., 2002）对不同量纲的生物指数进行矫正，对于正相关的生物指数，以 95% 分位数作为最佳值，对于负相关生物指数，以 5% 分位数作为最佳值，依据式（11-3）和式（11-4）进行标准化，然后根据公式（11-5）对所有候选指数进行加和得出最终的综合浮游动物完整性指数 IZI（Σ）。

$$ZI_i = \frac{Q^{100} - C_i}{Q^{100} - Q^{\alpha}} \qquad (11\text{-}3)$$

式中，ZI_i 为标准化后的生物指标值；C_i 为标准化之后的生物指标值；Q 代表分位数回归，对于正相关指标 α 等于 95，对于负相关指标 α 等于 5。

$$K_i = \mathrm{Cor}_i^2 / \sum_{i=1}^{n} \mathrm{Cor}_i^2 \qquad (11\text{-}4)$$

式中，K_i 为生物指标的权重；Cor_i 为生物指标与 WQI 的相关性 Cor 值。

$$IZI(\Sigma) = \sum_{i=1}^{n} K_i \times ZI_i \qquad (11\text{-}5)$$

式中，IZI 为综合浮游动物完整性指数；ZI_i 为标准化后的生物指标值；K_i 为对应生物指标的权重值。IZI 最终取值范围为 0～1，取值越大代表浮游动物完整性越高。

4. 监督机器学习

监督机器学习物种 OTUs 数据对采样季节进行分类，分别采用 k-Nearest Neighbor 模型、Naïve Bayes 模型、C5.0 模型和随机森林 Random forest 模型进行预测。监督机器学习候选生物指数和相关 OTUs 数据对综合营养指数（TLI）和水质量指数（WQI）进行回归分析，分别采用最小二乘法（partial least squares，pls）、稳健回归（robust linear model，rlm）、支持向量机（support vector machine，svm）、随机森林（random forest，rf）、boosted generalized linear model（glm）、bagged CART（bag）、条件随机森林（coonditional inference random forest，crf）和神经网络（averaged neural network，neu）模型进行 WQI 预测，最终构建决策树对水体质量进行评价。采用分层抽样的方式将 70% 的样本作为训练集，剩下 30% 样本作为测试集。所有分析都在 R 语言中进行。

11.2.2　浮游动物宏条形码的太湖水生态健康评价

1. 浮游动物群落的季节差异

不同季节间浮游动物 OTUs 组成差异不大，物种丰度差异显著。在 4 月、8 月和 11 月检测到桡足类 OTUs 数分别为 228、179 和 214；轮虫 OTUs 数分别为 477、463 和 472；枝角类 OTUs 数分别为 159、159 和 144。这说明浮游动物种类在不同季节差异不大 [图 11-10（A）]。物种的丰度在不同季节中差异显著。桡足类在 11 月份占比最大（39.02%），在 8 月份占比最小（22.62%）；枝角类在 8 月份占比最大（24.4%），在 4 月份占比最小（8.08%）；轮虫则在 8 月份占比最大（33.18%），在 11 月份占比最小（22.61%）[图 11-10（B）]。

NMDS 分析发现无论是枝角类、桡足类还是轮虫群落都存在明显的季节差异。其中轮虫群落的季节差异最为明显，不同季节间差异显著。除物种组成和种群结构存在季节差异外，浮游动物间网络关联也存在明显的季节差异。在 4 月，浮游动物之间的关联性相对较弱，负相关较少，其中汤匙华哲水蚤和象鼻溞为主要的负相关类群，分别与 Brachionus（genus）和 Ploima（order）负相关。在 8 月，浮游动物间的联系明显增强，负相关主要集中在枝角类和轮虫之间。在 11 月，浮游动物之间的关联最为复杂，枝角类和桡足类均与轮虫有明显的负相关（图 11-11）。

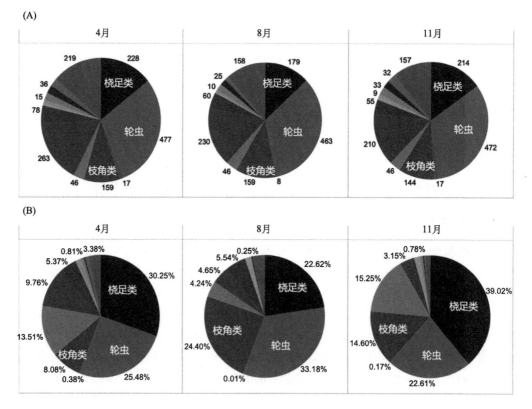

图 11-10　宏条形码测序 OTUs 和序列数的季节差异

（A）OTUs；（B）序列数

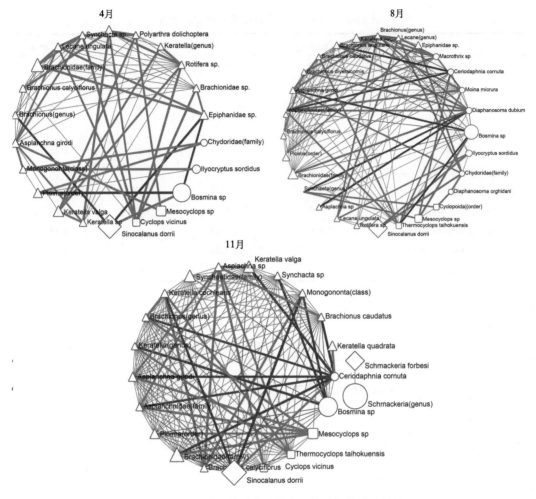

图 11-11　浮游动物群落结构和网络结构的季节差异

"灰线"表示正相关，"黑线"表示负相关；节点大小表示 OTUs 数量

2. 机器学习季节分类

我们采用 4 个常用的模型进行监督机器学习预测采样季节，不同的模型基于宏条形码监测数据都能够准确地对采样季节进行分类和预测，其中随机森林的预测效果最好，AUC 为 1，预测的综合准确性 0.98，敏感性可以达到 0.98，特异性达到 0.99（表 11-3）。利用随机森林进行训练集学习，发现其准确性可以稳定在 0.99 左右，一致性 kappa 值稳定在 0.98，最佳 mtry 为 13[图 11-12（A）]；随机森林建模对测试集的预测准确性总体为 0.99，其中对 4 月和 8 月的 AUC（Area under the ROC）为 1，11 月的 AUC 为 0.79。测试集中的 50 个样本中，有 48 个被准确分类，仅有 2 个被错误分类。

表 11-3　不同模型对采样季节的分类准确性

	k-Nearest Neighbor	Naïve Bayes	C5.0 model	Random Forest
Logloss	11.8	11.2	2.42	**1.08**
AUC	0.96	**1.00**	0.99	**1.00**
Accuracy	0.92	0.94	0.96	**0.98**
Kappa	0.88	0.91	0.94	**0.97**
Mean_F1	0.92	0.94	0.96	**0.98**
Mean_sensitivity	0.92	0.94	0.96	**0.98**
Mean_specificity	0.96	0.97	0.98	**0.99**
Mean_Pos_Pred_Value	0.93	0.94	0.96	**0.98**
Mean_Neg_Pred_Value	0.96	0.97	0.98	**0.99**
Mean_Detection_Rate	0.31	0.31	0.32	**0.33**
Mean_balanced_Accuracy	0.94	0.95	0.97	**0.98**

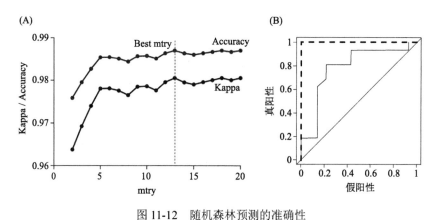

图 11-12　随机森林预测的准确性

（A）不同 mtry 下随机森林分类准确性；（B）随机森林对测试集预测 ROC 曲线

3. 不同生态功能区分水质差异

太湖流域水体质量指数（WQI）呈正态分布（$P = 0.87$），我们根据分位数（Q25、Q50 和 Q75）将水质分为 4 个等级（图 11-13）；其中 WQI > Q75（75）为水质健康（good），Q50（67）< WQI < Q75（75）为水质一般（fair），Q25（55）< WQI < Q50（67）为水质亚健康（marginal），WQI < Q25（55）为水质较差（poor）。不同生态功能分区内水体营养状态和水质等级都存在明显差异，从生态 1 区到生态 4 区，富营养化水体比例明显增加，水质亚健康和较差的比例同样明显增加（图 11-14）。

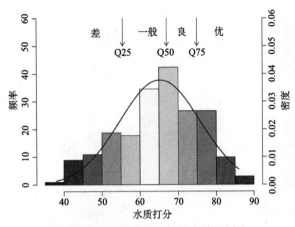

图 11-13　太湖流域水体健康等级划分

WQI > Q75 为水质健康（good），Q50< WQI < Q75 为水质一般（fair），Q25< WQI < Q50 为水质亚健康（marginal），
WQI < Q25 为水质较差（poor）

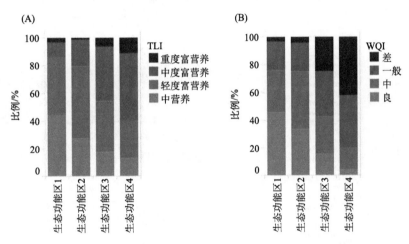

图 11-14　不同生态功能分区水质富营养状态和水质等级状况

（A）TLI；（B）WQI

4. 生物指数与水质相关性

不同季度下生物指数与水质的相关性不同，11 月与水质相关的生物指标最多，其次为 4 月，8 月最少。有 7 个指数在至少两个季节跟水质呈正相关，另外有 9 个指数在 3 个季节中都与水质呈负相关。跟水质呈正相关的指数主要为大型浮游动物相关指数，如桡足类综合指数、哲水蚤和检水蚤的比例。跟水质呈负相关的指数主要为轮虫相关生物指数，如轮虫多样性、OTUs 数量、臂尾轮虫 OTUs 数和小型浮游动物与大型浮游动物的比例（图 11-15）。

5. 浮游动物完整性指数（IZI）与水质相关性

基于生物指标计算的浮游动物完整性指数（IZI）和水质呈明显正相关。4 月和 11

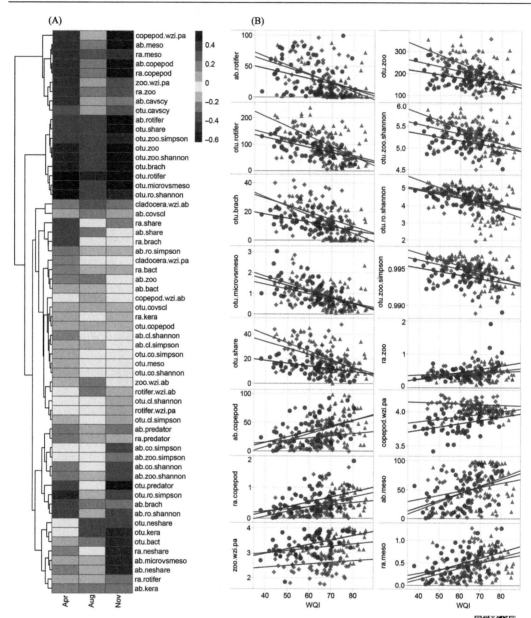

图 11-15　生物指数与水质的相关性

（A）不同季节下生物指数与水质的相关性；　（B）显著与水质相关的生物指数散点图

扫一扫 见彩图

月计算的浮游动物指数和水质的相关性较好，R^2 分别为 0.38 和 0.37，8 月浮游动物完整性指数与水质的相关性稍差，R^2 只有 0.20（图 11-16）。

6. 机器学习评估水质分类

我们首先根据采样季节对样本进行分组，筛选每个季节与水质明显相关的生物指标和 OTUs，然后监督机器对筛选出的数据进行学习，利用不同的模型预测水体质量（WQI）

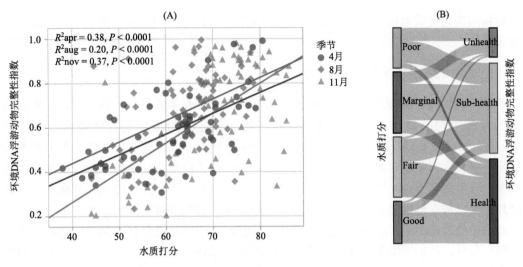

图 11-16　浮游动物完整性指数与水质的相关性分析

和综合营养指数（TLI）。结果表明，随机森林（rf）、条件随机森林（crf）和神经网络（neu）模型对 TLI 的预测效果较好，预测值和真实值呈明显的线性相关，R^2 分别为 0.40、0.36 和 0.44。常见的 8 个模型对 WQI 都有很好的预测能力，其中随机森林预测的 WQI 和真实 WQI 之间的 R^2 达到 0.59，在所有模型中表现最好（图 11-17）。说明浮游动物宏条形码监测能够指示水生态健康状况。

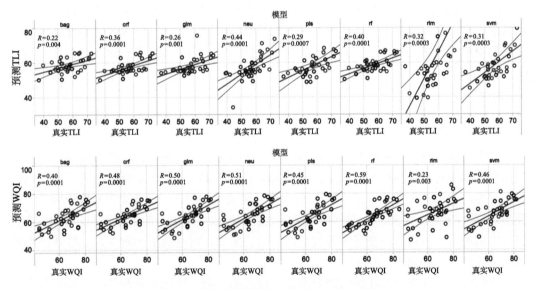

图 11-17　不同机器学习模型对 TLI 和 WQI 的预测能力

　　本书采用 DNA 宏条形码监测技术表征浮游动物群落结构，关于 DNA 宏条形码监测技术在浮游动物鉴定中的优势已经被很多研究证实，在此，我们主要在以下 3 个方面展开讨论：①太湖流域浮游动物的季节差异；②基于 DNA 宏条形码监测的浮游动物完整性指数的构建及其对水质的指示意义；③利用宏条形码监测和监督机器学习进行水生态健康评价。

7. 太湖流域浮游动物群落的季节差异

浮游动物物种组成及浮游动物间的相互作用均存在显著的季节差异。淡水生态系统中的浮游生物的季节差异及生物群落和环境因子之间的相互关系已经有很多报道（Godhantaraman and Uye, 2003; Silva et al., 2009）。但是大部分这类研究都是基于形态学鉴定，尽管形态学鉴定是一个很成熟的方法，但是由于桡足类幼体的分类特征并未分化完全，导致很多浮游动物个体无法被准确鉴定。在有些研究中，有近 80% 的桡足类都是幼体，无法被准确地分类。通过宏条形码测序，浮游动物群落被准确表征，轮虫、枝角类和桡足类群落组成都存在明显的季节差异，发现 12 个物种或分类单元存在明显的季节差异。而且，我们首次基于 DNA 宏条形码测序技术研究了不同季节浮游动物之间的相互作用，发现 4 月（枯水期）浮游动物之间的相互联系最弱，在 11 月（平水期）浮游动物之间的相互联系最强。通过宏条形码技术我们至少可以获得两方面的信息：①浮游动物组成和浮游动物间的相互作用存在明显的季节差异；②在利用浮游动物群落进行水质评价时需要考虑季节因素的影响。当然，浮游动物群落组成和相互作用的差异可能是有很多因素导致的，包括温度、盐度、氨氮、浮游植物（Yue et al., 2014）、季风等（Cabal et al., 2002; Smith and Madhupratap, 2005）。浮游动物群落的季节差异可能会导致基于浮游动物群落评价水体健康时出现偏差。例如，臂尾轮虫是重要的富营养化指示生物（Gannon and Stemberger, 1978），但太湖流域的优势种萼花臂尾轮虫和角突臂尾轮虫存在明显的季节差异，萼花臂尾轮虫在 4 月具有很高的丰度，而角突臂尾轮虫则在 8 月具有较高的丰度。除了臂尾轮虫，其他优势物种，例如象鼻溞、汤匙华哲水蚤也存在明显季节差异。因此，物种组成和物种间相互作用的季节差异需要我们考虑季节因素对水质评估的影响。

8. 浮游动物完整性指数对水质的指示意义

浮游动物群落和水质存在很密切的联系，一些浮游动物种类也可以作为水体污染如水体富营养化的指示物种（Gannon and Stemberger,1978）。与水质呈明显相关性的生物指标主要为轮虫相关指标和小型浮游动物/大型浮游动物的比例。轮虫被认为是较为耐污的浮游动物（Karabin, 1985），通常作为污水处理厂污水处理效果的指示物种。第 10 章提出，轮虫相对于枝角类、桡足类等大型浮游动物来说，对氨氮更加耐受，能够适应高氨氮污染环境（Yang et al., 2017）。

我们研究发现季节对浮游动物群落也有较大的影响，导致不同季节筛选出的与水质相关的指标并不相同。为了能够跨季节比较，我们在不同季节选取了不同生物指标（选取每个季节内与水质明显相关的指标），利用"分值法"分别构建了综合浮游动物完整性指数。在三个季节中，综合浮游动物完整性指数和水体质量存在正相关，表明其具有较好的水质指示作用，可以用于水生态健康评价。

9. 监督机器学习评估水生态健康

监督机器学习浮游动物宏条形码监测数据能够很好地预测水体质量状况。水体是生物生存的载体，其质量对生物影响显著。有研究发现轮虫群落和水体富营养化存在明显的相关性，部分类群，例如龟甲轮虫和臂尾轮虫可以作为水体富营养化的指示物种（Walz et al., 1987; May and Hare, 2005），甚至也有学者根据轮虫的群落组成构建了预测水体富营养化程度的模型，用于评价水体富营养化程度（Walz et al., 1987）。传统的生物调查通常以生物个体为基本单位，这和宏条形码监测以 OTUs 为基本单位存在很大差异，这也使得传统的评价体系可能并不适合宏条形码监测。通过监督机器学习，我们发现利用宏条形码监测数据也能很好地评价水体质量。基于宏条形码监测构建的决策树能够极大降低数据分析的难度，对水质分级有主要的作用。

基于宏条形码监测建立水体质量的预测模型也面临很多挑战。宏条形码监测获得的 OTUs 数往往远大于样本数，这也极大地提高了机器学习的难度。数据维度越高，发现与水质密切相关的 OTUs 的数量也会越多，也可能会导致模型的过度拟合，降低评价的准确性。在本章中，我们首先将 OTUs 数据转换为 60 个生物指标，减少数据维度；并采用 10-折的数据抽样方式，来提高模型的预测能力。

采样季节对浮游动物的影响也不容忽视。为了减少季节对预测结果的影响，我们根据采样季节分别进行建模预测。因此，在未来对水质的预测评估中，应该首先利用监督机器学习对采样季节的属性进行分类，再根据监督机器学习反馈的季节选择对应的模型进行水生态健康评估。

参 考 文 献

国家环境保护总局《水和废水监测分析方法》编委会. 2002. 水和废水监测分析方法. 4 版. 北京: 中国环境科学出版社.

蒋燮治, 堵南山. 1979. 中国动物志, 节肢动物门, 甲壳纲, 淡水枝角类. 北京: 科学出版社.

王家辑. 1961. 中国淡水轮虫志. 北京: 科学出版社.

中国科学院动物研究所. 1979. 中国动物志: 甲壳纲淡水桡足类. 北京: 科学出版社.

Angermeier P L. 2008. Fish conservation: a guide to understanding and restoring global aquatic biodiversity and fishery resources. The Quarterly Review of Biology 1, 83(2): 203.

Arauzo M. 2003. Harmful effects of un-ionised ammonia on the zooplankton community in a deep waste treatment pond. Water Research, 37(5): 1048-1054.

Arauzo M, Valladoli M. 2003. Short-term harmful effects of unionised ammonia on natural populations of Moina micrura and Brachionus rubens in a deep waste treatment pond. Water Research, 37(11): 2547-2554.

Bērziņš B, Pejler B. 1989. Rotifer occurrence and trophic degree. Hydrobiologia, 182(2): 171-180.

Blocksom K A, Kurtenbach J P, Klemm D J, et al. 2002. Development and evaluation of the Lake Macroinvertebrate Integrity Index (LMII) for New Jersey lakes and reservoirs. Environmental Monitoring and Assessment, 77(3): 311-333.

Brandonmong G J, Gan H M, Sing K W, et al. 2015. DNA metabarcoding of insects and allies: an evaluation of primers and pipelines. Bulletin of Entomological Research, 105(6): 1-11.

Brown E A, Chain F J J, Crease T J, et al. 2015. Divergence thresholds and divergent biodiversity estimates: Can metabarcoding reliably describe zooplankton communities? Ecology & Evolution, 5(11): 2234-2251.

Cabal J A, Alvarez-Marqués F, Acuña J L, et al. 2002. Mesozooplankton distribution and grazing during the productive season in the Northwest Antarctic Peninsula (FRUELA cruises). Deep Sea Research Part II Topical Studies in Oceanography, 49(4-5): 869-882.

Calow P, Forbes V E. 2003. Peer Reviewed: Does ecotoxicology inform ecological risk assessment? Environmental Science & Technology, 37(7): 146A-151A.

Carlson R E. 1977. A trophic state index for lakes. Limnology & Oceanography, 22(2): 361-369.

Carpenter K E, Johnson J M, Buchanan C. 2006. An index of biotic integrity based on the summer polyhaline zooplankton community of the Chesapeake Bay. Marine Environmental Research, 62(3): 165-180.

Cormier S M, Paul J F, Spehar R L, et al. 2008. Using field data and weight of evidence to develop water quality criteria. Integrated Environmental Assessment and Management, 4(4): 490-504.

Cormier S M, Suter G W, 2013. A method for deriving water-quality benchmarks using field data. Environmental Toxicology and Chemistry, 32(2): 255-262.

Crisci C, Ghattas B, Perera G. 2012. A review of supervised machine learning algorithms and their applications to ecological data. Ecological Modelling, 240: 113-122.

de Araujo A B, Hagiwara A, Snell T W. 2001. Effect of unionized ammonia, viscosity and protozoan contamination on reproduction and enzyme activity of the rotifer Brachionus rotundiformis. Hydrobiologia, 446: 363-368.

Evans N T, Olds B P, Renshaw M A, et al. 2015. Quantification of mesocosm fish and amphibian species diversity via environmental DNA metabarcoding. Molecular Ecology Resources, 24(3): 315-321.

Gannon J E, Stemberger R S. 1978. Zooplankton (Especially Crustaceans and Rotifers) as indicators of water quality. Transactions of the American Microscopical Society, 97(1): 16-35.

Geisen S, Laros I, Vizcaíno A, et al. 2015. Not all are free-living: high-throughput DNA metabarcoding reveals a diverse community of protists parasitizing soil metazoa. Molecular Ecology, 24(17): 4556-4569.

Gibson J, Stein E, Baird D J, et al. 2015. Wetland ecogenomics - The next generation of wetland biodiversity and functional assessment. EcoGenomics in Ecological Assessment of Pollution, 32: 27-32.

Godhantaraman N, Uye S. 2003. Geographical and seasonal variations in taxonomic composition, abundance and biomass of microzooplankton across a brackish-water lagoonal system of Japan. Journal of Plankton Research, 25(5): 465-482.

Hoke J P G. a. R. A. 1990. Freshwater Sediment Quality Criteria: Toxicity Bioassessment//Baudo R, Giesy J, Muntau H. Sediments: The Chemistry and Toxicology of In-Place Pollutants. Chelsea, Michigan: Lewis Publishers, 265-348.

Jepsen P M, Andersen C V B, Schjelde J, et al. 2015. Tolerance of un-ionized ammonia in live feed cultures of the calanoid copepod Acartia tonsa Dana. Aquaculture Research, 46(2): 420-431.

Ji Y, Ashton L, Pedley S M, et al. 2013. Reliable, verifiable and efficient monitoring of biodiversity via metabarcoding. Ecology Letters, 16(10): 1245-1257.

Karabin A. 1985. Pelagic zooplankton (Rotatoria+Crustacea). Variation in the process of lake eutrophication. I. Structural and quantitative features. Ekologia Polska, 33(4): 567-616.

Kohn N P, Word J Q, Niyogi D K, et al. 1994. Acute toxicity of ammonia to four species of marine amphipod. Marine Environmental Research, 38(1): 1-15.

Kwok K W, Bjorgesaeter A, Leung K M, et al. 2008. Deriving site-specific sediment quality guidelines for Hong Kong marine environments using field-based species sensitivity distributions. Environmental Toxicology and Chemistry, 27(1): 226-234.

Leung K M Y, Bjorgesaeter A, Gray J S, et al. 2005. Deriving sediment quality guidelines from field-based species sensitivity distributions. Environmental Science & Technology, 39(14): 5148-5156.

Libbrecht M W, Noble W S. 2015. Machine learning applications in genetics and genomics. Nature Reviews Genetics, 16(6): 321.

Liu E, Birch G F, Shen J, et al. 2012. Comprehensive evaluation of heavy metal contamination in surface and core sediments of Taihu Lake, the third largest freshwater lake in China. Environmental Earth Sciences, 67(1): 39-51.

Martinezgarcia P M, Lopezsolanilla E, Ramos C A, et al. 2016. Prediction of bacterial associations with plants using a supervised machine-learning approach. Environmental Microbiology, 18(12): 4847-4861.

Munch K, Boomsma W, Huelsenbeck J P, et al. 2008. Statistical assignment of DNA sequences using bayesian phylogenetics. Systematic Biology, 57(5): 750-757.

Pace M L. 1986. An empirical analysis of zooplankton community size structure across lake trophic gradients. Limnology & Oceanography, 31(1): 45-55.

Pesce S F, Wunderlin D A. 2000. Use of water quality indices to verify the impact of Córdoba City (Argentina) on Suquía River. Water Research, 34(11): 2915-2926.

Russo R C. 1985. Ammonia, Nitrite, and Nitrate//Fundamentals of Aquatic Toxicology and Chemistry. Washington D. C.: Hemisphere Publishing Corporation.

Sany S B T, Hashim R, Rezayi M, et al. 2014. A review of strategies to monitor water and sediment quality for a sustainability assessment of marine environment. Environmental Science and Pollution Research, 21(2): 813-833.

Silva A M A, Barbosa J E L, Medeiros P R, et al. 2009. Zooplankton (Cladocera and Rotifera) variations along a horizontal salinity gradient and during two seasons (dry and rainy) in a tropical inverse estuary (Northeast Brazil). Pan-American Journal of Aquatic Sciences, 4(2): 226-238.

Smith S L, Madhupratap M. 2005. Mesozooplankton of the Arabian Sea: Patterns influenced by seasons, upwelling, and oxygen concentrations. Progress in Oceanography, 65(2-4): 214-239.

Taberlet P, Coissac E, Pompanon F, et al. 2012. Towards next-generation biodiversity assessment using DNA metabarcoding. Molecular Ecology, 21(8): 2045-2050.

Thurston R V, Russo R C, Vinogradov G A. 1981. Ammonia toxicity to fishes. Effect of pH on the toxicity of the unionized ammonia species. Environmental Science & Technology, 15(7): 837-840.

USEPA. 2013. Aquatic life ambient water quality criteria for ammonia—Freshwater 2013. Washington D. C., EPA 822/R-13/001.

Xie Y, Wang J, Wu Y, et al. 2016. Using in situ bacterial communities to monitor contaminants in river sediments. Environmental Pollution, 212: 348-357.

Xing L, Liu H, Zhang X, et al. 2014. A comparison of statistical methods for deriving freshwater quality criteria for the protection of aquatic organisms. Environmental Science & Pollution Research International, 21(1): 159-167.

Xu H, Paerl H W, Qin B, et al. 2010. Nitrogen and phosphorus inputs control phytoplankton growth in eutrophic Lake Taihu, China. Limnology and Oceanography, 55(1): 420-432.

Yang J H, Zhang X W, Xie Y W, et al. 2017. Zooplankton community profiling in a eutrophic freshwater ecosystem-Lake Tai Basin by DNA metabarcoding. Scientific Reports, 7(1): 1773.

Yue D, Peng Y, Qian X, et al. 2014. Spatial and seasonal patterns of size-fractionated phytoplankton growth in Lake Taihu. Journal of Plankton Research, 36(3): 709-721.

Zimmermann J, Glöckner G, Jahn R, et al. 2015. Metabarcoding vs. morphological identification to assess diatom diversity in environmental studies. Molecular Ecology Resources, 15(3): 526-542.

第 12 章　人类活动驱动的流域生物多样性分布格局

人类活动驱动的流域景观变化极大地改变了河流生物多样性和生态系统功能。了解这些变化和它们之间依赖关系与人类福祉密切相关。然而，到目前为止，大多数研究只关注单个生物类群（如鱼、底栖动物和藻类）或者单一的生态功能（如生物量），对人类活动驱动的多营养级生物多样性和生态系统多功能性变化，以及它们相互依赖关系和调控机制知之甚少。河流在空间上具有强烈的网络拓扑结构特征（简称"河网"），这种结构本身作为自然因素塑造着生物多样性的空间格局，但在以往的研究中一直被忽视（Altermatt, 2013）。相比表观的生物多样性下降，多营养级间物种相互作用的变化被视为"最隐匿的生物多样性变化类型"，在指示生态系统变化时经常被忽视。生物多样性、群落动态和生态系统功能都受到复杂的物种相互作用直接或间接调控，尤其是在形态微小但异常多样化的"混合群落（Hybrid Communities）"中。"混合群落"指具有多营养级和互利共生的集合群落组合，物种相互作用共同调控生命网的物质传递过程（McWilliams et al., 2019）。然而，受限于传统形态学的监测方法，人们一直缺乏对微型混合群落的认知，获取全面的生物多样性数据已成为揭示生态系统变化的基础。

环境 DNA 方法的最新进展从根本上彻底地打破当前的限制性局面，这一新方法全面提升了生物多样性数据，具有跨时间、空间、分类群、多方面属性监测生物多样性的优势（Altermatt et al., 2020）。因此，本章的核心研究内容即为从混合群落（即多营养级生物群落）和生态系统功能角度揭示流域人类活动诱导的生态系统变化。具体研究问题包括：①表征流域尺度上混合群落的时空变化格局，揭示人类诱导的景观驱动下多营养级群落变化；②分析人类活动驱动的生物多样性变化引发的生态网络、物种相互作用以及群落稳定性等级联效应；③识别流域人类活动对多营养级、多方面生物多样性（包括分类单元、系统发育和功能多样性）和生态系统功能的影响，以及生物多样性与生态系统功能依赖关系和调控机制；④以多营养级、多方面生物多样性和生态系统功能的度量为主导，结合物理和化学要素信息，构建新型生态监测与生态质量评价框架，从多维度透视流域人类活动影响及生态质量状况。

12.1　流域多群落时空格局

地球上的河流正处于前所未有的巨变中，如水污染、多样性下降、区域性物种灭绝等（Best, 2019；Grill et al., 2019）。揭示人类活动驱动的生态系统变化方向和程度已成为生态环境领域最关注的话题之一，尤其是识别生物群落的时空变化格局直接关乎基于生物质量元素的流域生态质量评价与管理。当前对于鱼类、植物等高等生物的空间分布已广泛报道。但近期的研究提出，无脊椎动物、原生动物、真菌、真核藻类和细

菌等微型多营养级群落可能存在独特的地理分布格局。这些群落是完成生态系统中
C/N/P 元素循环的核心环节，相互间存在密集的物种作用关系，对生态系统起到自下而
上的调节作用。然而，我们对流域尺度上人类活动驱动的多营养级群落时空分布格局
仍然知之甚少。

流域在空间上具有树突状网络结构，这种自上而下的垂直性的河网特征主要是由水
文和侵蚀力产生（Altermatt, 2013）。与河岸土地基质的强烈相互作用产生了生境的异质
性，从而在区域尺度上使许多生物（如微生物、硅藻、大型无脊椎动物）形成独特的多
样性模式或群落结构。但近几十年来，随着土地资源开发规模的扩大和集约化，河岸带
发生了显著变化。流域内原始的森林和草原正被新的人类栖息地所取代（Song et al.,
2018）。这些不间断的变化使人们对流域尺度上多营养级群落中生物多样性的时空布局的
认知更加匮乏。

本节利用环境 DNA 获取我国淮河-沙颍河流域多营养级群落的生物多样性分子指纹
信息，包括无脊椎动物、原生动物、真菌、真核藻类和细菌等。该地区具有人口密度高
（>2640 万人）、人类活动强度大（>80%的人类土地利用）、流域空间上明显的人类活动
梯度等特点。本节核心目的是表征流域内多营养级群落的时空变化格局，揭示景观变化
对多营养级群落组成与结构的影响。

12.1.1　沙颍河流域微型水生群落组成

环境 DNA 识别出沙颍河流域丰富的水生群落多样性信息（图 12-1）。其中，无脊椎
动物以节肢动物门昆虫纲和轮虫动物门单巢纲为主；原生动物以纤毛门旋毛纲和变形虫
门变形虫目为主；真菌以子囊菌门盘菌亚门、壶菌门壶菌亚门和卵菌门卵菌纲为主；真
核藻类以隐藻门隐藻纲、褐藻门硅藻亚门和金黄藻纲-黄群藻纲为主；细菌以拟杆菌门黄
杆菌纲和变形菌门 β 变形菌纲为主。

约 80.48%的共同 OTUs（common OTUs）在两个季节均监测出，约 13.07%的核心
OTUs（core OTUs）在所有样品中均监测出。这些核心 OTUs 主要隶属于无脊椎动物的
昆虫纲，原生动物的旋毛纲，真菌的卵菌纲，真核藻类的绿藻纲、隐藻纲、硅藻纲和
金黄藻纲-黄群藻纲，细菌的放线菌纲、黄杆菌纲、α 和 β 变形菌纲。部分分类单元
的相对丰度在两季节之间存在很大的波动，例如，与春季相比，秋季变形虫目和硅藻
门的相对丰度上升了约 1 倍，绿藻纲上升了约 10 倍，而隐真菌门和隐藻纲下降了约
2/3。

12.1.2　环境要素特征分析

环境要素在流域空间上具有 3 组明显的分化特征，并且各分组之间欧氏距离存在显
著性差异（图 12-2）。结合流域空间上栖息地和环境要素以及人类土地利用特征，将 3
个组分别命名为上游的轻度干扰区（组 1）、中游的高农业/工业区（组 2）和下游的高农
业区（组 3）。

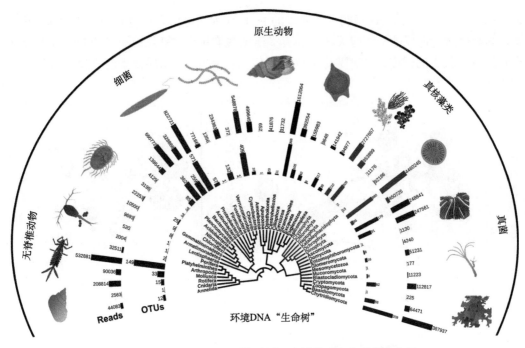

图 12-1　环境 DNA 识别的沙颍河流域微型水生群落生命树

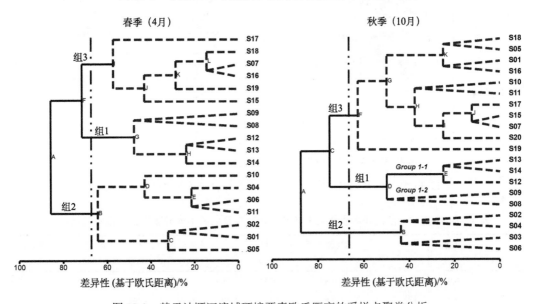

图 12-2　基于沙颍河流域环境要素欧氏距离的采样点聚类分析

　　主成分分析前两个主成分轴（PC1 和 PC2）分别可以作为新的环境描述符代替原有栖息地、空间和水质要素参数，解释流域空间上的各类型景观要素变化。其中 PC1 和 PC2 分别共同解释了 63.2%、90.4% 和 51.0% 的栖息地（10 个参数）、空间（5 个参数）和水质要素（16 个参数）的时空变异性（图 12-3）。各类型参数与 PC1 或 PC2 均存在很强的相关性，营养盐和重金属（除 Fe、Cd、Cr 以外）均与 PC1 或 PC2 有强烈的正相关性（图 12-3，表 12-1），这说明水质要素的 PC1 和 PC2 可作为新型的人类活动强弱描述符，其数值越高可反映出相应采样点的人类活动强度越大。栖息地要素的 PC1 可指示采样点栖息地丢失的强度，空间要素的 PC1 可代表水流方向，水质要素的 PC2 可反映水体营养物含量。

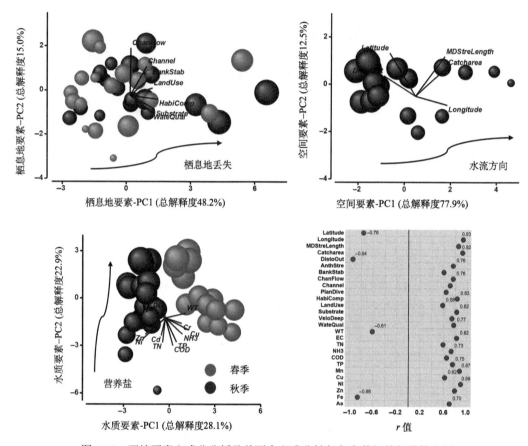

图 12-3　环境要素主成分分析及前两个主成分轴与各参数间的相关性分析

表 12-1　栖息地、空间和水质要素主成分分析结果及前两主成分轴与各参数间的相关性

	空间要素-PC1		栖息地要素-PC1	栖息地要素-PC2		水质要素-PC1	水质要素-PC2	水质要素-PC3	水质要素-PC4
经度	**0.93**	底质覆盖	**0.82**	0.16	DO	−0.03	−0.07	0.02	**0.79**
纬度	**−0.76**	栖境复杂性	**0.83**	0.36	EC	0.29	**0.82**	0.02	0.09
流域面积	**0.92**	流速/水深	**0.74**	0.14	WT	**−0.61**	0.34	−0.16	0.43
拓扑结构	**0.85**	岸堤稳定性	0.44	**0.61**	pH	0.23	−0.05	−0.24	**0.67**
距河口距离	**−0.94**	河道变化	0.23	**0.71**	COD	0.15	**0.65**	0.37	−0.38
		河水水量状况	−0.38	**0.76**	NH3	−0.24	**0.73**	0.03	0.25
		植被多样性	**0.54**	**0.64**	TP	0.01	**0.75**	0.05	−0.24
		水质状况	**0.77**	0.06	TN	0.41	**0.59**	0.00	−0.07
		人类活动强度	**0.76**	0.07	As	−0.37	**0.69**	−0.05	−0.04

续表

空间要素-PC1		栖息地要素-PC1	栖息地要素-PC2		水质要素-PC1	水质要素-PC2	水质要素-PC3	水质要素-PC4
	河岸边土壤利用类型	**0.58**	0.45	Cd	0.33	0.06	**0.91**	−0.13
				Cr	−0.41	0.10	**0.85**	−0.11
				Cu	−0.49	**0.62**	0.21	0.01
				Fe	**−0.86**	0.22	0.16	−0.09
				Mn	**0.87**	0.02	−0.05	0.03
				Ni	**0.89**	0.14	0.15	0.11
				Zn	**0.79**	0.09	0.01	0.00

注：黑色粗体数字表示该参数与主成分轴有强相关性。

12.1.3　物种多样性及优势分类单元时空变化

多营养级群落中 5 个分类群的物种多样性（香农多样性指数）在空间上存在较为一致的变化模式（图 12-4）。其中，流域上游（地图西部）的生物多样性要高于中游区域，随流域内不同支流的交汇，流域下游（地图东南区域）的生物多样性较中游区域增加。这一现象意味着多营养级群落中 5 个分类群在空间上具有趋同性的演替模式。

共识别 88 个优势种或分类单元（图 12-4），其中无脊椎动物 19 个、原生动物 17 个、真菌 15 个、真核藻类 23 个、细菌 14 个。约 70%优势种或分类单元的相对丰度在两季节间存在很大波动。此外，这些优势种或分类单元的种类和相对丰度在不同区域同样呈现出明显不同（图 12-5），而且不同区域的优势种或分类单元在秋季有更大波动。

12.1.4　多营养级生物群落结构的景观驱动因素

相比于栖息地和空间要素，水质要素是影响各类生物群落结构变异的主要因素（图 12-6，表 12-2）。对于无脊椎动物和真核藻类群落，栖息地和空间要素也是影响群落结构变异的重要因素之一。在不同季节中影响群落结构的主要环境因素不同，在秋季水质要素对生物群落的影响要高于春季。此外，对于无脊椎动物来说，春季的群落结构主要受到空间要素影响，而在秋季水质要素成为主导因素。对于真菌来说，影响群落结构的主要要素从春季的栖息地要素转变成秋季的水质要素。不同季节间水质要素的改变是影响生物群落结构季节间差异的核心要素，其中营养盐对无脊椎动物、真核藻类群落解释度更高，重金属对原生动物、真菌和细菌解释度更高（表 12-3）。

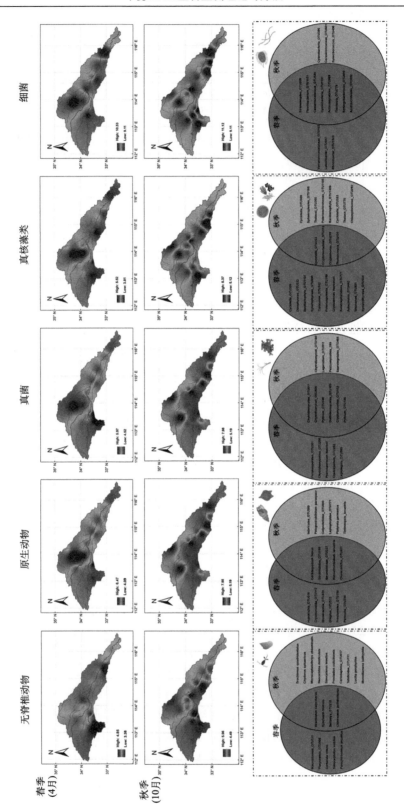

图 12-4　多营养级群落 5 个分类群物种多样性及优势分类单元流域尺度上时空分布格局

扫一扫 见彩图

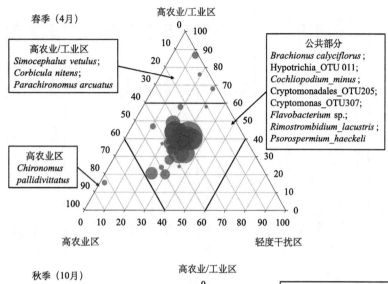

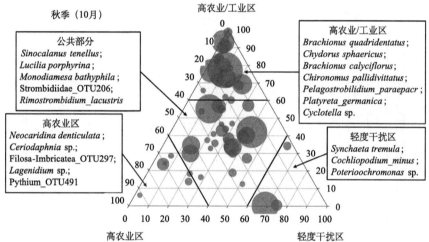

图 12-5　多营养级群落中主要优势种或分类单元在不同区域的分布

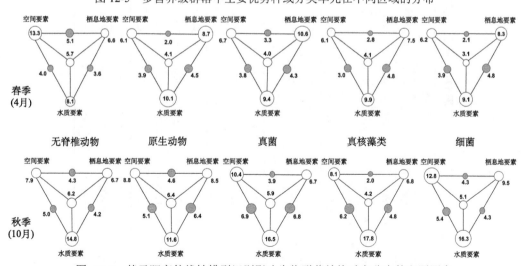

图 12-6　基于距离的线性模型识别影响生物群落结构时空分布的主要因素

表 12-2　基于距离的线性模型分析识别影响生物群落结构时空分布的主要因素信息汇总

分类群	春季-秋季				春季（4月）				秋季（10月）			
	要素类型	校正 F 值	解释度	累积解释度	要素类型	校正 F 值	解释度	累积解释度	要素类型	校正 F 值	解释度	累积解释度
无脊椎动物	水质-PC2	8.34	0.21	0.21	空间-PC	2.46	0.13	0.13	水质-PC2	2.64	0.13	0.13
	水质-PC1	2.31	0.11	0.32	水质-PC2	2.01	0.10	0.23	空间-PC	1.89	0.09	0.22
	栖息地-PC1	2.01	0.08	0.40	栖息地-PC1	1.82	0.09	0.32				
	空间-PC	1.86	0.05	0.45								
原生动物	水质-PC1	7.36	0.17	0.17	水质-PC1	2.76	0.11	0.11	水质-PC1	2.35	0.12	0.12
	空间-PC	1.89	0.07	0.24	栖息地-PC1	1.92	0.08	0.19	空间-PC	1.90	0.09	0.21
									栖息地-PC1	1.77	0.05	0.26
真菌	水质-PC1	8.35	0.19	0.19	栖息地-PC1	7.33	0.12	0.12	水质-PC1	3.31	0.11	0.11
	栖息地-PC1	1.82	0.06	0.25	水质-PC1	1.72	0.05	0.17	空间-PC	2.09	0.10	0.21
									栖息地-PC1	1.71	0.04	0.25
真核藻类	水质-PC2	8.52	0.23	0.23	水质-PC2	2.72	0.11	0.11	水质-PC2	4.18	0.17	0.17
	空间-PC	1.99	0.08	0.42	栖息地-PC1	1.81	0.08	0.19	栖息地-PC1	1.90	0.05	0.22
	栖息地-PC1	1.72	0.03	0.45								
	水质-PC1	2.89	0.11	0.34								
细菌	水质-PC1	4.27	0.11	0.11	水质-PC1	2.84	0.09	0.09	水质-PC1	3.04	0.14	0.14
	水质-PC2	2.22	0.08	0.19	栖息地-PC1	1.91	0.07	0.16	空间-PC	2.99	0.13	0.27
	栖息地-PC1	1.83	0.05	0.24					水质-PC2	1.97	0.08	0.36

12.1.5　讨论与小结

环境 DNA 识别出河流中丰富的微型生物多样性信息，这一优点使其被视为生态学领域的重大技术变革。特别对于无脊椎动物、原生动物、真菌、真核藻类和细菌等在传统的生态学研究中往往被忽视的微型群落，环境 DNA 的出现无疑对开展这些群落的研究提供了前所未有的契机。尽管只有约 10%的 OTUs 具有清晰的分类单元信息，但环境 DNA 可以高分辨地完成对隶属于 528 个属 411 个种 6004 个 OTUs 的识别。虽然大量 OTUs 没有明确的物种分类信息，但数据本身仍具有指示环境变化的信息。例如，识别的优势分类单元在不同季节和区域间的变化可以明确地指示生态系统的变化。

多营养级群落在流域空间上存在相似的时空变化格局。不同的机制可以解释这一相似的格局：①对环境变化具有相似的响应方式；②相似的进化历史或扩散路径；③生物间的相互作用驱动（Xu et al., 2019）。在大尺度上度量流域生物多样性模式是生态环境领域热点的话题。相比于大型生物（如鱼类、高等植物），较小型和微型生物群落具有独特的时空变化模式，这些群落的生物在河流中低的侧向扩散能力，使得其生物多样性及群落结构的相似模式更易受到局部的环境变量和河流固有的网络特性双重因素驱动。河网结构通常可反映生物的扩散路径和样点间的连通性，这种固有的特性揭示了影响群落的两种主要模式：局部生境条件和连通性（Altermatt, 2013）。

本节首次揭示了流域空间尺度上多营养级群落物种多样性的时空格局，识别了多营养级群落对景观（栖息地、空间和水质要素）变化不同的敏感性响应方式。这些数据将有利于推进基于微型多营养级群落生物质量元素的流域生态质量评价与环境管理应用，特别是对于鱼类、水生昆虫等敏感性指示生物已经大量消失的受损水体（如城市景观河道、生态修复河段），应用微型多营养级群落开展流域生态质量状况评价和关键污染物识别等方面已表现出不可比拟的优势。

12.2　流域生态网络结构及稳定性评估

人类活动造成淡水生物多样性急剧下降，引发了复杂的级联效应，如物种相互作用和生态网络的改变（Sanders et al., 2018）。这种改变对生态系统的威胁程度已等同于水污染、气候变暖等其他因素。物种相互作用的改变已被视为"最隐匿的生物多样性变化类型"，往往伴随或先于物种灭绝，并且属于"生物多样性变化的缺失部分"（McWilliams et al., 2019）。此外，生物多样性、群落动态和生态系统功能都受到复杂的物种相互作用网络的直接或间接调控。到目前为止，大多数生态网络研究都集中在单一相互作用类型的二元化网络上，如植物与传粉者或宿主与寄生者。但这种二元化的网络往往掩盖了生态系统中不同营养级间多种复杂的交互作用。因此，在这里特别使用"混合"一词来指结合两种或两种以上类型的交互网络，如互惠和拮抗性。尽管已经证实人类活动改变了食物网和二元化网络的结构，但是关于混合网络如何应对人类诱导的环境变化的响应研究尚不多见。

物种相互作用改变的一个潜在后果是破坏群落稳定的结构特征（Morrison et al.,

2020）。考虑到许多生态系统过程是通过物种相互作用进行的，生态系统过程的稳定性与物种相互作用密不可分。群落稳定性的一个关键方面是网络的鲁棒性，它衡量一个群落在物种陆续灭绝后对环境变化的抵抗力。在任何给定的空间尺度下，群落稳定性取决于其组成部分的稳定性和随时间的同步程度。其中，局部多样性（α 多样性）的增加降低了局部生态系统的变异性，但区域间物种组成变化（β 多样性）有助于增加局部生态系统之间的异步性。因此，α 和 β 多样性分别通过局部和空间保险效应为区域生态系统提供稳定效应（Wilcox et al., 2017）。然而，流域内复杂的生物多样性变化如何影响生态系统稳定性仍然存在未知。

本节将全面解析多营养级群落网络结构和稳定性对人类活动的响应。流域内土地利用减少了生态系统的空间异质性，增加了环境波动的空间自相关性。这种变化一方面可以通过增加环境的空间相关性直接影响生态系统的稳定性，另一方面通过对生物多样性的影响间接影响生态系统的稳定性。

12.2.1 多样性数据分析

总 β 多样性（β_{sor}）分成空间通量（spatial turnover，β_{sim}）和套嵌性（nestedness，β_{nes}）两个组分。这两个组分分别反映不同区域间物种的空间更替（turnover）和物种损失（nestedness）的结果（Baselga and Orme, 2012）。空间通量表示因环境过滤或空间、历史等自然因素造成的区域间物种更替；套嵌性可视为物种数较少的区域的生物类群是较丰富区域生物类群的子集，反映了任何促进种群有序性瓦解的因素导致的物种丧失的非随机过程。两组分与总 β 多样性的关系可以用公式表示为 $\beta_{sor}=\beta_{sim}+\beta_{nes}$（图 12-7）。

为识别多营养级群落中生态网络结构的变化，进行了基于共同出现网络分析，相互依赖关系由 SparCC 生成，通过 100 次引导来计算 r 和 P 值。利用绝对值 $r >0.70$，双尾 $P <0.001$ 筛选标准，识别出生态系统中具有强相互依赖性的生物作用组合。利用 Mantel 检验（置换 999 次）分析多营养级群落中 5 个分类群的群落结构之间相关性强弱，以反映生物群落之间依赖性关系。为表征人类活动对群落稳定性的影响，本节选择群落稳定性（community stability）、物种同步性（species synchrony）、网络易碎性（network vulnerability）和网络的鲁棒性（network robustness）等参数作为衡量的度量。群落稳定性是利用重复样本和时间段内聚集的物种丰富度，结合平均值除以标准差来计算；物种的同步性则是比较了所有物种丰度的方差和单个物种的总和方差，数值在 0~1 之间，0 代表完全异步性，1 代表完全同步性；网络易碎性是网络中物种间相关作用关系强弱的度量；网络鲁棒性是以物种灭绝曲线下的面积作为度量，数值介于 0~1 之间，0 代表弱的鲁棒性（即快速的网络崩溃），1 代表高的鲁棒性（即慢的网络崩溃）。使用 R 语言操作平台中的 codyn 和 bipartite 程序包分别进行上述参数的计算（Dormann et al., 2014；Hallett et al., 2016）。

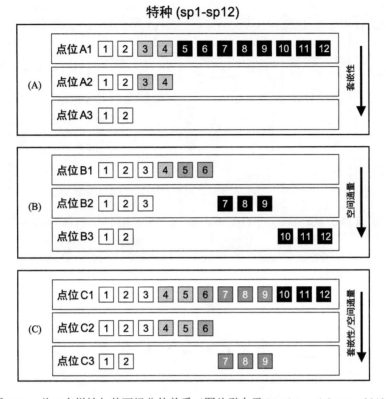

图 12-7　总 β 多样性与其两组分的关系（图片引自于 Baselga and Orme，2012）

12.2.2　多营养级群落 α 和 β 多样性时空变化

多营养级群落的 α 多样性（香农多样性）在不同区域间存在显著性差异（图 12-8）。春季的无脊椎动物、原生动物和真菌香农指数在轻度干扰区（MD）显著高于高农业/工业区（HA&I）和高农业区（HA），秋季的原生动物和真菌香农指数在轻度干扰区显著高于高农业/工业区，但是无脊椎动物在各组间无显著性差异；春季的真核藻类香农指数在轻度干扰区显著高于高农业/工业区，在秋季各组间无显著性差异；春季细菌的香农指数在各组间无显著性差异，但秋季的香农指数在轻度干扰区显著高于高农业/工业区和高农业区。

多营养级群落总 β 多样性（β_{sor}）变化主要体现在其套嵌性组分（β_{nes}）的升高（表 12-3）。在轻度干扰区组内总 β 多样性主要以空间通量（β_{sim}）为主，体现了这一区域物种结构的变化主要受到环境筛选或空间和历史自然因素造成；但是在高农业/工业区和高农业区群落的总 β 多样性中套嵌组分大幅度升高，反映了人类诱导的非随机过程影响着群落物种组成的变化。这一结果说明了不同区域生物多样性变化的影响机制不同，而且高农业/工业区和高农业区生态多样性的变化主要由人类活动引发。

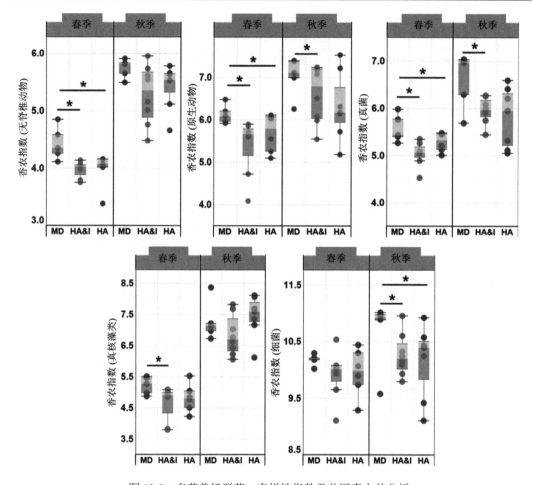

图 12-8　多营养级群落 α 多样性指数及单因素方差分析

表 12-3　多营养级群落总 β 多样性及其空间通量和套嵌性组分信息汇总

		春季（4 月）						秋季（10 月）					
		β_{sor}	β_{sim}			β_{nes}		β_{sor}	β_{sim}			β_{nes}	
轻度干扰区	无脊椎动物	0.69	0.59	（86%）	0.10		（14%）	0.83	0.68	（82%）	0.15		（18%）
	原生动物	0.39	0.26	（67%）	0.13		（33%）	0.47	0.35	（74%）	0.12		（26%）
	真菌	0.43	0.29	（67%）	0.14		（32%）	0.63	0.51	（81%）	0.12		（19%）
	真核藻类	0.32	0.21	（66%）	0.11		（34%）	0.61	0.42	（69%）	0.19		（31%）
	细菌	0.36	0.19	（53%）	0.17		（47%）	0.39	0.22	（58%）	0.17		（42%）
高农业/工业区	无脊椎动物	0.78	0.45	（58%）	0.33		（42%）	0.76	0.39	（51%）	0.36		（49%）
	原生动物	0.42	0.22	（52%）	0.20		（48%）	0.61	0.30	（49%）	0.31		（51%）
	真菌	0.43	0.22	（51%）	0.21		（49%）	0.42	0.20	（48%）	0.22		（52%）
	真核藻类	0.49	0.23	（47%）	0.26		（53%）	0.58	0.26	（45%）	0.32		（55%）
	细菌	0.35	0.17	（49%）	0.18		（51%）	0.41	0.15	（37%）	0.26		（63%）

		春季（4 月）			秋季（10 月）		
		β_{sor}	β_{sim}	β_{nes}	β_{sor}	β_{sim}	β_{nes}
	无脊椎动物	0.67	0.34（51%）	0.33（49%）	0.76	0.44（58%）	0.32（42%）
	原生动物	0.46	0.22（48%）	0.24（52%）	0.55	0.27（49%）	0.28（51%）
高农业区	真菌	0.33	0.15（45%）	0.18（55%）	0.52	0.22（42%）	0.30（58%）
	真核藻类	0.39	0.17（44%）	0.22（56%）	0.55	0.26（47%）	0.29（53%）
	细菌	0.45	0.21（47%）	0.24（53%）	0.51	0.23（45%）	0.28（55%）

12.2.3　人类活动简化多营养级群落生态网络

作为物种多样性下降的次级生态效应，生态网络结构沿着人类活动扰动梯度明显简易化（图 12-9）。例如，网络节点数、边数、连接的物种数和网络的异质性等参数随干扰强度增加（从轻度干扰区到高农业区到高农业/工业区）而有不同程度的下降（表 12-4）。此外，基于群落结构的 Mantel 分析发现，生物群落之间的相互依赖关系（黑色实体线边数）和强弱性（实体线粗细）均随人类干扰的增强明显下降（图 12-9）。

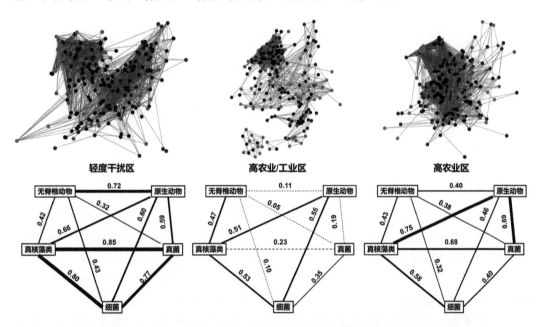

图 12-9　生态网络及基于 Mantel 检验的水生生物群落结构的依赖关系分析

表 12-4　生物网络分析中不同网络中主要参数信息汇总

	节点	边数	平均邻点数量	特征路径长度	异质性	中介中心性>0	接近中心性>0
轻度干扰区	421	8659	41.13	3.87	0.97	324	0.31
高农业/工业区	383	1757	9.18	4.78	1.03	239	0.33
高工业区	412	3958	19.21	4.55	0.96	243	0.29

12.2.4　人类活动诱导的多营养级群落稳定性变化

多营养级群落的稳定性随人类活动的增加而下降（图 12-10），在轻度干扰区多营养级群落稳定性最高，依次是高农业区和高农业/工业区。多营养级群落中物种的同步性存在相反的响应方式。

生态网络不同方面的指数对人类活动存在不一致的响应趋势，其中，生态网络的连接性、分类单元相互作用强度对称性和生态网络的顽固性（脆弱性的对立面）随人类干扰强度增加而下降，但是生态网络的鲁棒性随着人类干扰强度增加而增加（图 12-11）。

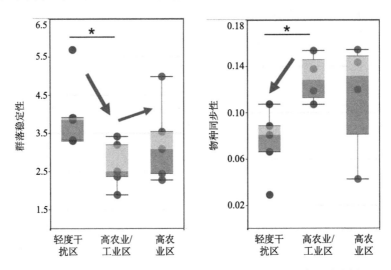

图 12-10　不同区域群落稳定性和物种同步性的单因素方法分析

12.2.5　讨论与小结

物种多样性下降仅是一种表观现象，其背后隐藏着生态系统中生态网络结构的简化和生物间相互作用强度的下降。生物多样性、群落动态和生态系统功能都受到复杂且密集的生物相互作用的直接或间接调控。任何物种的丧失或改变都可能引发整个生态网络的改变，带来次级级联效应（McWilliams et al., 2019）。这些效应反过来会影响群落结构和生物多样性。例如，无脊椎动物包括软体动物、水生昆虫等，在食物网中起着核心作用，将陆地物质及能量（陆源碳）的输入和水生初级生产者（如生物膜）与更高营养水平生物联系在一起，并且它们本身是更高营养级（如鱼或两栖动物）的重要食物资源。无脊椎动物中关键物种的消失会改变食物网的结构（食物链长度、复杂度）和能量传递路线，破坏整个生态系统的机能运转和稳定性。生态系统中水平和垂直多样性共同调控生物多样性与生态系统的平衡（Eisenhauer et al., 2019）。

人类活动影响物种及其相互作用，最终改变群落动态及稳定性。通过生态系统稳定性可以获取关于生态系统随时空变化的可预测性和一致性的信息，进而在时空尺度上揭示稳定性和同步性的预测因子。群落的稳定性和同步性是生态系统稳定性的重要组成部

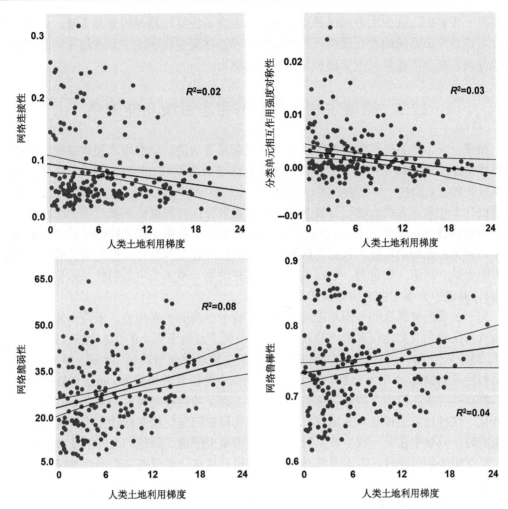

图 12-11　人类土地利用梯度对生态网络连接性、分类单元相互作用强度对称性、网络脆弱性和网络鲁棒性的影响

分（Wilcox et al., 2017）。本节研究发现群落中物种同步性是群落稳定性的重要预测因子，两者存在明显的负相关。群落组成的空间通量能够降低局部群落中功能的同步性，这种局部群落中功能差异可能是空间同步性的较好预测因子。例如，研究发现流域中下游区域物种空间通量下降但群落的同步性在增加。局部群落的 α 多样性与物种同步性、α 稳定性和 γ 稳定性相关（Wang and Loreau，2014）。

　　网络的连接性、脆弱性和鲁棒性只是研究群落稳定性的一个重要方面，这些成分不一定相互共变，进一步研究人类活动对稳定性多维度和网络结构的影响，将可以更全面地了解人类活动驱动下生态系统稳定性的变化。本节研究证明，人类土地利用不仅影响生物多样性（α 和 β 多样性），而且还改变物种相互作用构建群落的方式，从而对受干扰系统的鲁棒性和生物多样性的维持产生影响。这些结果表明人类活动影响下生物多样性下降仅仅是生态环境问题的表观现象，其背后隐藏的生态网络、生态系统稳定性变化仍需要进一步解析，往往生态网络和生态系统稳定性的恢复比物种的复苏更难。此外，群落稳定性是生态系统的重要属性。了解人类诱导的环境变化驱动生态系统稳定的机制，可以提高在复杂河流景观中管理和保护物种的能力。

12.3　流域生物多样性与生态系统功能关系

河流不仅为人类提供宝贵的物质资源和生态服务功能，如饮用水和食物供应，而且是地球淡水生命的最主要避难所之一。在覆盖地球表面不到 1%的面积内，栖息着超过 10%的现有已知种，如鱼类、爬行动物、昆虫、植物和哺乳动物（Deiner et al.，2016）。然而近几十年来，人类活动已导致全球淡水生物多样性的灾难性下降，从 1970 年以来，淡水物种种群平均丰度下降了 83%。尽管有足够的证据表明生物多样性的丢失会影响各种生物和生态系统的功能，包括初级生产力、碳循环和营养循环，但之前的研究大多数只着眼于单一群落（如鱼类、硅藻或大型无脊椎动物）或单个生态功能（如生物量或生产力），并没有揭示它们之间可能的依赖关系。

另一个普遍被忽视的方面是生物在生态过程中扮演的不同角色，如营养依赖性，它们本身与生态系统功能有着密切的联系，如自上而下及自下而上的生态效应（Eisenhauer et al.，2019）。例如，微生物群驱动生态系统中的生物地球化学通量（如碳、氮和磷循环，物质和能量转换）；水生无脊椎动物（作为食物网中的捕食者和猎物）负责向较高营养级转移物质和能量；位于食物链顶部的鱼类，自上而下效应控制着生态系统中其他生物群落变化。这种功能上相互补充或对立的特征，使得在研究生物多样性丢失对生态系统功能影响时，只集中在单一或少数生物类群上，很难全面地了解他们之间的依赖关系。因此，需要将生物多样性对生态系统功能影响的识别从单一类群转移到多营养级水平。

本节测量了我国淮河-沙颖河流域约 40 000 km^2 范围内的多营养级群落和多种生态系统功能。利用环境 DNA 获取多营养级群落（包括无脊椎动物、原生动物、真菌、真核藻类和细菌等）的生物多样性信息。同时，测定了多种生态系统功能，包括叶枯落物和棉条的有机质分解，以及在跨营养级间能量和物质流动起重要作用的 4 种功能酶活性。本节的主要目的是识别流域人类活动对多营养级、多方面生物多样性（包括分类单元、系统发育和功能多样性）和生态系统功能的影响，以及生物多样性与生态系统功能依赖关系和调控机制。

12.3.1　多样性指数

无脊椎动物、原生动物、真菌、真核藻类和细菌等生物类群分类单元和系统发育多样性指数，在 QIIME 环境下使用 *alpha_diversity.py* 脚本进行计算，包括物种丰富度（Chao1 丰富度）、Shannon 多样性指数（H'）、Pielou 均匀度指数（J'）和系统发育多样性指数（phylogenetic diversity，PD）。

检索已发表的相关文献及数据资料，获取物种的功能特征信息，包括体型、繁殖方式、呼吸方式、栖息偏好和食性等，并对无脊椎动物、原生动物和真核藻类群落的功能特征进行总结。所有功能性状都可以直接与食物网络动力学联系起来，如营养级之间碳、氮、磷循环的自上而下和自下而上调节。因而，也被称为是功能效应性状，其不仅可反映群落结构特征，而且还具有生态系统功能的属性。选择 3 个功能多样性指数来表征无脊椎动物、原生动物和真核藻类群落的功能多样性：功能丰富度（functional richness，FRic），度量群落中物种所占据的特征性状空间大小（图 12-12）；Rao′s 熵（Rao′s quadratic entropy，FD），反映群落中性状空间内物种性状的分布及对应的丰富度，是在功能丰富度基础上考量了物种丰富度的权重；功能冗余度（functional redundancy，FRed），是指群落中物种功能上的冗余性，反映相似的物种特征可以发挥相同的生态系统功能高低的属性，数值越大，表明群落中物种之间功能冗余性越高。

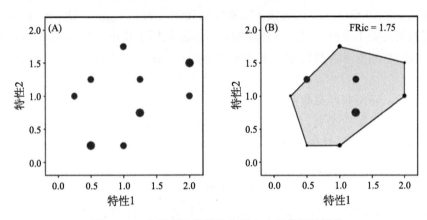

图 12-12　多维度物种性状空间内功能多样性评估

这里以 9 个物种和 2 种功能性状案例展示。（A）图中点是根据相应物种的性状值在 2D 空间中绘制的，点的大小与物种丰度成正比；（B）凸包用实体黑线绘制，反映了群落中物种所占据的特征性状空间大小

为了获得能够反映多营养级群落的分类单元、系统发育和功能多样性的综合性多样性指数，分别对 5 个类群（即无脊椎动物、原生动物、真菌、真核藻类和细菌）的 3 种多样性指数（分类单元、系统发育和功能多样性）的数值进行 z-score 标准化处理，最终构建了多分类单元（multiTaxa）、多系统发育（multiPhyl）和多功能性状（multiFunc）指数，计算公式如下（Li et al., 2020）。

对于所有单一生物多样性指数（分类单元、系统发育和功能多样性），首先通过 z-score 转换进行标准化处理：

$$\text{z-score}_{ij}=(D_{ij}-\text{Mean } D_{ij})/\text{SD}D_{ij} \tag{12-1}$$

式中，D_{ij} 为 j 采样点多样性指数 i 的值；Mean D_{ij} 和 SDD_{ij} 分别为 j 采样点多样性指数 D_i 的均值和标准差。式（12-1）计算求得的数值，取其平均值获得新型的多营养级（Multixa、Multihyl 和 MultiFunc）指数：

$$\text{Multi-Trophic}_j=\sum_{i=1}^{n}\text{z-score}_{ij}/n \tag{12-2}$$

式中，z-score$_{ij}$ 为 j 采样点单一生物多样性指数 i 的 z-score 值；n 为生物多样性指数的个数。

12.3.2　生态系统功能

本节测量了生态系统核心过程中的不同组成部分，如树叶凋落物（白杨树叶）和纯棉布条的有机物分解，并将该分解过程划分为微生物和无脊椎动物的驱动成分，以及与生态系统中碳、氮和磷循环相关的酶活性。上述生态系统功能的测量步骤如下。

在秋季 10~11 月，收集自然脱落的白杨树叶，放置室内自然风干。称取 2~3 片风干树叶，分别放置到粗网（10 mm）和细网（0.5 mm）袋中。将粗、细网袋固定到不锈钢铁架上，铁架负重后放置河道中，使其下沉至水底。与此同时，在每个采样点的任一铁架上安放 1 个 HOBO 水温记录仪（HOBO InTemp Data Logger，Onset，USA），设备参数设置为每间隔 1 小时记录一次水温数值，水温数据主要用于后续碳降解能力数据的校正。最后，使用尼龙绳将铁架固定到岸边基质上，使用红色喷漆标记，便于后续样品的收取。

约两周后，将所有样品收回，在室内使用自来水轻轻冲洗树叶表面的沉积物，尽量避免叶片过多的机械性损失。清洗后的叶片放置冷冻干燥机内冻干或烘箱内 70℃烘至恒重（约 72 h），使用万分之一电子天平称取冻干后叶片质量，并计算叶片降解率，公式如下：

$$\ln(m_t/m_0)= -k \times t \tag{12-3}$$

式中，m_0 为初始的叶片干重；m_t 为 t 时的叶片干重。树叶的总降解率（k_{total}）和微生物驱动的降解率（$k_{microbal}$）分别根据粗、细网袋树叶干重的质量差值直接代入式（12-3）计算。而对于无脊椎动物驱动的树叶降解率（$k_{invertebrate}$），首先需要计算粗、细网袋中树叶的平均剩余百分比，然后根据获得的差值得到无脊椎动物驱动的 k 值（即 $k_{invertebrate}$）。此外，考虑到河流和区域之间的温度差异以及所有采样点停留的天数不同，时间 t 用热总和（degree-days，即平均日温度之和）表示，以纠正数据偏差，从而产生标准化的树叶降解率。

将裁剪的 8 cm×12 cm 无色纯棉布条，同样分别放置在粗、细网袋中，固定于铁架后使其沉于水底。约两周后，将所有样品收回，在室内使用自来水轻轻冲洗棉布条表面的沉积物，放置冷冻干燥机内冻干或烘箱内 70℃烘至恒重（约 72 h），使用拉力计（HANDPI brand，Model#HP-100，China）放置在电动测试台（HANDPI brand，Model#HP-100，China）以 2 cm/min 的固定速率测量棉布条的拉力值，并计算棉布条拉力损失率（tensile strength loss，TSL），计算公式如下：

$$TSL=1-TS_x/TS_B \tag{12-4}$$

式中，TS_x 是在野外收集回来的每个棉布条带所记录的最大拉力强度；TS_B 是空白对照中棉布条的平均拉伸强度（10 个空白，棉布条未投放到野外水体）。根据式（12-4）计算获取的 TSL 值，通过式（12-5）计算棉布条的降解率，公式如下：

$$\ln（1-TSL）= -k \times t \tag{12-5}$$

对于棉布条的总降解率（k_{total}）、微生物驱动的降解率（$k_{microbal}$）和无脊椎动物驱动的降解率（$k_{invertebrate}$），分别采用与上述白杨叶相同的方法获得。

测量的生态系统功能均独立地分析，并与人类土地利用数据驱动因素联系在一起，以多角度综合性地进行分析。与此同时，我们计算了每个采样点的生态系统多功能性（ecosystem multifunctionality，EMF）指数，以此综合性地反映人类活动对生态系统功能整体性的影响。对于 EMF 指数的计算，首先使用 z-score 标准化处理上述单独测量的生态系统功能成分，然后对其进行平均以获得多功能性指数，计算公式如下：

$$\text{z-score}_{ij} = (F_{ij} - \text{Mean } F_i)/\text{SD}F_i \tag{12-6}$$

式中，F_{ij} 是 j 采样点处功能指标 i 的数值；Mean F_i 和 SDF_i 分别是所有采样点功能指标 F_i 的平均值和标准差（SD）。式（12-6）计算求得的数值，取其平均值得到多功能指数：

$$\text{EMF}_j = \sum_{i=1}^{n} \text{z-score}_{ij} / n \tag{12-7}$$

式中，z-score$_{ij}$ 为 j 采样点单一生态功能指标 i 的 z-score 值；n 为生态功能指标的个数。

12.3.3　数据统计分析

所有数据集，包括分类单元、系统发育和功能多样性指数以及生态系统功能指标，进行 z-score（平均值 Mean 为 0，标准差 SD 为 1）标准化转换，用于后续的数据统计分析。为了检验生物多样性与人类土地利用的关系，首先，用 Pearson 相关性进行显著性检验；然后，用基于最小二乘法的多项式非线性回归模型评价参数之间的关系强弱；随后，使用 Mantel 检验来分析群落结构差异性与土地利用距离之间的相关性。为了揭示生物多样性和生态系统功能之间的交互关系，使用 R 语言 nlme 程序包进行线性混合效应模型（linear mixed-effects models，LMM）分析，使用 AICc 值选择最简约的模型。在 R 语言 Lavan 软件包中进行结构方程模型（structural equation modeling，SEM）构建，以推断环境参数对生物多样性和生态系统功能产生的直接或间接影响途径。建模之前测试环境要素、生物多样性和生态系统功能参数之间的多重共线性，并从中排除了冗余变量。

12.3.4　多方面生物多样性驱动因素

多方面生物多样性指数与农田和建设用地之间均存在很强的负关联性（图 12-13）。特别是 5 km 缓冲区的人类土地利用，无论是农田还是建设用地，对生物多样性的影响高于其他缓冲区，其次是 10 km 缓冲区。随着人类土地利用强度的增加，群落结构的差异性（β-多样性）增加。与其他类群相比，无脊椎动物群落差异性与人类土地利用的负关联最强，其次是真菌、原生动物、真核藻类和细菌（图 12-14），这也说明对于该区域来说，无脊椎动物对人类活动强度更敏感，而细菌是相对最不敏感的类群。

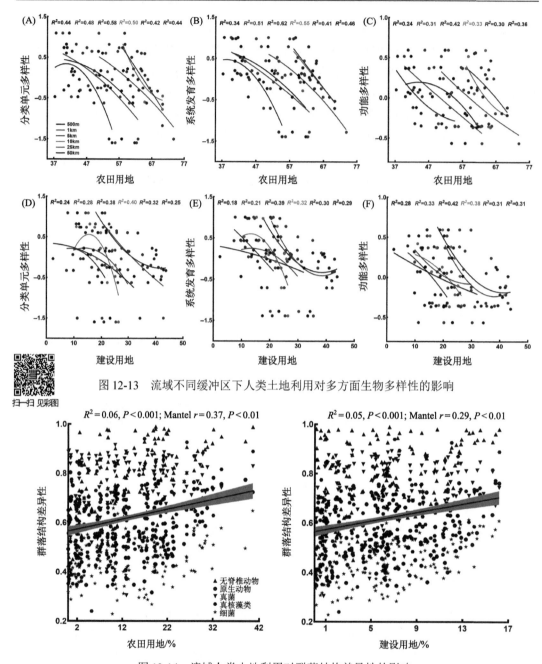

图 12-13　流域不同缓冲区下人类土地利用对多方面生物多样性的影响

扫一扫见彩图

图 12-14　流域人类土地利用对群落结构差异性的影响

12.3.5　生物多样性与生态系统功能依赖性

　　生物多样性与生态系统功能密切相关，但它们之间关联的强度和方向略有不一致（图 12-15）。综合性生物指数（MultiTaxa、MultiPhyl 和 MultiFunc）与生态系统功能密切相关，对生态系统功能变化的解释比任何单一类群都多。对于单一类群，无脊椎动物、真菌和细菌属于生态系统功能的强预测因子，这表明河流多样性食物网中生物多样性对生态系统功能具有自上而下和自下而上的潜在调节作用。此外，系统发育和功能多样性作为分类单元多样性的补充，强烈地驱动着生态系统功能。研究还发现无脊椎动物、原生动物和真核藻类的功能冗余与某些功能呈负相关。碱性磷酸酶与大多数多样性指数呈负相关，与真核藻类群落功能冗余度呈正相关。

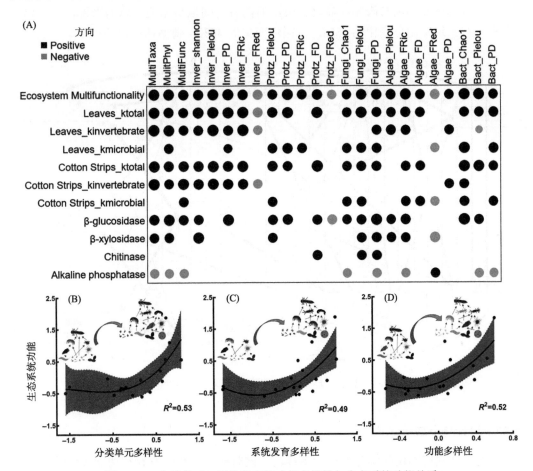

图 12-15　分类单元、系统发育和功能多样性与生态系统功能关系

（A）中前缀"Inver_、Protz_、Fungi_、Algae_和 Bact_"分别代表无脊椎动物、原生动物、真菌、真核藻类和细菌；后缀"_PD、_FRic、_Fred"分别为系统发育、功能丰富度和功能冗余度；后缀"_ktotal、_invertebrate、_kmicrobial"分别是总分解率、无脊椎动物和微生物分解率

12.3.6　生物多样性与生态系统功能的调控路径

结构方程模型（SEM）证实了人类土地利用通过生物多样性调节的直接和间接信号影响生态系统功能（图 12-16）。人类土地利用对各分类群都有显著而直接的负影响，农田用地对无脊椎动物（标准化径路系数=0.41；$P<0.001$）和真菌（标准化径路系数=0.46；$P=0.021$）有较强的负向驱动，建设用地对无脊椎动物（标准化径路系数=0.38；$P<0.001$）

对真核藻类（标准路径系数=0.30；$P=0.007$）有较大的限制。无脊椎动物、真菌和真核藻类处于人类土地利用影响生态系统功能的所有直接和间接调控途径的核心环节（密集的调节路径）。在这些调控途径中，无脊椎动物和原生动物直接参与真核藻类和真菌的形成，而细菌在所有物种间的相互作用中参与较弱。生态系统的碳循环受无脊椎动物、真菌和真核藻类的直接且正向驱动。除无脊椎动物以外，氮循环受其他分类群更多的正向影响。只有真菌和细菌与磷循环显著相关，但两者之间呈负相关。总的来说，所有路径分别占生态系统碳循环变化的 65%，氮循环变化的 46%，磷循环变化的 45%。

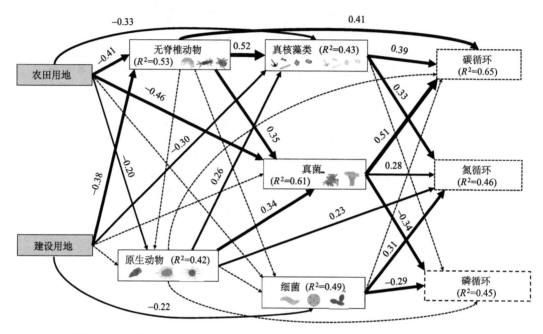

图 12-16　结构方程模型显示人类土地利用对生物多样性及生态系统功能的影响

12.3.7　讨论与小结

　　人类土地利用不仅降低分类单元多样性，同时减少了系统发育和功能多样性。与分类单元多样性相比，系统发育多样性反映了群落的进化历史（Jarzyna and Jetz，2016）。功能多样性（也称为物种特性）提供了关于物种在生态系统中功能作用的信息（如体型、繁殖、呼吸和食性等）。功能特性可以将生物的作用与其环境因素（如营养状况、气候变化）直接联系起来。本节研究发现在人类土地活动密集的背景下，系统发育和功能多样性也面临着巨大的威胁。鉴于分类单元多样性常常忽略具有不同遗传进化位置和生态系统中一系列生态作用的物种或分类群，整合多方面的生物多样性（分类单元、系统发育和功能多样性）越来越被视为更好地理解环境压力源对生物多样性乃至生态系统功能的影响的一个重要步骤。

　　人类土地利用减弱了多种生态系统功能，例如，碳降解和酶活性。在测量的生态系统功能指标中，碳降解（杨树叶或棉布条）作为一个基本的生态系统过程，在连接陆地和河流生态系统的碳和养分流动中发挥着重要作用（Jabiol et al., 2020）。当前主要依靠群落结构指标来评估生态系统健康或质量状况，易受生物地理区系限制，如生物地理区域内群落结构的固有差异，使得基于结构的方法难以大规模标准化。鉴于生态系统功能对人类活动的明确反应，结合碳降解和一些其他功能指标（如酶活性），可更全面地评估人类活动产生的生态影响。

　　生物多样性与生态系统功能关系的方向和强度在多方面或跨营养水平上不一致。这表明在分析生物多样性丧失造成的生态系统功能损害时，需要考虑多方面的生物多样性。河流中的多营养群落通过直接和间接途径在外部压力改变生态系统功能的过程中发挥调节作用。土地利用的变化，如从植被转变为农田或建设用地，会对无脊椎动物、真菌和真核藻类群落的多样性产生负面影响，最终直接或间接地导致生态系统功能受损。本节全面地揭示了人类活动（如农业和建设用地）与生物因素之间的复杂相互作用共同塑造的整个流域内不同营养级生物群落的结构和生态系统功能，以及这些相互作用的结果如何通过产生特定的环境，最终导致群落结构和生态系统功能发生较大的空间尺度变化。

12.4　流域多指标、多层次生态完整性评价

　　健康的河流可以为人类生存和社会发展提供基本的生态服务。自"人类世"以来，全球河流退化进程加速。目前，世界各国都将维持良好的河流生态质量状况视为其环境管理的核心目标（van den Brink et al., 2018）。政府管理者和利益者面临的紧迫挑战是建立一套有效的工具，用以快速且可靠地识别关键的生态系统变化，并进行早期预警，进而预测这些变化的方向和程度，以及评估其对生态系统功能和服务的影响。当前比较成熟的评价框架是从生态完整性角度出发，以生物要素为主导，协同物理和化学要素统筹度量生态系统变化。例如，欧盟将生物质量元素作为核心度量对地表水生态质量状况进行分类，现已发展有接近 300 种方法（Birk et al., 2012）。这些指标以丰富度、丰度和基于物种计数的多样性指数为主。然而，受限于自然群落固有的地理区系差异，仅仅以简单的物种计数指示流域人类活动的影响及生态质量状况日益遭受批评。

　　生物多样性包括分类单元、系统发育和功能多样性等 3 个层面（Jarzyna and Jetz, 2016），但是当前大多数研究都集中在分类单元多样性（以物种丰度或丰富度为度量），忽略了自然群落中所有物种间的进化谱系（系统发育多样性）以及物种的生长形式和资源利用策略（功能多样性）。地理空间尺度上难以抗拒的天然因素使得自然群落的物种丰度和丰富度存在先天性差异，这一限制因素使得基于生物质量元素的流域生态质量状况评价无法跨区域间比较。相比之下，系统发育和功能多样性受自然和生存环境的长期选择，它们在空间尺度上更加稳定。统筹 3 个层面的生物多样性无疑会提升跨区域间生态质量状况评价结果的对比性。然而，受限于传统生态监测手段（包括样品采集、物种识别），大空间尺度上收集全面的生物多样性数据几乎很难实现。

　　环境 DNA 方法的迅猛发展为生物监测开启了新的时代。环境 DNA 方法能够以更加包容性、时间分辨的和明确的空间视觉等特点，来评估河流中全面的生物多样性（Altermatt et al., 2020）。特别是对于微型群落，在之前研究中往往被忽视。它们不仅在

生命网的物质传递过程中发挥着重要的角色，而且可以敏感地指示生态系统变化。这使得它们在评价鱼类和昆虫几乎绝迹的河流（如城市河流）的受损和恢复状况时具有无可比拟的优势。

　　生态系统功能可被视为生物多样性调节的生态学过程的终端结局。生态学过程反映了生态系统中物质循环和能量转换过程，是生态系统中非生物和生物组分（物种、种群、群落）变化的集中体现，维持着生物多样性和生态系统的功能的基础。碳降解能力（如树叶和棉布条）作为河流生态系统中生态学过程的典型案例，被视为生态友好型的方法推荐用于今后的生态系统监测（Jabiol et al., 2020）。特别是在大多数源头河流中河岸带飘落的树叶和树枝控制着生态系统的碳负荷。碳降解不仅具有很好的空间格局，而且具有指示生态系统变化的潜力（Tiegs et al., 2019）。更为重要的是，以碳降解作为新型的指示性度量可以极大地促进大空间尺度上监测方法的标准化，使得不同区域的研究可以直接对比。然而，目前基于碳降解能力是否可以直接地用于评价流域尺度上生态质量状况的研究还处于初级阶段。

　　本节核心目的：①从物理、化学、生物到生态系统功能等多维度透视流域人类活动驱动的生态系统变化（图 12-17），将环境 DNA 方法和生态友好型的碳降解功能等纳入流域生态技术和生态质量状况评价方法体系；②利用环境要素重建一个已知的人类压力源梯度，验证新型框架揭示人类活动强度的准确性和可靠性；③从多维度层面评价流域生态质量状况，对比新框架中生物、功能层面与传统物理和化学层面结果的一致性。

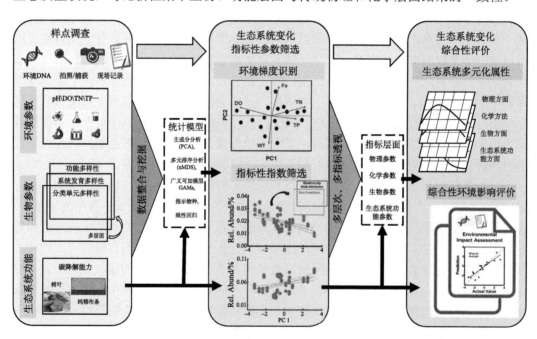

图 12-17　从野外监测到解析人类诱导的生态系统变化及生态质量评价示意图

12.4.1　多维度生态质量评价方法

新型的多维度生态质量状况评价框架包含了生态系统组分中的物理、化学和生物要素，以及可反映生态学过程 C、N、P 元素循环的生态系统功能（碳降解功能）的度量（图 12-18）。候选指数经环境压力的敏感性响应筛选后，其数值进行标准化（数值 0～1 之间）处理，等权重加权后形成物理、化学、生物和功能等评价指标体系用于生态质量状况评价。

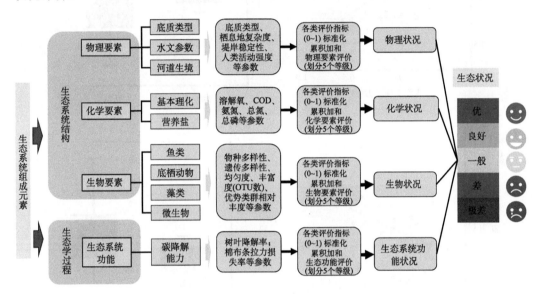

图 12-18　新型的整合物理、化学、生物和功能层面生态质量状况评价框架

为了筛选出能够清晰地指示生态系统变化的指标，首要步骤是流域参考点的确立。参考点是指尚未受到人类活动干扰或轻度干扰的样点，与之对应的受损点指具有明显人类活动干扰的样点。具体来说，本书的参考点筛选标准为：①样点水体的地表水环境质量等级 II 级以上（GB 3838—2002）；②样点栖息地质量总分 120 分以上，并且河岸带人类干扰强度为最小且无明显耕作用地。受损点被定义为地表水环境质量等级 IV 以下，栖息地质量得分低于 90 分，河岸带有明显的人为活动痕迹，如耕作或建筑废弃用地。

物理要素（栖息地参数）不仅是生态质量评价指标体系的组分，而且是筛选参考点的重要基础。对于化学要素来说，选择了 $NH_3\text{-}N$、TN、TP 为营养盐的表征指标，DO 和 COD 为水质状况的氧平衡指标。除了涉及多营养级分类群之外，生物要素主要包括：分类单元多样性、系统发育多样性、功能多样性、基于 OTUs 的指示物种相对丰度和优势物种相对丰度。生态系统功能由杨树叶和纯棉布条的降解速率组成。

为避免数据信息的冗余，首先，计算各类指数间相关性，参考 $|r| > 0.75$ 的标准进行冗余指标的初级筛选。然后，将剩余的各类型指数与已知的人类干扰压力梯度进行线性回归分析，进一步筛选出与明确人类压力源梯度有显著性正/负相关的指标（图 12-19）。利用独立样品 T 检核查筛选指标在参考点和受损点的显著差异性。最后，确定用于生态

质量状况评价的各类性要素指标。

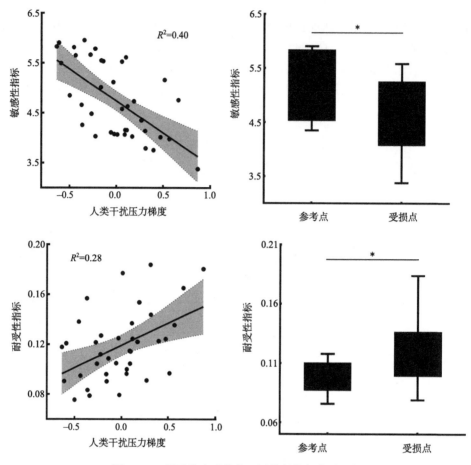

图 12-19　用于生态质量状况评价的指标筛选范例

　　为消除不同类型评价指标之间的量纲差异，转化成具有可度量且可比较的数值，对各指标进行标准化（表 12-5）。公式中 $Q_{95\%}$ 和 $Q_{5\%}$ 分别代表所有样点数据的 95%分位数和 5%分位数，M 代表样点实际测量值。考虑到自然生态系统中物理、化学、生物要素以及生态系统功能之间相互依赖关系，参考相关研究基础，对不同层面的各类型指标因子进行等权重处理（表 12-6）。所有评价指数的分值均介于 0～1 之间，数值越大说明生态状况越好。按照等分划法将流域生态质量状况划分 5 个等级（很好、好、一般、差和极差）。

12.4.2　数据统计分析

　　利用 R 语言 Indispecies 程序包中 multipatt 函数识别不同区域的指示性物种或分类单元（OTUs），以指标值（IndVal）表示任意物种或 OTUs 作为潜在指示种的条件概率，采样置换检验（n=999 次）进行显著性验证。

表 12-5　各类型评价指标的参考和临界值确定及其标准化处理方法

评价变量		参考值	最大临界值	标准化方法	说明
水质理化	DO/（mg/L）	7.50	2.00	$1-\dfrac{\|V_{\max}-M\|}{V_{\max}-V_{\min}}$	
	COD/（mg/L）	2.00	15.00		
营养盐	NH₃-N/（mg/L）	0.15	2.00		M: 测量值;
	TN/（mg/L）	0.20	1.50		$V_{\max}$: 最大值;
	TP/（mg/L）	0.02	0.30		$V_{\min}$: 最小值;
生物多样性	无脊椎动物				$Q_{95\%}$: 95%分位数;
	原生动物				$Q_{5\%}$: 5%分位数
	真菌	$Q_{95\%}$	$Q_{5\%}$	$1-\dfrac{\|Q_{95\%}-M\|}{\|Q_{95\%}-Q_{5\%}\|}$	
	真核藻类				
	细菌				
生态系统功能	碳降解能力				

为重建一个已知的人类压力源梯度，对水质理化数据进行 PCA 分析，提取其第一、二主成分轴，采用均等权重法获取新的主成分（PCAxis）以作为流域人类压力源梯度描述符。基于 Pearson 相关性分析发现，PCAxis 与大多数水质理化指标存在很强的正相关性，这说明新型的 PCAxis 可以清晰地表征流域人类活动的强弱。

为预测流域人类活动影响的强弱，使用生物和生态系统功能层面的度量进行多元线性回归分析，筛选出显著性的指示性指标。流域生态质量状况评价体系中所有类型的指标标准化处理均在 Excel 2019 软件中完成。为了对比新框架中生物、功能层面与传统物理和化学层面结果的一致性，首先，在 SPSS 22.0 软件中进行线性回归模型分析，拟合值越高，即 R^2 值越大且 $P<0.05$，且越接近 1∶1 比值线，说明两者数据的偏移性越小，再结合设定的生态状况等级，利用 R 语言 irr 包 kappa2 函数进行 Kappa 检验，分析评价结果的一致性，其数值越大，表示两种方法间一致性越高。

12.4.3　多维度生态质量评价结果

1. 新型 OTUs——指示种识别

共识别出能够明确地指示不同区域生态状况的新型 OTUs 指示种 81 个（图 12-20），其中 37 个具有明确的物种注释信息（属或种水平）。赤蜻属、棒杆菌属、淡绿二叉摇蚊、弯杆菌属的相对丰度在轻度干扰区最高；长叶异痣螅、栅列藻属、小环藻属、蚬属、铜锈环棱螺、老年低额溞和骨条藻属的相对丰度在高农业/工业区最高；云足多集摇蚊、水栖菌属、内摇蚊属、短痣蜻蜓、翠胸黄螅和粗毛水蚤属相对丰度在高农业区最高。

无脊椎动物、原生动物的一些物种特征在不同区域的分布有明显差异（图 12-21）。例如，无脊椎动物的集食者、敏感性物种和小体型物种（<9 mm）在轻度干扰区相对丰度最高；无脊椎动物的滤食者、杂食者、攀爬者、耐污型和小体型物种（<9 mm）以及原生动物中以胸甲或气孔呼吸物种在高农业/工业区相对丰度最高；无脊椎动物的中等体型（9～16 mm）、捕食者，以及原生动物中以体壁或气门呼吸物种的相对丰度在高农业区最高。

表 12-6 各类评价指标标准化计算和评价标准划定

评价变量	极差 ☹	差 ☹	一般 😐	好 🙂	很好 😊	公式
栖息地 (H)	(0, 0.2]	(0.2, 0.4]	(0.4, 0.6]	(0.6, 0.8]	(0.8, 1.0]	$H = \sum_{i=1}^{10} h_i / 120$
水质理化 (WQ)						$WQ = (DO + COD)/2$
营养盐 (N)						$N = (TN + TP + NH_3)/3$
无脊椎动物 (I)						$I = \sum_{i=1}^{n} I_i / n$
原生动物 (P)						$P = \sum_{i=1}^{n} P_i / n$
真菌 (F)						$F = \sum_{i=1}^{n} F_i / n$
真核藻类 (A)						$A = \sum_{i=1}^{n} A_i / n$
细菌 (B)						$B = \sum_{i=1}^{n} B_i / n$
生态系统功能 (EF)						$EF = \sum_{i=1}^{n} E_i / n$

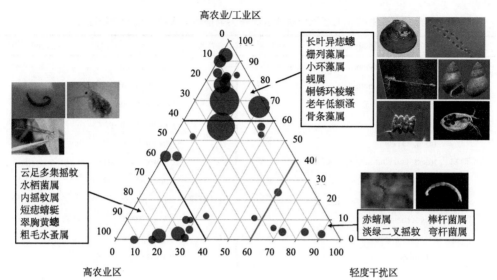

图 12-20 有明确物种注释信息的指示性分类单元在不同区域的分布

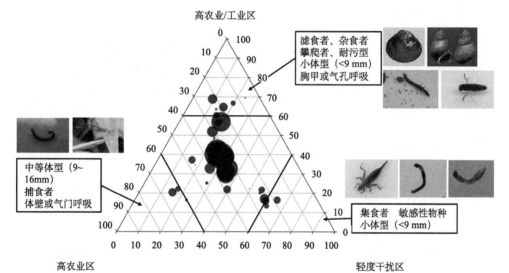

图 12-21 无脊椎动物、原生动物和真核藻类群落主要物种特性在不同区域的分布

2. 环境压力响应敏感性指标体系构建

共筛选出 51 个指数与重建已知的人类压力源梯度有明显且显著的正/负相关性（表 12-7）。这些指数全面地覆盖了 5 个营养级生物群落（从细菌到无脊椎动物）、多方面的生物多样性（分类单元、系统发育和功能多样性）、优势物种、指示物种以及生态系统碳降解功能。大多数的物种多样性度量（例如，香农多样性指数、OTUs 数）对人类活动是负响应趋势，而优势物种的相对丰度对人类活动的响应以正向为主。

表 12-7　生物和生态系统功能层面各类型指标对人类活动的响应趋势

类别	指标属性	响应趋势	类别	指标属性	响应趋势
无脊椎动物	Invertebrate_Shannon	下降	真核藻类	Algae_Shannon	下降
	Invertebrate_Evenness	下降		Diatom_Shannon	下降
	Invertebrate_Simpson	下降		Diatom_Evenness	下降
	ITotal_OTUs	下降		Diatom_Simpson	下降
	Insect_OTUs	下降		Dinophyta_OTUs	上升
	Insect（no Chironomid）_OTUs	下降		Chlorophyta_OTUs	下降
	Chironomid_OTUs	下降		Cryptophyta_OTUs	下降
	Mollusca_OTUs	下降		%Dinophyta	上升
	Oligochaeta_OTUs	下降		%Top3 Taxa	上升
	Orthocladius sp.	下降		%Top3 Diatom	上升
	%Burrow	上升		%Top3 Cynobacteria	上升
原生动物	Protozoa_OTUs	下降		%*Scenedesmus* sp.	上升
	Amoebozoa_OTUs	下降		%*Cyclotella* sp.	上升
	Opisthokonta_OTUs	上升		%Biovolume Xla	下降
	Stramenopiles_OTUs	上升		%Filamentous	上升
	%Amoebozoa	下降	细菌	Bacteria_Phylogenetic	上升
	%Euglenozoa	上升		Bacteroidetes_OTUs	上升
	Cochliopodium minus	下降		Verrucomicrobia_OTUs	上升
	%Pseudopods	下降		%Top3 Bacteria	上升
	%Cilia	上升		%*Rhodococcus* sp.	上升
真菌	Fungi_OTUs	下降		%*Corynebacterium* sp.	下降
	Oomycota_OTUs	上升		%*Flectobacillus* sp.	下降
	%Ascomycota	下降		%*Psychrobacter sanguinis*	下降
	%Top3 Fungi	上升	生态系统功能	Leaves k_{Total}	下降
	%*Saccharomyces cerevisiae*	下降		Leaves $k_{invertebrate}$	下降
				Cotton Strip k_{Total}	下降

3. 多维度指标预测流域人类活动影响

新型的指标体系对人类活动影响（PCAxis 作为新描述符）的预测值在 32%～62%（表 12-8）。其中，统筹生物多样性和生态系统功能指标对人类活动影响的预测值最高（62%）；单一类型要素中，真核藻类群落的预测值最高（57%），其次为无脊椎动物（41%）和真菌（40%），而原生动物、细菌和生态系统功能的预测值较低（32%～37%）。

表 12-8　基于生物和生态系统功能层面度量的多元线性回归模型预测流域人类活动影响

类别	预测公式	Adj-R^2	F
无脊椎动物	$y=-0.013-0.212 \times$ Invertebrate_Shannon$-0.118 \times$ Insect_OTUs	0.41	11.697
原生动物	$y=-0.021-0.268 \times$ Amoebozoa_OTUs$+0.179 \times$ %Cilia	0.37	9.458

续表

类别	预测公式	Adj-R^2	F
真菌	$y = -0.019 + 0.241 \times \%\text{Top3 Fungi} - 0.114 \times \%\text{Ascomycota}$	0.40	10.049
真核藻类	$y = -0.031 + 0.128 \times \%Scenedesmus\ \text{sp.} + 0.162 \times \%\text{Dinophyta} + 0.140 \times \%\text{Filamentous}$	0.57	15.312
细菌	$y = -0.029 + 0.159 \times \text{Verrucomicrobia\_OTUs} + 0.108 \times \%Rhodococcus\ \text{sp.}$	0.35	9.253
生态系统功能	$y = -0.023 - 0.175 \times \text{Leaves } k_{\text{Total}}$	0.32	8.021
生物多样性–生态系统功能	$y = -0.038 - 0.254 \times \text{Invertebrate\_Shannon} + 0.132 \times \%\text{Filamentous} - 0.105 \times \text{Leaves } k_{\text{Total}} + 0.071 \times \%\text{Top3 Fungi}$	0.62	18.322

　　人类活动影响的预测值与真实值有很好的一致性（图 12-22）。其中，统筹生物多样性和生态系统功能指标的预测值与真实值一致性最高（$R^2=0.59$）；单一类型要素中，真核藻类群落的预测值与真实值一致性最高（$R^2=0.55$），其次为生态系统功能（$R^2=0.52$）、无脊椎动物（$R^2=0.51$）和真菌（$R^2=0.51$）。统筹生物多样性和生态系统功能指标以及单一真核藻类、原生动物指标的预测值与真实值比值更接近 1∶1，其他要素对 PCAxis 的预测均存在低人类活动的区域预测值偏高（即实际值低于预测值，人类活动影响程度被高估），而在高人类活动的区域预测值偏低（即实际值高于预测值，人类活动影响程度被低估）。

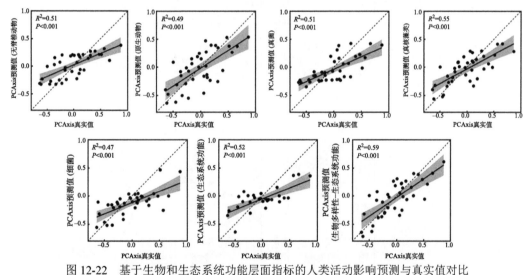

图 12-22　基于生物和生态系统功能层面指标的人类活动影响预测与真实值对比

4. 生态质量状况评价结果一致性分析

　　新型生物多样性和生态系统功能指数的生态质量状况评价结果与基于传统的物理指数显著性正相关（$R^2=0.52\sim0.77$），且有很好的一致性（Kappa=0.51~0.71）；与基于传统的化学指数评价结果同样具有显著正相关性（$R^2=0.54\sim0.83$），且一致性很好（Kappa=0.59~0.81）（图 12-23）。新型生物和生态系统功能指数与传统的化学指数对生态质量状况评价结果的一致性要略高于传统的物理指数。

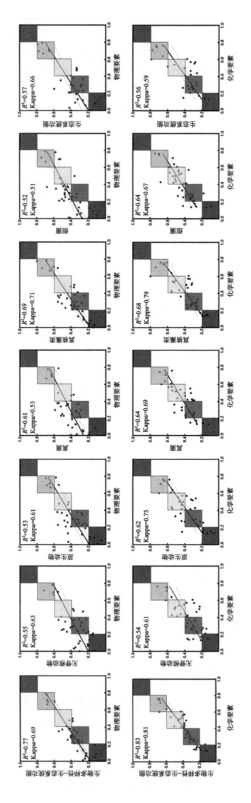

图 12-23　新型生物和生态系统功能指数与传统物理和化学要素评价生态状况对比

12.4.4　讨论与小结

　　环境 DNA 是建立新型分子指数一种有效的方法，在评价流域生态质量状况时可以提供与物理、化学要素大致相似的结论。利用环境 DNA 使得生物质量元素可以扩展到以往被忽略的较小型和微型生物类群，这些类群因高的环境敏感性和短的世代时间使它们对环境干扰特别敏感，尽管仍存在参考数据库的不足和 OTUs 物种注释造成的偏差。针对这个问题，研究人员提出了两种解决方法。第一种，根据已知生态质量状况的样本中 OTUs 的出现情况，对 OTUs 赋予相应的生态值。此方法优点在于几乎 95% 的 OTUs 可以用于生物指数的计算，而传统的物种注释方法只有 35%。第二种，基于监督机器学习的无分类方法预测生物指数。该方法是通过从复杂训练数据集中提取的信息用于预测模型的构建，将训练数据集匹配到某个运算模型，该模型可用于预测新输入数据的分类标签或连续值。

　　碳降解率（包括杨树叶和纯棉布条）可以明确地指示生态系统的变化。在大的地理尺度上，树叶凋落物分解速率受温度的影响，而且在纬度和气候梯度上发生显著变化（Tiegs et al., 2019）。其分解速率也间接地由水的营养状况决定，例如，人为输入的生活污水和农业径流。氮磷协同调控生态系统中碳降解，且在营养丰富的系统中树叶凋落物的分解率会提高，这主要归因于碳营养比降低，提高了微生物调节和/或凋落物的化学元素计量比。采用化学成分更加均质的基质（纯棉布条，组分＞99%纤维素）实验，可以消除由于树叶凋落物的化学非均质性引发的相关偏差（Jabiol et al., 2020）。目前，利用纯棉布条的河流生态系统功能度量已在全世界范围推广，并呈现出很明显的区域格局，在表征生态系统属性方面具有很大的潜力。

参 考 文 献

Altermatt F, Little C J, Mächler E, et al. 2020. Uncovering the complete biodiversity structure in spatial networks: the example of riverine systems. Oikos, 129(5): 607-618.

Altermatt F. 2013. Diversity in riverine metacommunities: a network perspective. Aquatic Ecology, 47(3): 365-377.

Baselga A, Orme C D L. 2012. Betapart: an R package for the study of beta diversity. Methods in Ecology and Evolution, 3(5): 808-812.

Best J. 2019. Anthropogenic stresses on the world's big rivers. Nature Geoscience, 12(1): 7-21.

Birk S, Bonne W, Borja A, et al. 2012. Three hundred ways to assess Europe's surface waters: an almost complete overview of biological methods to implement the Water Framework Directive. Ecological Indicators, 18: 31-41.

Deiner K, Fronhofer E A, Mächler E, et al. 2016. Environmental DNA reveals that rivers are conveyer belts of biodiversity information. Nature Communications, 7(1): 1-9.

Dormann C F, Fruend J, Gruber B, et al. 2014. Package 'bipartite'. Visualizing bipartite networks and calculating some (ecological) indices (Version 2. 04). (R Foundation for Statistical Computing.) Available at https: //cran. r-project. org/web/packages/bipartite/index. html [Verified 28 July 2015].

Eisenhauer N, Schielzeth H, Barnes A D, et al. 2019. A multitrophic perspective on biodiversity–ecosystem functioning research. Advances in Ecological Research, 61: 1-54.

Grill G, Lehner B, Thieme M, et al. 2019. Mapping the world's free-flowing rivers. Nature, 569(7755): 215-221.

Hallett L M, Jones S K, MacDonald A A M, et al. 2016. Codyn: An R package of community dynamics metrics. Methods in Ecology and Evolution, 7(10): 1146-1151.

Jabiol J, Colas F, Guérold F. 2020. Cotton-strip assays: Let's move on to eco-friendly biomonitoring! Water Research, 170: 115295.

Jarzyna M A, Jetz W. 2016. Detecting the multiple facets of biodiversity. Trends in Ecology & Evolution, 31(7): 527-538.

Li F, Altermatt F, Yang J, et al. 2020. Human activities' fingerprint on multitrophic biodiversity and ecosystem functions across a major river catchment in China. Global Change Biology, 26(12): 6867-6879.

McWilliams C, Lurgi M, Montoya J M, et al. 2019. The stability of multitrophic communities under habitat loss. Nature Communications, 10(1): 1-11.

Morrison B M, Brosi B J, Dirzo R. 2020. Agricultural intensification drives changes in hybrid network robustness by modifying network structure. Ecology Letters, 23(2): 359-369.

Sanders D, Thébault E, Kehoe R, et al. 2018. Trophic redundancy reduces vulnerability to extinction cascades. Proceedings of the National Academy of Sciences, 115(10): 2419-2424.

Song X P, Hansen M C, Stehman S V, et al. 2018. Global land change from 1982 to 2016. Nature, 560(7720): 639-643.

Tiegs S D, Costello D M, Isken M W, et al. 2019. Global patterns and drivers of ecosystem functioning in rivers and riparian zones. Science Advances, 5(1): eaav0486.

van den Brink P J, Boxall A B, Maltby L, et al. 2018. Toward sustainable environmental quality: Priority research questions for Europe. Environmental Toxicology and Chemistry, 37(9): 2281-2295.

Wang S, Loreau M. 2014. Ecosystem stability in space: α, β and γ variability. Ecology Letters, 17(8): 891-901.

Wilcox K R, Tredennick A T, Koerner S E, et al. 2017. Asynchrony among local communities stabilises ecosystem function of metacommunities. Ecology Letters, 20(12): 1534-1545.

Xu J, García Molinos J, Su G, et al. 2019. Cross-taxon congruence of multiple diversity facets of freshwater assemblages is determined by large-scale processes across China. Freshwater Biology, 64(8): 1492-1503.

附录 常用引物表

类群	栖息地	区域	片段大小	正向引物	反向引物
原核生物	F/M/Se/So	16S	~180 bp	ACCTACGGGRSGCWGCAG	TTACCGCGGCKGCTG
浮游植物	F	23S	404~411 bp	A23SrVF1:GGACARAAAGACCCTATG; A23SrVF2: CARAAAGACCCTATGMAGCT	A23SrVR1:AGATCAGCCTGT TATCC ; A23SrVR2: TCAGCCTGTTATCCTAG
硅藻	B	18S	~400 bp	DIV4F-GCGGTAATTCCAGCTCCAATAG	DIV4R-CTCTGACAATGGAATACGAATA
硅藻	B	rbcL	312 bp	rbcL-F1_AGGTGAAGTAAAAGGTTCWTACTTAAA; rbcL-F2_AGGTGAAGTAAAAGGTTCWTAYTTAAA; rbcL-F3_AGGTGAAACTAAAAGGTTCWTACTTAAA	rbcL-R1_CCTTCTAATTTACCWACWACTG; rbcL-R2_CCTTCTAATTTACCWACAACAG
鱼类 (Actinopterygii)	F	12S	385 bp	Ac12s_ACTGGGATTAGATACCCCACTATG	_GAGAGTGACGGGCGGTGT
鱼类 (Actinopterygii)	F	16S	330 bp	Ac16S_CCTTTTGCATCATGATTTAGC	_CAGGTGGCTGCTTTTAGGC
两栖动物	F	12S	241 bp	Am12s_AGCCACCGCGGTTATACG	_CAAGTCCTTTGGGTTTTAAGC
两栖动物	F	CytB	119 bp	AmpCBLb_AGTCCTGTTGGGTTGGTTGACCCNGTTT	AmpCBR_AATGCAACTCTCACCCGATTCTT
两栖动物	F	COI	132 bp	Amphi_A_GCIGGIGCYTCWGTAGA	_IGGWGTTTGRTATTGIGAT
两栖动物	F	CytB	111 bp	Amphi_B_CCATGAGGMCARATATCWTTT	_CKGARAAWCCiCCYCAAA
两栖动物	F	COI	143 bp	Amphi_C_MCTTYTIGGYGATGATCAAA	_RGCTATATCAGGKGCTCCAA
两栖动物	F	COI	151 bp	Amphi_RANA_CWACYACACARTAYCAAACACC	_CTCCTGCIGGGTCRAAAA
节肢动物	F	COI	157 bp	ZBJ-ArtF1c_AGATATTGGAACWTTATATTTTATTTTTGG	ZBJ-ArtR2c_WACTAATCAATTWCCAAATCCTCC
鸟类	So/P	12S	~50 bp	Aves_12Sa_GATTAGATACCCCACTATGC	Aves_12Sc_GTTTTAAGCGTTTGTGCTCG

续表

类群	栖息地	区域	片段大小	正向引物	反向引物
蛙类	F	12S	55 bp	batra_F_ACACCGCCCGTCACCCT	batra_R_GTAYACTTACCATGTTACGACTT
桡足类	F	28S	306 bp	CopF2_TGTGTGGTGGTAAACGGAG	CopR1_CCGCCGACCTACTCG
鱼类	M	12S	170~185 bp	MiFish-E-R_GTTGGTAAATCTCGTGCCAGC	MiFish-E-R_GTTTGATCCTAATCTATGGGGTGATAC
线虫科	So/P	12S	~50 bp	Ench_12Sa_GCTGCACTTGACTTGAC	Ench_12Sc_AGCCTGGTACTGCTGTC
真核生物	F/M	18S	NA	1380F_CCCTGCCHTTTGTACACAC	1510R_CCTTCYGCAGGTTCACCTAC
真核生物	MS	18S	100~110 bp	18S_allshorts_TTTGTCTGSTTAATTSCG	_TCACAGACCTGTTATTGC
真核生物	M	28S	365 bp	LSU26f_ACCCGCTGAACTTAAGCATAT	LSU657r_CTTGGTCCGTGTTTCAAGAC
真核生物	F/M/MS	18S	385 bp	TAReuk454FWD1_CCAGCASCYGCGGTAATTCC	TAReukREV3_ACTTTCGTTCTTGATYRA
真核生物	So	18S	200 bp	1391F Euk_GTACACACCGCCCGTC	EukBr_TGATCCTTCTGCAGGTTCACCTAC
鱼类	F/M	12S	100 bp	teleo_F_ACACCGCCCGTCACTCT	teleo_R_CTTCCGGTACACTTACCATG
鱼类	M	12S	163~185 bp	MiFish-U-F_GTCGGTAAAACTCGTGCCAGC	MiFish-U-R_GTTTGACCCTAATCTATGGGGTGATAC
鱼类	F	CytB	460 bp	L14841_AAAAAGCTTCCATCCAACATCTCAGCATGATGAAA	H15149_AAACTGCAGCCCCTCAGAATGATATTTGTCCTCA
鱼类	F	16S	~100 bp	16S fish-specific F_GGTCGCCCCAACCRAAG	16S fish-specific R_GAGAAGACCCTWTGGAGCTTIAG
鱼类	F/M	CytB	80 bp	Fish2bCBR_GATGGCGTAGGCAAACAAGA	Fish2CBL_ACAACTTCACCCCTGCAAAC
鱼类	F/M	CytB	80 bp	Fish2degCBL_ACAACTTCACCCCTGCRAAY	Fish2CBR_GATGGCGTAGGCAAATAGGA
鱼类	F	CytB	130 bp	FishCBL_TCCTTTTGAGGCGCTACAGT	FishCBR_GGAATGCGAAGAATCGTGTT
鱼类	F	16S	310 bp	Ve16s_CGAGAAGACCCTATGGAGCTTA	_AATCGTTGAACAAACGAACC
真菌	So/P	ITS1	110~270 bp	ITS5_GGAAGTAAAAGTCGTAACAAGG	5.8S_fungi_CAAGAGATCCGTTGTTGAAAGTT
无脊椎动物	F/So	COI	658 bp	LCO1490_GGTCAACAAATCATAAAGATATTGG	HCO2198_TAAACTTCAGGGTGACCAAAAAATCA
水母	M	COI	658 bp	Jellyfish_CO1_F_KKTCAACAAAYCATAAAGATATWGG	Jellyfish_CO1_R2_GGAACTGCTATWATCATWGTWGC
大型无脊椎动物	F	COI	235 bp	LCO1490_GGTCAACAAATCATAAAGATATTGG	COI_A_rev_CARAAWCTTATATATTATTCGDGG
哺乳类	F	16S	~140 bp	16Smam1_CGGTTGGGGTGACCTCGGA	16Smam2_GCTGTTATCCCTAGGGTAACT
后生动物	F/M	COI	313 bp	mICOIintF_GGWACWGGWTGAACWGTWTAYCCYCC	jgHCO2198_TAIACYTCIGGRTGICCRAARAAYCA

续表

类群	栖息地	区域	片段大小	正向引物	反向引物
后生动物	F	COI	313 bp	mlCOIintF_GGWACWGGWTGAACWGTWTAYCCYCC	dgHCO2198_TAA ACT TCA GGG TGA CCA AAR AAY CA
后生动物	So	18S	~300 bp	18S #3_GYGGTGCATGGCCGTTSKTRGTT	18S #5_RC_GTGTGYACAAAGBCAGGGAC
后生动物	M	16S	115 bp	16s_Metazoa_fw_AGTTACYYTAGGGATAACAGCG	16s_Metazoa_rev_CCGGTCTGAACTCAGATCAYGT
后生动物	F/FS/So	18S	200~500 bp	All18SF_TGGTGCATGGCCGTTCTTAGT	All18SR_CATCTAAGGGCATCACAGACC
植物	So	trnL	10~143 bp	g_GGGCAATCCTGAGCCAA	h_CCATTGAGTCTCTGCACCTATC
植物	So	trnL	150 bp	c_CGAAATCGGTAGACGCTACG	h_CCATTGAGTCTCTGCACCTATC
植物	So	matK	840 bp	MatK-1RKIM-f_ACCCAGTCCATCTGGAAATCTTGGTTC	MatK-3FKIM-r_CGTACAGTACTTTGTGTTTACGAG
植物	So	rbcL	550 bp	a_f_ATGTCACCACAAACAGAGACTAAAGC	SI_Rev_GTAAAATCAAGTCCACCRCG
植物	So	ITS2	300~460 bp	ITS2-S2F_ATGCGATACTTGGTGTGAAT	ITS4_TCCTCCGCTTATTGATATGC
植物	MS	rbcL	~600 bp	Z1aF_ATGTCACCACAACAGAGACTAAAGC	R604_CTGRGAGTTMACGTTTTCATCATC
植物	MS	rbcL	~350 bp	F52_GTTGGATTCAAAGCTGGTGTTA	rcbLB_AACCYTCTTCAAAAAGGTC
爬行类	F	COI	130 bp	Reptile_SNAKE_CYGGYACIGGITGAAC	_TRAAGTTRATTGCYCCIAGGA
爬行类	F	COI	167 bp	Reptile_TURTLE_CMGGIACMGGITGAAC	_GATATIGCIGGRGMTTTTA
脊椎动物	F/M	16S	106 bp	NA_ACTGGGATTAGATACCC	_TAGAACAGGCTCCTCTAG
脊椎动物	M	12S	106 bp	12S-V5_TAGAACAGGCTCCTCTAG	_TTAGATACCCCACTATGC
脊椎动物	So	16S	69~70 bp	16SA&M Fv2_TCACTATTTTGCNACATAGA	16S A&M Rv2_CCCGAAACCAGGACGAGCTA
脊椎动物	F	16S	202 bp	L2513_GCCTGTTTACCAAAAACATCAC	H2714_CTCCATAGGGTCTTCTCGTCTT

注: F — 淡水; M — 海水; FS — 淡水沉积物; MS — 海洋沉积物; Se — 沉积物; So — 土壤; P — 冻土; B — 生物膜。